卫星导航技术及应用系列丛书

卫星导航
增强技术与系统

高为广　刘　成　楼益栋
卢　鋆　王振岭　陈　亮　编著

电子工业出版社·
Publishing House of Electronics Industry
北京·BEIJING

内 容 简 介

本书围绕卫星导航增强技术体系、系统研制和工程建设，全面梳理了精度增强和完好性增强技术指标体系，从广域精度增强、局域精度增强、广域完好性增强、局域完好性增强四个方面系统阐述了卫星导航增强系统的组成架构、关键技术、播发服务和信息安全等，主要内容涵盖卫星导航服务性能及主要指标、卫星导航观测量及误差、卫星导航增强原理与方法、卫星导航增强系统关键技术、典型卫星导航精度增强和完好性增强系统与服务、卫星导航增强技术与系统的发展等。

本书可供卫星导航系统科技工作者参考，也可作为高等院校卫星导航相关专业师生的参考教材。

图书在版编目（CIP）数据

卫星导航增强技术与系统 / 高为广等编著. —北京：电子工业出版社，2024.1
（卫星导航技术及应用系列丛书）
ISBN 978-7-121-47200-8

Ⅰ．①卫… Ⅱ．①高… Ⅲ．①卫星导航—研究 Ⅳ.①TN967.1

中国国家版本馆 CIP 数据核字（2024）第 019519 号

责任编辑：李树林　　文字编辑：苏颖杰
印　　刷：涿州市般润文化传播有限公司
装　　订：涿州市般润文化传播有限公司
出版发行：电子工业出版社
　　　　　北京市海淀区万寿路 173 信箱　　邮编：100036
开　　本：720×1000　1/16　印张：19.5　字数：371 千字
版　　次：2024 年 1 月第 1 版
印　　次：2025 年 1 月第 3 次印刷
定　　价：128.00 元

序

FOREWORD

卫星导航系统是为用户提供定位导航授时服务的重要空间基础设施。得益于当前社会经济持续稳定发展和科技创新能力大幅提升，世界各主要航天大国均在加快建设和部署卫星导航系统，以为用户提供连续、可靠、高性能的信息服务。

卫星导航技术日新月异，卫星导航应用更加普及。随着卫星导航应用不断拓展，用户对导航定位性能的要求也在不断提高。卫星导航系统提供的基本导航定位服务已难以满足用户对高精度、高完好性服务的需求。发展多样化的卫星导航增强技术，建设新型的导航增强系统和基础设施，已成为国际卫星导航领域关注和研究的热点。

从增强目标上看，精度增强和完好性增强是卫星导航增强的两大主要方向。在精度增强方面，最具代表性、应用最广的是实时动态测量（RTK）和精密单点定位（PPP）技术，随着近年来高精度定位技术的持续发展，又出现了网络 RTK、PPP-AR 及 PPP-RTK 等技术。我国的北斗卫星导航系统（BDS）、日本的准天顶卫星系统（QZSS）、欧盟的伽利略卫星导航系统（GALILEO）已提供 PPP 服务。在完好性增强方面，以地球静止轨道卫星为通信媒介，播发卫星导航差分改正数和完好性数据的星基增强系统（SBAS）是建设和发展的主流。美国、俄罗斯、欧盟、日本、印度等国家和地区均独立建成了各自的 SBAS。我国采取一体化的设计与建设思路，建成了嵌入 BDS 的星基增强系统（BDSBAS）。完好性增强技术正在由单频双系统增强向双频多系统增强，由单星单故障的接收机自主完好性监测（RAIM）向高级接收机自主完好性监测（ARAIM）演变。

2020 年 7 月，北斗三号全球卫星导航系统正式开通，在继承和发展基本导航定位授时服务和短报文通信服务的基础上，提供 PPP、SBAS、GAS 等多

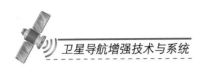

样化的特色服务。BDS 在精度和完好性增强技术及工程建设上的开创性探索和成功实践，丰富了国际卫星导航增强的方法体系和技术路线。

　　本书作者团队是北斗增强系统总体设计与研究团队的中坚力量，长期从事卫星导航增强技术研究、北斗增强系统研发建设，以及国际协调和技术合作等工作。他们对卫星导航增强技术的基本原理、关键技术和方法等具有多年研发经验。本书在全面梳理当前全球增强技术和增强系统发展现状和趋势的基础上，对卫星导航增强体系做了全面阐述，对增强精度与完好性服务性能做了清晰描述。本书内容丰富，概念清晰，科学性与实用性强，对相关科研人员系统了解卫星导航增强理论体系和开发卫星导航技术具有重要的学术参考价值，也有助于需要导航增强的用户更便捷地享用增强系统所提供的高精度、高完好性的优质服务。

中国科学院院士

杨元喜

作为当今最重要的定位导航授时手段，卫星导航凭借其高精度、低成本，可全天候、全天时提供连续导航定位服务等独特优势，已成为全球重要的时空信息基础设施，对社会经济发展和国防安全具有重要意义。当前，中国、美国、俄罗斯、欧盟等国家和地区，十分重视卫星导航系统的建设和发展，在完成系统建设并开通服务的同时，发布系统升级换代计划，持续提升系统服务性能。卫星导航不断发展和完善，在定位导航授时领域发挥着越来越重要的作用。

随着社会的进步和发展，人们对导航与位置服务的需求呈现爆发式增长，卫星导航系统本身已难以满足用户对实时、精确、泛在、可靠等服务性能的要求。卫星导航增强在卫星导航系统服务的基础上，通过卫星导航信号实时监测、误差源修正等技术，实现对卫星导航系统性能的增强和提升，提高其定位性能。卫星导航增强是一个宽泛的概念，可从差分增强改正对象、服务适用范围、信号播发手段等角度进行分类，因此出现了多种类型的增强技术和增强系统。虽然这些技术和系统得到了广泛的研究和发展，但尚未有系统研究卫星导航增强技术和系统的著作面世。本书可以使用户和科研人员详细了解卫星导航增强技术和系统。

本书基于卫星导航增强技术演进，以及北斗增强系统的建设和发展概况，对卫星导航增强技术和系统研究工作进行梳理、总结，从卫星导航增强技术的基本原理、关键技术和方法等出发，对卫星导航增强技术和系统进行了全面介绍，并结合典型增强系统，给出了增强系统建设过程中所面临的主要问题及其解决途径。全书共 8 章，第 1 章主要介绍卫星导航系统新进展、卫星导航增强技术演进，以及北斗增强系统的建设和发展概况；第 2 章介绍卫星导航服务性能及主要指标；第 3 章介绍卫星导航观测量及误差；第 4 章和第 5 章主要介绍卫星导航增强原理、方法、系统组成和关键技术；第 6 章和第 7 章主要介绍典型卫星导航精度增强和完好性增强的系统与服务；第 8 章阐述对卫星导航增强

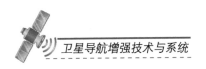

技术与系统发展趋势的思考。

　　本书在编写过程中，参考了大量国内外文献，也参考了相关的互联网资料，在此向相关作者表示感谢。由于参考文献较多，书中所列如有遗漏，敬请原谅。

　　本书由高为广、刘成、楼益栋、卢鋆、王振岭、陈亮编著。魏娜、郑福、朱新慧、耿永超、邵博、李子申、王尔申、宿晨庚、张弓、耿长江、杜娟等人对本书的编写和审校提供了支持和帮助，在此对他们的辛勤付出表示感谢。

　　鉴于编著者水平有限，书中难免有不妥之处，恳请读者批评指正。

编著者

目 录

CONTENTS

第1章 绪论

　　卫星导航具备全天候、高精度和低成本等独特优势，现已成为各航天大国经济社会发展和国防领域建设的时空基础设施。为持续提升系统性能和竞争力，中国、美国、俄罗斯、欧盟等主要卫星导航国家和地区均已瞄准高性能、高可靠、多样化服务等开展新技术研发和验证、系统升级换代等工作，本章将对世界各卫星导航系统的最新进展进行总结，分析新的发展趋势、发展特点和发展路线。

1.1　卫星导航系统新进展

　　当前，全球卫星导航系统包括我国的北斗卫星导航系统（BDS）、美国的全球定位系统（GPS）、俄罗斯的格洛纳斯卫星导航系统（GLONASS）和欧盟的伽利略卫星导航系统（GALILEO），均已提供全球定位导航授时服务[1-2]。印度导航星座系统（NavIC）和日本的准天顶卫星系统（QZSS）两大区域系统也已提供区域定位导航授时服务。在提升现有卫星导航系统服务性能的同时，各系统均开始积极谋划升级换代，对导航定位的新体制和新技术进行规划部署和在轨验证。我国也在积极论证下一代北斗系统，构建以北斗系统为核心，更加泛在、更加融合、更加智能的综合时空体系[3-4]。卫星导航系统新一轮发展态势逐渐显现。

1.1.1　中国BDS

　　BDS是我国自主建设、独立运行的全球卫星导航系统，致力于向全球用户提供导航、定位、测速、授时和短报文服务[5]。BDS按照"三步走"的发展

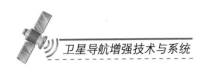

战略，逐步建成了从区域有源定位到区域无源定位，再到全球无源定位的卫星导航系统。北斗一号系统于 1994 年启动建设，2000 年投入使用，采用有源定位体制，为中国用户提供定位、授时和短报文通信服务。北斗二号系统于 2004 年启动建设，2012 年投入使用，在兼容北斗一号系统技术体制的基础上增加了无源定位体制，为亚太地区用户提供定位、测速、授时和短报文通信服务[6]。北斗三号系统于 2009 年启动建设，在北斗二号系统的基础上将服务区域扩展到全球，并进一步提升了性能，扩展了功能，2020 年 7 月 31 日正式开通运行服务。

北斗三号系统由空间段、地面段和用户段组成，具备导航定位与通信数传两大类型七种服务，向全球提供卫星无线电导航业务（RNSS）、全球短报文通信（GSMC）和搜救（SAR）三种服务，对中国及周边地区提供星基增强系统（SBAS）、精密单点定位（PPP）、区域短报文通信（RSMC）和地基增强系统（GAS）四种服务。北斗三号系统服务及规划见表 1-1。

表 1-1   北斗三号系统服务及规划[7]

服务范围	服务类型	信号/频段	播发手段
全球	卫星无线电导航业务（RNSS）	B1I、B3I	3GEO+3IGSO+24MEO
		B1C、B2a、B2b	3IGSO+24MEO
	全球短报文通信（GSMC）	上行：L	上行：14MEO
		下行：GSMC-B2b	下行：3IGSO+24MEO
	搜救（SAR）	上行：UHF	上行：6MEO
		下行：SAR-B2b	下行：3IGSO+24MEO
中国及周边地区	星基增强系统（SBAS）	BDSBAS-B1C、BDSBAS-B2a	3GEO
	精密单点定位（PPP）	PPP-B2b	3GEO
	区域短报文通信（RSMC）	上行：L	3GEO
		下行：S	
	地基增强系统（GAS）	2G/3G/4G/5G	移动通信、互联网络

注：中国及周边地区指东经 75°～135°、北纬 10°～55°的地域。

目前，北斗系统由北斗三号系统的 30 颗卫星（24 颗 MEO 卫星、3 颗 IGSO 卫星和 3 颗 GEO 卫星）和北斗二号系统的 15 颗卫星（3 颗 MEO 卫星、7 颗 IGSO 卫星和 5 颗 GEO 卫星）联合向用户提供服务。北斗系统通过全网星间链路，解决了区域布站全球服务的难题，实现空间信号精度优于 0.5 m；全球定位精度优于 10 m，测速精度优于 0.2 m/s，授时精度优于 20 ns；亚太地区定位精度优于 5 m，测速精度优于 0.1 m/s，授时精度优于 10 ns[7]。与其他卫星导航系统相比，北斗系统提供了具有中国特色的多样性服务，通过与通信技术融合发展，更好地满足了用户的多元化需求，引领了世界卫星导航系统多功能聚合的发展，见表 1-2。

表 1-2　世界卫星导航系统多功能聚合情况

服务类型	BDS	GPS	GLONASS	GALILEO	QZSS	NavIC
RNSS	✓	✓	✓	✓	✓	✓
SBAS	✓	×	✓	×	✓	×
PPP	✓	×	×	✓	✓	×
RSMC	✓	×	×	×	✓	✓
GSMC	✓	×	×	×	×	×
SAR	✓	✓	✓	✓	×	×
GAS	✓	×	×	×	×	×

注："✓"和"×"分别表示具备和不具备某项功能。

后续，北斗系统将持续提升系统能力和服务性能，进一步推动高精度、高完好、导通融合等多样化特色服务在全球落地，为未来智能化、无人化发展提供硬核支持。

1.1.2　美国 GPS

1. 持续提升 GPS 性能，极力保持领先地位

目前，GPS 空间段共有 37 颗卫星，其中 31 颗卫星正常工作（截至 2022 年 8 月），包括 12 颗 GPS IIR 卫星、8 颗 GPS IIR-M 卫星、12 颗 GPS IIF 卫星和 5 颗 GPS III 卫星，见表 1-3[8-9]。

表 1-3　GPS 在轨工作卫星情况

卫星类型	数　量	平均服役时间 / 年	最长服务时间 / 年
GPS IIR	12（5*）	20.7	25.1
GPS IIR-M	8（1*）	14.9	16.9
GPS IIF	12	8.6	12.3
GPS III	5	2.4	3.7

注：*代表卫星不健康或在轨维护。

随着 GPS 的发展和升级换代，其服务能力不断提升，目前的空间信号精度均值约为 0.5 m。2018 年 12 月，美国启动新一代 GPS III 系统部署，包括

10 颗 GPS III 卫星和 22 颗 GPS IIIF 卫星，设计寿命 15 年。目前已经发射 5 颗 GPS III 卫星，计划 2023 年完成 10 颗 GPS III 卫星部署，2026 年发射首颗 GPS IIIF 卫星，2034 年完成全部部署。

GPS III 系统能力全面升级，卫星载荷数字化程度大幅提高，GPS III、GPS IIIF 卫星的数字化程度分别可达 70%、100%，信号精度提升 3 倍，信号完好性、抗干扰能力进一步提升，具有关闭、增加和调整导航信号的在轨可重编程功能；配置高速星间链路，以确保 GPS 海外站被摧毁或者丧失能力时，系统安全稳定运行；同时，配置更高性能的星载原子钟，增加第 4 个民用互操作信号 L1C（将播发 4 个民用信号：L1C/A、L1C、L2C、L5）、增加新的激光反射器以提高定轨能力，增加 L 频段搜救载荷和新设计的核爆探测载荷[10]。

同时，美国在抓紧研制下一代运行控制系统（OCX），包括 OCX Block 1/2、OCX Block 2+的升级，以具备更高的赛博安全能力[11-12]。通过全面升级星地能力，GPS 巩固和强化其在全球卫星导航领域的主导地位和优势。此外，美国在推动公开信号空间服务区域（SSV）的同时，也提出了 M 码 SSV 的空间现代化倡议。

2. 与铱星系统融合服务，提供独立备份定位授时能力

GPS 与新一代铱星系统融合，通过铱星播发导航信号，提供卫星时间和位置（STL）服务。根据 Satelles 公司发布的最新测试结果，STL 信号增强 30～40 dB，定位精度可达 30～50 m，授时精度为 200 ns，能提升复杂电磁环境中卫星导航服务的可用性，并能在服务拒止的情况下提供备份手段[13-15]。

3. 重启导航新技术试验计划，在轨验证新概念和新技术

美国积极探索未来卫星导航的新概念和新技术，特别是弹性定位、导航和授时（PNT）技术，时隔近 40 年再次启动导航技术试验卫星项目，计划 2023 年发射新技术试验 NTS-3 卫星。NTS-3 卫星由美国空军研究实验室设计，旨在推动当今 PNT 技术的发展，可检测和减轻对 PNT 能力的干扰，提高军事、民用和商业用户的系统弹性。NTS-3 试验主要用于验证多层弹性 PNT 体系概念与技术，包括以下三方面内容。

（1）搭载先进的光铷钟和冷原子铯钟，性能较 GPS III 卫星原子钟分别提升 3 倍和 5 倍。

（2）配置在轨可编程数字波形生成器、高增益天线、氮化镓高功率放大器等，进行信号灵活调整和功率增强技术验证。

（3）进行新型星间链路技术验证，旨在仅利用美国本土地面站实现全球系统运行控制，以增强系统的弹性对抗和抗毁性[16-17]。

1.1.3 俄罗斯 GLONASS

1. 重建服务体系，提供多层次精度服务

截至 2022 年 10 月，GLONASS 空间段共有 26 颗卫星，其中，22 颗处于运行状态，1 颗处于测试状态，3 颗处于维护状态。地面段由系统控制中心、传感器站、处理中心、上行站及激光测距站组成，其境内外监测站网络可对基本 PNT 及增强服务进行监测和控制[18-19]。

为了更好地服务用户，GLONASS 在前期仅提供 RNSS 的基础上，将差分改正和监测系统（SDCM）、地面增强设施纳入系统服务体系，3 颗 GEO 卫星（Luch-5A、Luch-5B 和 Luch-5V）用于提供 SDCM 服务，以满足用户所需的高精度和高可靠性服务需求。目前，GLONASS 可为各类用户提供不同精度的四类民用服务，包括测距精度为 1.29 m 的公开服务，以及 0.5 m 的增强服务、6.8 cm 的高精度 PPP 服务、0.03 m 的相对导航服务（基于载波相位测量和基准站）等增强服务。GLONASS 的多层次精度增强服务见表 1-4[19-20]。

表 1-4 GLONASS 的多层次精度增强服务

时　　间	公开服务（覆盖全球）			增强服务（覆盖俄罗斯）		
	SISRE/m	困难条件下的可用性		可用性	精度/m	完好性/s
		俄罗斯	全球			
2020 年	1.4	78%	49%	87.6%	1	6
2030 年	0.3	95%	65.4%	100%	0.5	6
时　　间	相对导航服务（覆盖俄罗斯）			高精度服务（覆盖俄罗斯）		
	精度/m	健壮性（干扰）/dB		可用性	精度（实时）/m	
2020 年	0.03	30		10%	0.1	
2030 年	0.03	60		100%	0.05	

2. 加速卫星更新换代，持续提升系统性能

GLONASS 不断提升系统性能，其现代化的 MEO 卫星按照 GLONASS-M、

GLONASS-K、GLONASS-K2 三个版本演进，并促进 SDCM 和 PPP 增强系统发展。GLONASS 卫星的现代化演进见表 1-5[17-18]。计划 2023 年发射首颗 GLONASS-K2 系列卫星，并在后续 3 年里使用 GLONASS-K 系列补充星座，在 2030 年前至少部署 18 颗全新 GLONASS-K2 系列 MEO 卫星，替代目前在轨 GLONASS-M 卫星。GLONASS-K2 卫星采用 2 个相控阵天线播发频分多址（FDMA）/码分多址（CDMA）信号，播发 3 个频段的 CDMA 民用信号，将加强与其他 GNSS 的兼容互操作；在系统精度方面，将通过建立星间链路、扩大国际监测站网络、更新氢原子钟、发布电离层/对流层延迟相关接口控制文件等措施提升精度；在健壮性方面，将建立干扰监测与控制系统，并通过促进向弹性导航接收机的过渡来提升健壮性；在创新发展方面，将促进国产双频接收机的设计进展，以及 GLONASS-K2 卫星的研发；在可用性方面，将发展高轨卫星系统和增强系统来提升系统可用性[19-20]。

表 1-5 GLONASS 卫星的现代化演进

项　目	GLONASS-M	GLONASS-K	GLONASS-K2
年　份	2003—2016	2011—2020	2020 至今
设计寿命/年	7	10	12.5
基本性能	整星质量：1415 kg 整星功率：1400 W 星载铯原子钟 （天稳：1×10^{-13}）	整星质量：935 kg 整星功率：1270 W 星载铯、铷原子钟 （天稳：5×10^{-14}～1×10^{-13}） 搭载搜救载荷 增加 L2 频段新 CDMA 信号	整星质量：1600 kg 整星功率：4370 W 激光星间链路、搭载搜救载荷 更高精度原子钟 （天稳：5×10^{-15}～5×10^{-14}） 增加 L1 频段新 CDMA 信号
民用信号/ MHz	L1OF（1602） L2OF（1246） L3OC（1202）（部分）	L1OF（1602） L2OF（1246） L3OC（1202） L2OC（1248）	L1OF（1602） L2OF（1246） L1OC（1600） L2OC（1248） L3OC（1202）
军用信号/ MHz	L1SF（1592） L2SF（1237）	L1SF（1592） L2SF（1237） L2SC（1248）	L1SF（1592） L2SF（1237） L1SC（1600） L2SC（1248）

3. 构建中高轨混合星座，提供差异化多样服务

GLONASS 加快 MEO 卫星更新换代的同时，后续计划增加 GEO 卫星和

IGSO 卫星，构建 GLONASS 混合星座，提升高精度服务能力，全面提升系统性能。2020 年开始，拟用 3 颗 Luch-5M GEO 卫星替代现有 SDCM 的 3 颗 GEO 卫星，并在 160°E 位置增加 1 颗 GEO 卫星，实现双频多星座增强；进一步扩展地面监测资源，增加国内站和海外站数量。2025 年前，发射 6 颗 IGSO 轨道的 GLONASS-B 卫星，播发 L1OC、L2OC 和 L3OC 信号，东半球服务性能将提高 25%，可为用户提供更多差异化多样服务[19-20]。

1.1.4　欧盟 GALILEO

1. 加快完善组网部署，提供高性能多样化服务

2011 年，GALILEO 发射首批 2 颗卫星，2016 年开始提供全球初始运行服务。截至 2022 年 9 月，GALILEO 已有 28 颗在轨卫星，其中，23 颗可用于导航服务，25 颗可用于搜救服务[21]。

2014 年以来，随着卫星数量的增加和服务性能的改善，系统测距误差逐渐减小，截至 2022 年 3 月，卫星测距精度（95%）为 0.22 m，最优测距精度可达 0.16 m（5 月），最低测距精度为 0.4 m（1 月），水平定位精度约为 1.6 m，垂直约为 2.4 m；授时可用性也逐渐稳定，播发 UTC 偏差为 3.7 ns（95%），优于 30 ns 的目标，GPS 与 GALILEO 的时间偏差为 3.0 ns，优于 20 ns 的目标[21-25]。

随着卫星陆续到寿，2020－2024 年 GALILEO 将发射 12～14 颗卫星。GALILEO 卫星发射计划如图 1-1 所示，其中，2021 年 12 月，2 颗 GALILEO 卫星成功发射，目前已提供服务，可进一步提升系统性能和可用性[21, 26]。

GALILEO 可提供多样化服务，目前已提供公开服务（E1C 与 GPS L1C 为美欧联合设计的互操作信号）、公共特许服务和搜救服务。近期，公共特许服务发布新的服务定义文件，公开服务的导航电文认证已提供首个 GNSS 测试信号，高精度服务进行了首次高精度信号播发，搜救服务的反馈链路已实现全部服务能力，可满足高安全、高精度、高效信息播发等多样化需求[21, 26-27]。

2. 规划部署第二代 GALILEO，系统能力全面升级

GALILEO 在积极规划部署第二代系统。2021 年 5 月 28 日，欧洲航天局正式签发了总金额为 14.7 亿欧元的两项合同，用于设计和建造第二代 GALILEO

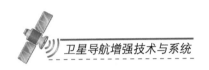
的第一批导航卫星。两项合同授予意大利泰雷兹·阿莱尼亚空间公司和德国空中客车公司，共计 12 颗卫星，计划将在 4 年内首次发射，从而尽快投入在轨使用。已制定系列服务及高端任务目标文件，具体服务类型除基本导航定位授时服务外，还包括高级授时服务、空间服务域、紧急预警、搜救等。此外，第二代系统将提供更高的精度、完好性和连续性；具备自主运行、抗干扰、抗欺骗能力，卫星寿命更长，系统与服务更加安全，具有更好的兼容与可扩展性。同时，系统还将演进发展以下服务：重构改进信号提高服务性能（首次定位时间、精度、安全认证等）、高级授时服务、空间服务域服务、基于反向链路的新型搜救服务、电离层预报服务、面向生命安全用户的高级接收机自主完好性监测服务，未来还将面向生命安全、新型时钟、安全连通性、量子通信、低轨等方向应用[21, 25, 28-29]。

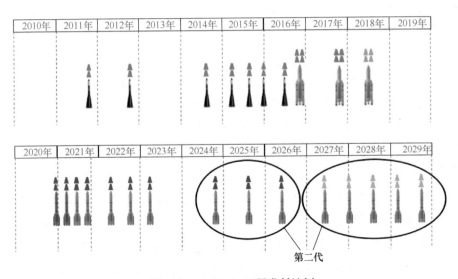

图 1-1　GALILEO 卫星发射计划

3. 基于 Kepler 计划研发，开展前沿技术在轨试验

德国宇航中心、德国地学研究中心等单位正在联合开展 Kepler 星座的研究。Kepler 星座由分布在 3 个轨道面的 24 颗中轨（MEO）卫星和分布在 2 个轨道面的 6 颗低轨（LEO）卫星组成，如图 1-2 所示[30]，采用激光星间链路、光钟和光频梳建立更高精度的天基时间基准，极大地减少了对地面的依赖，可仅利用一个地面站维持星座自主运行。该系统采用双向激光星间链路完成测量、时间同步和通信，可实现厘米级定轨，MEO 卫星无须配置原子钟即可实现长期运

行，完好性告警时间为 3 s，并计划在 2023 年和 2025 年，分别在 LEO 卫星和 MEO 卫星上进行试验[17, 31]。

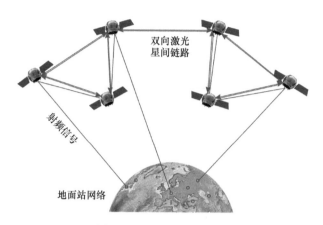

图 1-2　Kepler 星座示意图

1.1.5　日本 QZSS

QZSS 是由日本研制和建设的多任务卫星区域导航系统，自 2018 年 11 月开始向日本本土及亚太地区提供公开服务[32-33]。当前，QZSS 空间段共有 4 颗在轨工作卫星（截至 2022 年 10 月），包括 1 颗 GEO 卫星和 3 颗 IGSO 卫星，见表 1-6，计划再发射 3 颗卫星，最终建成由 7 颗卫星组成的完整系统。地面段包括 2 个主控站、7 个卫星跟踪遥测指令站、30 多个监测站，可提供精确轨道确定、增强数据融合和完好性监测等服务[34-36]。

表 1-6　QZSS 的当前星座构成

卫星名称	卫星类型	轨道类型	轨道位置	发射时间	设计寿命/年
QZS-2	Block IIQ	IGSO	136°E	2017 年 6 月 1 日	15
QZS-3	Block IIG	GEO	127°E	2017 年 8 月 19 日	15
QZS-4	Block IIQ	IGSO	136°E	2019 年 10 月 10 日	15
QZS-1R	Block IQ	IGSO	136°E	2021 年 10 月 26 日	15

QZSS 采用准天顶卫星轨道，可使卫星在日本上空停留的时间更长，改善了日本本土的信号覆盖。目前，星座信号能够覆盖以日本本土为中心的亚太地区，若以 10° 为最小观测仰角进行界定，覆盖范围为 60°E～200°E[37]。QZSS 既可独立定位，也可作为 GPS 的补充和增强。通过播发的 9 种信号，

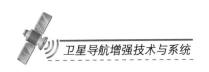

向用户提供 7 类公开服务，具体见表 1-7[38-40]。其中，灾害与危机报告服务目前是由日本气象厅向日本国内用户提供气象信息的，QZSS 的早期预警服务正在与 GALILEO 进行合作探索。2024—2025 年，支持早期预警服务的 QZSS 地基增强将会升级，导航电文认证服务、早期预警服务预计在 2024 年实现可用[36]。

表 1-7　QZSS 的信号及其对应的服务

信 号 类 型	中 心 频 率	服　　务
L1C/A		定位、导航与授时（PNT）
L1C	1575.42 MHz	定位、导航与授时（PNT）
L1S		亚米级增强服务（SLAS）
		灾害与危机管理卫星报告
L1Sb		星基增强系统播发服务
L2C	1227.60 MHz	定位、导航与授时（PNT）
L5	1176.45 MHz	定位、导航与授时（PNT）
L5S		定位技术验证服务（PTV）
L6D	1278.75 MHz	厘米级增强服务（CLAS）
S-band	2 GHz	QZSS 安全确认服务（Q-ANPI）

1.1.6　印度 NavIC

印度导航卫星系统（NavIC）早期被称为"印度区域卫星导航系统（IRNSS）"，是由印度太空研究组织研制建设的区域卫星导航系统。目前，NavIC 的空间段共有 8 颗卫星，包括 3 颗 GEO 卫星和 5 颗 IGSO 卫星（截至 2022 年 10 月），详见表 1-8[41]；地面段包括 2 个导航中心、17 个单向测距与完好性监测站、4 个双向测距站、2 个网络授时中心和 2 个控制中心。NavIC 于 2013 年发射首颗卫星，2016 年开通服务，2017 年遭遇严重问题，7 颗在轨卫星的 21 台铷原子钟中有 7 台出现故障，严重影响了系统的稳定运行[42]。

在系统性能方面，NavIC 覆盖印度领土及周边 1500 km 范围，定位精度小于 20 m，授时精度小于 50 ns[43]。该系统计划增加 4 颗 IGSO 卫星，将服务区进一步扩大至南纬 30°～北纬 50°、东经 30°～130°；并增加 L1C 民用互操作信号与其他 GNSS 实现兼容与互操作，增加搭载搜救载荷，确保服务区内可见卫星数至少增加到 6 颗，以进一步提升导航服务精度和连续性[44]。

表 1-8 NavIC 的当前星座构成

卫 星 名 称	轨 道 类 型	轨 道 位 置	发 射 时 间	备 注
IRNSS-1A	IGSO	55°E	2013 年 7 月 1 日	星载原子钟失效
IRNSS-1B	IGSO	55°E	2014 年 4 月 4 日	
IRNSS-1C	GEO	83°E	2014 年 10 月 16 日	
IRNSS-1D	IGSO	111.75°E	2015 年 3 月 28 日	
IRNSS-1E	IGSO	111.75°E	2016 年 1 月 20 日	
IRNSS-1F	GEO	32.5°E	2016 年 3 月 10 日	
IRNSS-1G	GEO	129.5°E	2016 年 4 月 28 日	
IRNSS-1I	IGSO	55°E	2018 年 4 月 11 日	替换 IRNSS-1A

NavIC 向用户提供民用标准服务和军用授权服务，单频用户使用 L5 或 S 频段信号，双频用户使用 L5 和 S 频段信号，其信号及精度见表 1-9。NavIC 计划后续发射的卫星增加 L1 频段信号。

表 1-9 NavIC 的信号及精度

服 务 类 型	信 号	中心频率/MHz	精 度
民用标准服务	BPSK（1）	L5（1176.45）或 S（2492.028）	单频：定位精度小于 20 m；授时精度小于 100 ns
军用授权服务	BOC（5，2）	L5（1176.45）和 S（2492.028）	双频：定位精度小于 10 m；授时精度小于 15 ns

1.1.7 韩国 KPS

2021 年 11 月 15 日，韩国航空宇宙研究院第 21 次国家宇宙委员会会议审议批准了"韩国卫星导航系统（KPS）研发项目推进计划"。韩国拟在航空宇宙研究院旗下设立专门的研发部门，于 2022—2035 年研发 KPS 服务所需的卫星、地面系统和用户系统，建成后的 KPS 将由 3 颗 GEO 卫星和 5 颗 IGSO 卫星共 8 颗卫星组成，能够在距首尔 1000 km 半径的区域内提供独立的定位和导航信号，服务区域内的定位误差小于 1 m。

KPS 建设包括三个阶段：第一阶段（2022—2024 年）为系统设计阶段，完成轨道、信号的设计，并参与轨道、频率的国际协调与合作；第二阶段（2025—2028 年）为系统发展阶段，完成载荷及卫星的设计和制造、地面主控站和监测站的部署，首颗 KPS 卫星计划于 2027 年发射；第三阶段（2029—2035

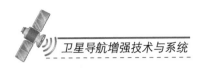

年）为系统部署和实施阶段，完成所有卫星的发射和所有地面设备的部署，同时分别完成初始服务能力和完全服务能力的测试。KPS 建成后，拟通过 L1/L2/L5/L6/S 频段信号提供定位、导航与授时、星基增强、公共安全和搜救等服务[45]。

1.1.8　卫星导航系统发展趋势和特点

从世界主要卫星导航系统的最新发展情况来看，拥有卫星导航系统的国家和地区对 GNSS 的重视与日俱增，正在谋划系统能力的升级换代，加快部署新技术、新卫星和新服务。总体呈现以下趋势和特点。

（1）持续提升精度和完好性是 GNSS 始终追求的目标。各系统更加重视通过增加卫星数量、配置更高性能原子钟、扩展监测站数量和范围、优化精密定轨和时间同步算法等，不断提升空间信号精度和系统定位精度。同时，逐步提供精密定位服务，如 GALILEO 将提供全球 20 cm 的高精度服务，GLONASS 将提供区域 10 cm 的高精度服务，QZSS 已在本土和周边提供 10 cm 的高精度服务。在完好性服务方面，各系统正在加快现有星基增强系统的升级换代，由单频单星座向双频多星座发展，并注重星地完好性联合监测，以更好地保障用户的安全可靠性。

（2）不断推出多样化的扩展服务成为 GNSS 发展的新重点。为了更好地满足多元化用户需求，多功能高度聚合和提供特色服务已成为未来赢得用户新的着力点。GPS 将在新一代卫星上搭载搜救和新设计的核爆探测载荷；GALILEO 将逐渐推出安全认证、告警服务、电离层预测等特色服务；GLONASS 后续卫星也计划提供搜救服务；日本、印度的系统也将陆续推出新服务、新功能。如何实现卫星导航系统的集约高效，实现一星多用、一系统多能成为未来各系统挖潜增效、提升国际竞争力的新方向。

（3）构建弹性体系成为 GNSS 发展新要求。通过高、中、低轨混合星座、高速星间链路等手段构建弹性体系，提升系统的安全性和服务可用性。例如，GEO 卫星可实现本土全时覆盖和操控，IGSO 卫星可提升区域能力和遮挡环境中的服务可用性，MEO 卫星可高效实现全球覆盖，LEO 卫星可完成导航增强和备份。GPS 虽已具备全球监测和操控能力，但还在积极发展基于星间链路的本土操控和自主运行能力；GLONASS 也在发展混合星座体系和星间链路；GALILEO 也在积极研究引入低轨卫星，以提升复杂环境中服务的稳健性和系统能力的弹性。

1.2　卫星导航增强技术演进

1.2.1　SA 政策与 DGPS 技术

GPS 在设计之初，计划向社会提供精密定位服务（PPS）和标准定位服务（SPS）[46]。其中，PPS 服务的主要对象是政府部门及其他特许民用部门，使用双频 P 码，预期定位精度为 10 m；SPS 服务的主要对象是普通民用用户，使用 C/A 码单频接收机，无法利用双频观测值组合消除电离层延迟的影响，预期定位精度约为 100 m。然而，在研制试验阶段，GPS 卫星钟的稳定性得到了大幅改善，轨道的测定和预测精度显著提升，使得 C/A 码定位精度达到 14 m，P 码定位精度达到 3 m，远远超出了美国政府的预期，引发了政府对高精度位置信息相关的安全问题的担忧。出于对国家安全的考虑，美国政府于 1991 年开始在 GPS Block II 卫星上实施选择可用性（SA）政策，以达到人为降低普通用户定位精度的目的。

SA 政策包括两项技术：一是在 GPS 卫星基准频率中施加高频抖动的随机噪声，以增加用户伪距测量误差；二是将卫星广播星历精度降低到 200 m 左右。对于普通用户，受 SA 政策影响，定位精度降低到原先预计的误差水平（约 100 m）；而对于军用或授权用户，可通过使用更为精确的 P 码，并装备特殊硬件设备减小 SA 政策的影响[47]。

卫星导航增强技术最早由应对 SA 政策而推出。美国实行 SA 政策后不久，学者们便根据 SA 信号的慢变特征，提出了差分 GPS（DGPS）技术，通过消除监测站间（指基准站与用户站间）伪距测量值的公共误差，将 GPS C/A 码水平定位精度提升至 15 m。然而，DGPS 技术受基准站与用户站之间距离的限制，定位精度随着站间距离的增加而下降。传统 DGPS 基准站的作用范围为 100 km 左右，要在广域范围内实现增强服务，就需要布设大量基准站，这需要投入大量的人力和资金。因此，学者们进一步提出，在广域范围内布设多个基准站进行连续观测，将卫星轨道、钟差、电离层延迟等各项系统性误差模型化处理后发送至用户，由此消除监测站间的距离限制，这一技术被称为广域差分 GPS（WADGPS）[48]。也正是由于增强技术的发展，卫星导航定位精度得到大幅提升，使 SA 政策的作用效能逐渐失去意义。2000 年，美国政府取消了 SA 政策。

WADGPS 逐渐应用到民用航空领域，并使用 GEO 卫星来播发 GPS 等导航卫星的改正数产品。20 世纪 90 年代初，有学者提出在美国建立 15 个地面站，包括主控站和监测站。其中，主控站负责计算差分改正数，包含卫星轨道改正数、卫星钟差改正数和电离层延迟改正数，利用专用卫星将差分改正数发送给用户；监测站负责对 GNSS 卫星进行连续观测。用户利用这些改正数对观测量进行修正，最后计算出点位坐标，精度可达到 1～2 m。根据这一原理，美国联邦航空管理局（FAA）主持设计和建设了早期的广域增强系统（WAAS）[49]。随后，欧盟、日本等国家和地区也开始研制建设面向民航提供增强服务的 WADGPS，如欧洲地球静止导航重叠服务（EGNOS）[50]、日本的多功能卫星增强系统（MSAS）[51]等。为了更好地指导系统建设和规范民用航空服务，国际民航组织（ICAO）开始组织各国联合制定相关技术标准，并将此类系统命名为星基增强系统（SBAS）[52]。

1.2.2　基于载波相位的高精度定位技术

DGPS 和 WADGPS 均以伪距为主要观测量，只能实现米级至亚米级的增强定位精度，难以满足测绘等高精度领域厘米甚至毫米级定位精度的要求。为了解决这一问题，出现了基于载波相位的相对定位技术，其中最具代表性的是实时动态测量（RTK）技术。RTK 技术突破了载波相位静态定位需要长时间后处理的限制，能够在野外实时获得厘米级定位精度，是卫星导航高精度应用的重要进展。在 RTK 技术的基础上，发展了基准站组网的网络 RTK 技术，在全球范围内建设了众多连续运行参考站系统，为特定行业或地区提供标准化高精度服务，在经济建设中发挥了重要作用。

与 DGPS 技术体制类似，RTK 同样受监测站间距离的限制，只适用于局部区域，并且需要布设密集的地面基准站。因此，利用与 WADGPS 误差分离和模型化处理方法类似的原理，美国喷气动力实验室（JPL）的 Zumberge 等人于 20 世纪 90 年代末提出，在利用精密定轨、精密钟差测定等技术基础上，研发基于载波相位的观测量，但不依赖监测站间距离，能够在广域范围内提供分米至厘米级高精度服务的非差精密定位技术，即精密单点定位（PPP）技术[53]。PPP 技术利用双频载波相位观测值构建非差无电离层延迟组合观测量来消除电离层延迟的影响；同时，向用户播发卫星的精密轨道改正数、精密钟差改正数等，以达到高精度定位的目的，不再受用户与地面基准站之间距离的限制。经过二十余年的发展，PPP 技术已被广泛应用于大地测量、高精度导航与位置服务、GPS 地震学、低轨卫星精密定轨及航空摄影测量等领域[53-55]。

基于 PPP 技术的广域实时精密定位系统,因其服务覆盖范围广、精度分布均匀、所需地面监测站数量少等优点,成为高精度定位服务系统的重要发展方向之一。然而,传统 PPP 技术采用双频无电离层组合观测量,载波相位模糊度不再具有整周特性,只能依靠连续观测数据处理收敛得到高精度浮点解,因此 PPP 用户在每次定位时都需要等待一定的初始化时间(目前一般为数分钟至几十分钟)才能获得实时高精度定位结果,这显然会影响实时性要求高的用户的使用体验。

针对 PPP 技术的局限性,有学者提出一种将 PPP 技术与 RTK 技术相结合的新一代高精度定位技术,即 PPP-RTK 技术。PPP-RTK 技术通过服务端提供非差改正数的方式恢复用户端非差观测值模糊度的整数特性,用户无须参考站观测数据即可获得单点模糊度固定解。PPP-RTK 技术主要分为两大类:①在浮点 PPP 基础上,将影响 PPP 模糊度固定的非差相位非整数部分作为改正数,提供给用户实现 PPP 模糊度固定[56-60];②改进双差网络 RTK 方式,在基准一致的条件下,将双差改正数映射到非差改正数,使用户进行非差定位,也称非差网络 RTK 方法[61]。目前,美国 Trimble、荷兰辉固等公司均已实现和提供商业付费的 PPP-RTK 服务,日本 QZSS 已于 2018 年年底开始提供日本本土的公开、免费的 PPP-RTK 服务。

1.2.3 完好性增强技术

进入 21 世纪,随着 SA 政策的取消,GPS 自身定位精度显著提高,已基本能满足民用航空多个飞行阶段对定位精度的要求。对 WAAS 的精度增强需求逐渐减弱,民航对卫星导航技术的首要诉求开始从精度转向对可靠性、完好性的需求。通过完好性增强,SBAS 能够及时监测 GNSS 卫星和系统的异常或故障,并向用户告警,从而保障航空等领域用户的生命和财产安全。

早期 SBAS 只有单频(SF)服务一种模式,且由于只有美国 GPS 和俄罗斯 GLONASS 前期将其写入了 ICAO 标准与建议措施文件(SARPs),民航用户只能选择对 GPS 或 GLONASS 卫星进行增强。目前,各 SBAS 服务供应商正在 ICAO 导航系统专家组及国际 SBAS 兼容互操作工作组(IWG)等框架下联合开展下一代双频多星座(DFMC)SBAS 标准的研究与制定工作。届时,DFMC SBAS 将能够利用双频伪距观测量消除电离层延迟,并通过多 GNSS 星

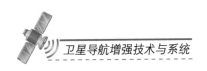

座获得更多的可用导航卫星，以及更优的 DOP 值，进一步提高 SBAS 的精度和可用性，并有达到Ⅰ类精密进近（CAT-Ⅰ）能力水平（ICAO，2018b）。此外，为实现更高的Ⅱ类及Ⅲ类精密进近（CAT-Ⅱ/CAT-Ⅲ）能力，针对机场局域范围的局域增强系统（LAAS）也在世界多国得到关注和进行建设[62-63]。

至此，以测绘为代表的高精度需求和以航空为代表的高完好性需求，成为卫星导航增强技术与系统建设和发展的两大主要方向，如图 1-3 所示。其中，精度增强的主要目的是在米级导航、定位和授时服务的基础上，进一步满足分米、厘米，甚至毫米级高精度用户的需求；完好性增强的目的则主要是在系统出现故障或异常时及时向用户告警。

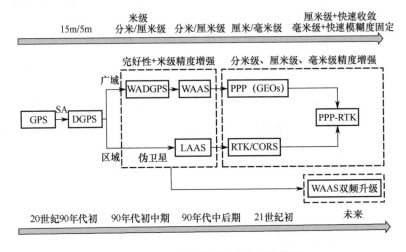

图 1-3　卫星导航增强技术发展路线图

1.3　北斗增强系统的建设和发展

由于卫星导航增强系统通常晚于基本导航系统的产生和发展，因此卫星导航增强系统不可避免地存在"补丁式"和"碎片化"问题。不同时期、不同需求背景、由不同部门或企业主导建设的增强系统或多或少地存在功能性重叠，造成了一定程度的重复建设和资源浪费。近年来，随着卫星导航应用的不断深化和拓展，各类增强系统发展迅猛，导航增强系统建设中存在的问题日益凸显。各增强技术和系统的分散式建设，不仅不利于卫星、地面资源的统筹和协作，也在概念与专业术语上产生了一定程度的混淆。

从实践上看，后期建设的卫星导航系统已逐渐认识到上述问题，并开始尝试体系化设计和建设思路。究其原因，一是以较少的系统资源代价实现更多的功能和更高的性能，以实现较高的建设效费比；二是更加方便用户在不同场景中的一体化使用。例如，GALILEO 在设计伊始，即通过规划和定义服务类型来引导系统建设。日本的 QZSS 也是一个资源集约设计的典范，可提供 PNT、星基完好性增强、亚米级和厘米级精度增强等 RNSS，并根据日本地震、海啸等灾害多发的特点，有针对性地规划和提供了灾害与危机管理卫星报告和安全确认等特色服务。

我国自主设计和建设的北斗系统具有以下特点：一是空间段采用三种轨道卫星组成的混合星座，与其他卫星导航系统相比，高轨卫星更多，抗遮挡能力强，尤其在我国本土及低纬度地区的性能优势更为明显；二是提供多个频段的导航信号，能够通过多频信号组合使用等方式提高服务精度；三是创新融合了导航与通信能力，集成设计并提供了基本导航、短报文通信、星基增强、国际搜救、精密单点定位等服务。

基于融合发展理念，北斗系统在设计建设之初即从资源统筹、系统建设和服务规划角度对增强技术、系统与服务开展了顶层设计，明确了增强体系与基本系统一体化建设的思路，并着手构建了北斗系统增强体系。北斗系统增强体系是为提升北斗系统定位精度、完好性、连续性与可用性能力，所建立的增强技术、增强系统与增强服务的综合体。从北斗一号试验系统到北斗三号全球系统，北斗系统增强体系遵循渐进式发展思路，与基本系统一起建设和共同完善，如图 1-4 所示[48]。

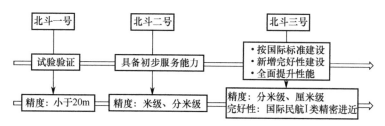

图 1-4　北斗系统增强体系的渐进式发展思路

具体而言，北斗系统增强体系针对用户对精度和完好性服务性能提升的需求，对系统增强能力发展进行了贯穿北斗一号、北斗二号至北斗三号系统的完整规划和设计，并针对不同系统属性考虑了合适的建设及运维模式。北斗系统增强体系规划见表 1-10。

表 1-10　北斗系统增强体系规划

规　　划		类　　型	建 设 模 式	运 维 方 式
北斗一号系统	北斗卫星导航增强试验系统	广域增强试验系统	支持早期增强体制试验验证	—
北斗二号系统	GEO 卫星内嵌增强电文	广域精度增强	系统增强技术体制内嵌	与北斗二号系统一体化运维
北斗三号系统	北斗星基增强系统	广域完好性增强	与北斗三号基本系统一体化相对独立建设	与北斗三号系统一体化运维
	北斗精密单点定位系统	广域精度增强	与北斗三号基本系统一体化建设	
	北斗地基增强系统	局域精度增强	独立于基本系统之外建设，统筹资源、统一标准，由企业主导建设	企业负责运维
	北斗局域完好性增强系统	局域完好性增强	民航主管部门主导建设	民航主管部门负责运维

　　随着北斗三号系统开通运行，以北斗基本导航星座为基础，以提升北斗精度和完好性服务性能为目标的北斗系统增强体系已初步形成，涵盖星基增强系统、精密单点定位系统、地基增强系统、局域完好性增强系统，以及其他商用增强系统，具有兼具广域和局域服务覆盖、地基和星基手段相结合、政府主导与市场创新相补充等鲜明特色，可为我国及周边地区用户提供不同类型、不同层次的增强服务。北斗系统增强体系设计服务能力见表 1-11，极大提升了北斗系统服务性能与核心竞争力，已成为北斗系统的最大特色与优势之一。

表 1-11　北斗系统增强体系设计服务能力

规　　划		精 度 增 强				完好性增强		
		米级	分米级	厘米级	毫米级	航路及 NPA	CAT-Ⅰ	CAT-Ⅱ/CAT-Ⅲ
基本系统		✓	—	—	—	✓（航路）	—	—
增强系统	北斗星基增强系统	✓	✓	—	—	✓	✓	—
	北斗精密单点定位系统	✓	✓	✓	—	—	—	—
	北斗地基增强系统	✓	✓	✓	✓	—	—	—
	北斗局域完好性增强系统	✓	✓	—	—	✓	✓	✓

　　注：厘米级服务需要几分钟至数十分钟的收敛时间；毫米级服务一般指事后处理。

本章参考文献

[1] 杨元喜. 北斗卫星导航系统的进展、贡献与挑战 [J]. 测绘学报, 2010, 39(1): 1-6.

[2] YANG Y, GAO W, GUO S, et al. Introduction to BeiDou‐3 navigation satellite system [J]. Navigation, 2019, 66(1): 7-18.

[3] 杨元喜. 综合 PNT 体系及其关键技术[J]. 测绘学报, 2016, 45(5): 505-510.

[4] 中国卫星导航系统管理办公室. 以北斗为核心的国家 PNT 体系拓展中国发展空间 [EB/OL]. (2017-08-23) [2022-07-03]. 来源于北斗官网.

[5] China Satellite Navigation Office(CSNO). The Application Service Architecture of BeiDou Navigation Satellite System（Version 1.0）[EB/OL]. (2019-09) [2022-07-03]. 来源于北斗官网.

[6] China Satellite Navigation Office(CSNO). Development of the BeiDou Navigation Satellite System（Version 4.0）[EB/OL]. (2019-09) [2022-07-03]. 来源于北斗官网.

[7] China Satellite Navigation Office(CSNO). BeiDou Navigation Satellite System Open Service Performance Standard（Version 3.0）[EB/OL]. (2021-05) [2022-07-03]. 来源于北斗官网.

[8] MARTIN H. Global Positioning System (GPS) Program and Policy Update[C]// Proceedings of the 15th Meeting of the International Committee on Global Navigation Satellite Systems, 2011.

[9] MARTIN H. Status and Modernization of the US Global Positioning System and WAAS[C]// Proceedings of the Munich Satellite Navigation Summit, 2022.

[10] 卢晓春, 王萌, 王雪, 等. GPS Ⅲ首星信号结构及其特性分析 [J]. 电子与信息学报, 2021, 43(8): 2317-2323.

[11] 杨宁虎, 刘春保, 杨哲. 美国 GPS 导航战技术发展分析 [J]. 国际太空, 2017(12): 4-8.

[12] 杨宁虎, 刘春保. 卫星导航系统赛博安全技术发展 [J]. 卫星应用, 2018(9): 27-31.

[13] OROLIA. A Holistic Approach to Protect, Toughen & Augment [EB/OL]. (2018-05-12) [2022-07-03]. 来源于 GPS 官网.

[14] Satellite Time & Location [EB/OL]. (2020) [2022-07-03]. 来源于 Satelles 公司官网.

[15] 梁健. 铱星 STL 系统定位方法研究 [D]. 武汉：华中科技大学, 2019.

[16] United States Air Force. Global positioning system constellation replenishment [EB/OL]. (2015-02) [2022-07-03]. 来源于 GPS 官网.

[17] HAROLD M. Global Positioning System (GPS) Program and Policy Update [EB/OL]. (2021-09-28) [2022-07-03]. 来源于 UNOOSA 官网.

[18] GLOTOV V D, REVNIVYKH S G, MITRIKAS V V. GLONASS Status Update. MCC activity in GLONASS program [EB/OL] (2006) [2022-07-03]. 来源于 CDDIS 官网.

[19] REVNIVYKH I. Glonass status and prospects of development [EB/OL]. (2021-09-28)

[2022-07-03]. 来源于 UNOOSA 官网.

[20] REVNIVYKH I. Global Navigation Satellite System (GLONASS) status and prospects of development[C]// Proceeding of the 15th International Committee on Global Navigation Satellite Systems, 2021.

[21] GODET J. Status of Galileo[C]// Proceeding of the Munich Satellite Navigation Summit, 2022.

[22] STEIGENBERGER P, MONTENBRUCK O. Galileo status: orbits, clocks, and positioning [J]. GPS Solutions, 2017, 21(2): 319-331.

[23] 张琳, 曾子芳. 伽利略卫星导航系统的初步性能评估[J]. 中国惯性技术学报, 2017, 25(1): 91-96.

[24] 丁赫, 刘帅, 孙付平, 等. Galileo 卫星导航系统初始运行阶段单点定位性能评估与分析[J]. 大地测量与地球动力学, 2018, 38(10): 1038-1042.

[25] HAYES D. GALILEO Status Update[C]// Proceedings of the 15th International Committee on Global Navigation Satellite Systems, 2021.

[26] HAYES D, HAHN J. 2019 - Galileo Programme Update [EB/OL]. (2019-09) [2022-07-03]. 来源于 UNOOSA 官网.

[27] LIU C, GAO W, LIU T, et al. Design and implementation of a BDS precise point positioning service [J]. Navigation, 2020, 67(4): 875-891.

[28] European Gnss Service Center. Update on the availability of some Galileo Initial Services [EB/OL]. (2019) [2022-07-03]. 来源于 GALILEO 官网.

[29] European Gnss Service Center. Further information on the event of 14th December [EB/OL]. (2019) [2022-07-03]. 来源于 GALILEO 官网.

[30] GLASER S, MICHALAK G, MäNNEL B, et al. Reference system origin and scale realization within the future GNSS constellation "Kepler" [J]. Journal of Geodesy, 2020, 94(12): 1-13.

[31] 高为广, 张弓, 刘成, 等. 低轨星座导航增强能力研究与仿真 [J]. 中国科学:物理学 力学 天文学, 2021, 51(1): 52-62.

[32] QZSS. Overview of the Quasi-Zenith Satellite System [EB/OL]. (2018) [2022-07-03]. 来源于 QZSS 官网.

[33] QZSS. What is the Quasi-Zenith Satellite System? [EB/OL]. (2018) [2022-07-04]. 来源于 QZSS 官网.

[34] INABA N, MATSUMOTO A, HASE H, et al. Design concept of quasi zenith satellite system [J]. Acta Astronautica, 2009, 65(7-8): 1068-1075.

[35] HAUSCHILD A, STEIGENBERGER P, RODRIGUEZ-SOLANO C. Signal, orbit and attitude analysis of Japan's first QZSS satellite Michibiki [J]. GPS Solutions, 2012, 16(1): 127-133.

[36] KOGURE S. Status of the Japanese QZSS Regional System[C]// Proceedings of the Munich Satellite Navigation Summit, 2022: 7-8.

[37] YAMAZAKI H. Introduction of QZSS and application [EB/OL]. (2018-02-08) [2022-07-03]. 来源于 JETRO 官网.

[38] Cabinet Office. Quasi-Zenith Satellite System Performance Standard (PS-QZSS-001) [EB/OL]. (2018-11-05) [2022-07-03]. 来源于 QZSS 官网.

[39] Cabinet Office. Quasi-Zenith satellite system interface specification sub-meter level augmentation service (IS-QZSS-L1S-004) [EB/OL]. (2019-09-27) [2022-0703]. 来源于 QZSS 官网.

[40] Cabinet Office. Quasi-Zenith satellite system interface specification centimeter level augmentation service (IS-QZSS-L6-001) [EB/OL]. (2018-11-05) [2022-07-03]. 来源于 QZSS 官网.

[41] 杨振. 印度区域卫星导航系统的发展现状 [J]. 导航定位学报, 2021, 9(3): 20-25.

[42] 刘春保. 2016 年国外导航卫星发展回顾 [J]. 国际太空, 2017 (2): 34-42.

[43] SURA P S. Status of IRNSS/NavIC and GAGAN[C]// Proceedings of the Munich Satellite Navigation Summit, 2022.

[44] Indian Space Research Organisation(ISRO). IRNSS Programme [EB/OL]. (2019) [2022-07-03]. 来源于 ISRO 官网.

[45] KIM T. General Overview of KPS[C]// Proceedings of the Munich Satellite Navigation Summit, 2022.

[46] 刘春保. 2018 年国外导航卫星发展综述 [J]. 国际太空, 2019(2): 42-47.

[47] 中国卫星导航系统管理办公室. GPS 信号的 SA 政策和 AS 政策 [EB/OL]. (2011-05-16) [2022-07-03]. 来源于北斗官网.

[48] 郭树人, 刘成, 高为广, 等. 卫星导航增强系统建设与发展 [J]. 全球定位系统, 2019, 44(2): 1-12.

[49] FAA. Global Positioning System Wide Area Augmentation System （WAAS） Performance Standard （1st Edition） [EB/OL]. (2008-10-31) [2022-07-03]. 来源于 ROSAP 官网.

[50] CELESTINO U. EGNOS status and plans [EB/OL]. (2016-04-05) [2022-07-03]. 来源于 ICAO 官网.

[51] SAITO S. MSAS system development [EB/OL]. (2019-06-03) [2022-07-03]. 来源于 ICAO 官网.

[52] ICAO. International standards and recommended practices (Seventh Edition)[C]// Proceedings of the Annex 10-Aeronautical telecommunications, 2018.

[53] ZUMBERGE J, HEFLIN M, JEFFERSON D, et al. Precise point positioning for the efficient and robust analysis of GPS data from large networks [J]. Journal of Geophysical Research: Solid Earth, 1997, 102(B3): 5005-5017.

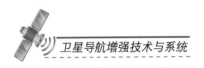
[54] KOUBA J, HéROUX P. Precise point positioning using IGS orbit and clock products [J]. GPS Solutions, 2001, 5(2): 12-28.

[55] KOUBA J. Measuring seismic waves induced by large earthquakes with GPS [J]. Studia Geophysica et Geodaetica, 2003, 47(4): 741-755.

[56] GE M, GENDT G, ROTHACHER M A, et al. Resolution of GPS carrier-phase ambiguities in precise point positioning (PPP) with daily observations [J]. Journal of Geodesy, 2008, 82(7): 389-399.

[57] LAURICHESSE D, MERCIER F, BERTHIAS J P, et al. Integer ambiguity resolution on undifferenced GPS phase measurements and its application to PPP and satellite precise orbit determination [J]. Navigation, 2009, 56(2): 135-149.

[58] SHI J, GAO Y. A comparison of three PPP integer ambiguity resolution methods [J]. GPS Solutions, 2014, 18(4): 519-528.

[59] GENG J, TEFERLE F N, MENG X, et al. Towards PPP-RTK: Ambiguity resolution in real-time precise point positioning [J]. Advances in Space Research, 2011, 47(10): 1664-1673.

[60] GENG J, SHI C, GE M, et al. Improving the estimation of fractional-cycle biases for ambiguity resolution in precise point positioning [J]. Journal of Geodesy, 2012, 86(8): 579-589.

[61] ZOU X, TANG W, SHI C, et al. Instantaneous ambiguity resolution for URTK and its seamless transition with PPP-AR [J]. GPS Solutions, 2015, 19(4): 559-567.

[62] FAA. Satellite navigation — Ground Based Augmentation System (GBAS) [EB/OL]. (2016-05-19) [2022-07-02]. 来源于 FAA 官网.

[63] FAA. Satellite navigation-GBAS-how it works [EB/OL]. (2017-09-07) [2022-07-03]. 来源于 FAA 官网.

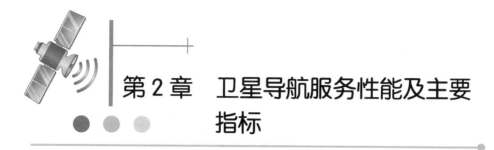

第2章 卫星导航服务性能及主要指标

卫星导航系统及其增强系统建设完成后，需要对系统的预期性能进行测试评估。对卫星导航系统及其增强系统进行长期的性能监测分析，一方面可为用户提供更可靠的服务，另一方面可为改善系统服务性能提供参考依据。因此，明确卫星导航系统及其增强系统的指标，对于卫星导航系统和增强系统的建设及应用具有重要的现实意义。本章将对卫星导航系统、精度增强系统和完好性增强系统服务性能的主要指标进行阐述，并给出关键指标的计算方法。

2.1 卫星导航系统性能及主要指标

卫星导航系统实质上是卫星无线电导航服务（RNSS）的一种实现形式。一般来说，要描述一个无线电导航系统，必须考虑其精度、可用性、可靠性、覆盖范围、信息更新率、多值性、系统容量、完好性和导航信息的维数等九个参数，即九项导航性能指标[1]。规定这些性能指标的主要目的是确保为用户提供连续的高品质服务，以保障航行安全等应用。对卫星导航而言，有些性能指标已不是那么重要了，如系统容量、导航信息维数、多值性、覆盖性和更新率等；而精度、完好性、连续性和可用性等指标则有了新的内涵和意义。

在20世纪最后十年中，国际民航组织（ICAO）积极推动将卫星导航系统引入民用航空服务。民用航空服务的巨大需求推动和促进了各种增强系统的发展，还推动了卫星导航系统性能指标的改善和提升。目前，ICAO 提出

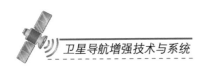

的航空无线电所需航路导航性能最具有代表性，已经成为民用航空界公认的，用来评价卫星导航系统性能的指标参数，主要包括四大性能指标：精度、完好性、连续性和可用性。所需航路导航性能（RNP）是卫星导航系统性能评估体系中最重要的指标，被诸多与卫星导航系统相关的标准和官方文件所采用[2-3]。

目前，卫星导航系统供应商发布了各自系统的服务性能规范，虽然指标的名称和阐述方式不尽相同，指标所规定的范围也存在差别，但都包括精度、完好性、可用性和连续性四大必备性能指标[4]，下面分别阐述。

2.1.1 精度

精度（Accuracy）表示一个量的观测值与其真值接近或一致的程度。在对卫星导航定位的精度进行评估时，常用均值与标准差、均方根误差、95%分位数误差、圆概率误差和球概率误差等指标进行衡量。下面分别介绍衡量卫星导航系统精度的一些指标，以及定位服务精度和空间信号精度等。

1. 常见精度度量方式

1）均值与标准差

在一维分布中，以随机变量 X 的相应概率为权，求得加权平均值，称为随机变量 X 的数学期望或该分布的均值。对于离散型分布 $P(X=x_i) = p_i$，$\sum_{i=1}^{n} p_i = 1$，其均值为

$$E(X) = \frac{p_1 x_1 + p_2 x_2 + \cdots + p_n x_n}{p_1 + p_2 + \cdots + p_n} \tag{2-1}$$

若 $E\{[X - E(X)]^2\}$ 存在，则随机变量 X 的方差 $D(X)$ 为

$$D(X) = E\{[X - E(X)]^2\} \tag{2-2}$$

标准差 $\sigma(X)$ 也称均方差，代表随机变量 X 相对于均值的离散程度，不代表真实的精度，只能描述观测误差相对于其估计均值 $\bar{x}$ 的离散程度，不能反映观测量含有系统误差的情况。在卫星导航领域，标准差往往被称为内符合精度，可以表示为

$$\sigma(X) = \sqrt{D(X)} \tag{2-3}$$

2）均方根误差

均方根误差（RMSE），也称中误差，反映观测或参数估计的实际可信度，导航定位估计值与真值的偏差程度，能较可靠地反映导航信号或导航解的偶然误差、系统误差及异常误差的综合影响。若被测量的真值已知，设为 $\tilde{X}_i$，观测值为 X_i，真误差为 $\Delta x_i = \tilde{X}_i - X_i$，则 m 个观测量的 RMSE 为

$$\text{RMSE}(X) = \sqrt{\frac{1}{m}\sum_{i=1}^{m}(\Delta x_i)^2} \tag{2-4}$$

在实际测量中，由于估计量的真值难以获取，往往采用外部更加精确的观测方法得到估计量的估值，再利用式（2-2）计算 RMSE，也被称为外符合精度。

3）百分位数

如果将一组含有 N 个数据的序列从小到大进行排序，并计算相应的累计百分位，则某一百分位所对应数据的数值就称为百分位数。第 $P(0 \leqslant P \leqslant 100)$ 百分位数的含义是，它使得 $P\%$ 的数据小于或等于这个值，或者有 $(100-P)\%$ 的数据大于或等于这个值。虽然百分位数计算得到的精度指标比较粗略，但该方法不需要预先知道测量误差的分布特性。在导航定位精度性能评估中常常使用 95%分位数作为精度统计指标之一。

百分位数可用于小样本分析，对于服从正态分布的大样本数据，百分位数与正态分布的关系可由正态分布曲线图来解释。图 2-1 所示是随机变量 x 服从位置参数为 μ、尺度参数为 σ 的正态分布，其概率密度函数为 $f(x)$。

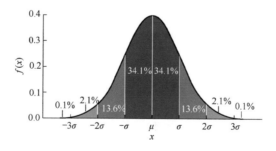

图 2-1　正态分布与百分位数的关系

从图 2-1 可知，误差值小于或等于 68.2%百分位数的对应误差区间为 $(-\sigma, +\sigma)$（图中黑色部分）。表 2-1 罗列了正态分布的几种常用百分位数与其对应误差区间 $(-k\sigma, +k\sigma)$ 的关系。图 2-1 中百分位数为保留一位小数的结果，

与表 2-1 中数据略有差别。

表 2-1　正态分布的几种常用百分位数与其对应误差区间 $(-k\sigma, +k\sigma)$ 的关系

k	1.0	1.96	2.0	3.0	4.42	5.73
p	68.2689%	95.0004%	95.4500%	99.7300%	99.9990%	99.999999%

4）圆概率误差和球概率误差

在导航定位领域中，常以圆概率误差描述二维位置的精度。圆概率误差（CEP）是指一个圆的半径，当它以正确（无误差）位置为圆心时包含 50% 的误差分布。圆概率误差较为广泛地适用于水平误差度量，当二维高斯随机变量假定为零均值时，CEP 可近似地表示为

$$CEP \approx 0.59(\sigma_L + \sigma_S) \tag{2-5}$$

式中，σ_L、σ_S 分别为 1σ 误差椭圆的长轴和短轴，即表示二维位置坐标分量的标准差。

对于三维位置，则以球概率误差表示。球概率误差（SEP）是在以真实位置为球心的球内，偏离球心概率为 50% 的误差分布，通常用于三维位置精度分布度量。SEP 可近似地表示为

$$SEP \approx 0.51(\sigma_L + \sigma_S + \sigma_H) \tag{2-6}$$

式中，σ_L、σ_S、σ_H 分别为三维位置坐标分量的标准差。

5）几种精度常用度量之间的关系

几种精度常用度量之间的关系见表 2-2。通过查表可以近似描述它们的比例关系。

表 2-2　几种精度常用度量之间的关系

RMSE（一维）	CEP（二维）	RMSE（二维）	R95（二维）	RMSE（三维）	SEP（三维）	
1	0.44	0.53	0.91	1.1	0.88	RMSE（一维）
	1	1.2	2.1	2.5	2.0	CEP（二维）
		1	1.7	2.1	1.7	RMSE（二维）
			1	1.2	0.95	R95（二维）
				1	0.79	RMSE（三维）
					1	SEP（三维）

2. 定位服务精度

GNSS 的定位精度由用户等效测距误差（UERE）和精度因子（DOP）共同决定，UERE 是由控制和空间段误差、传播误差和观测误差在卫星至用户视线上投影的叠加误差，DOP 反映卫星空间几何分布对定位精度的影响。由卫星导航星历的轨道误差、钟差及卫星天线变化组成的控制和空间段误差称为空间信号测距误差（SISRE）；传播误差由电离层和对流层延迟构成；观测误差则由接收机和环境误差引起，称为用户设备误差（UEE）。

在已知 UERE、PDOP 及置信概率 P_r 的情况下，用户导航误差 UNE 为

$$\mathrm{UNE} = k(P_r) \cdot \sigma_{\mathrm{UERE}} \cdot \mathrm{PDOP} \qquad (2\text{-}7)$$

UNE 可进一步分解为水平导航误差（HNE）和垂直导航误差（VNE），即

$$\mathrm{HNE} = k(P_r) \cdot \sigma_{\mathrm{UERE_H}} \cdot \mathrm{HDOP} \qquad (2\text{-}8)$$

$$\mathrm{VNE} = k(P_r) \cdot \sigma_{\mathrm{UERE_V}} \cdot \mathrm{VDOP} \qquad (2\text{-}9)$$

式中，HDOP 为水平精度因子；VDOP 为垂直精度因子。

在给定系统 HNE 和 VNE 指标要求的情况下，水平 UERE 和垂直 UERE 需要分别满足

$$\sigma_{\mathrm{UERE_H}} = \frac{\mathrm{HNE}}{\mathrm{HDOP} \cdot k(P_r)} \qquad (2\text{-}10)$$

$$\sigma_{\mathrm{UERE_V}} = \frac{\mathrm{VNE}}{\mathrm{VDOP} \cdot k(P_r)} \qquad (2\text{-}11)$$

3. 空间信号精度

空间信号精度由控制和空间段误差的统计值表示，包括空间信号测距误差（SISRE）、空间信号测距率误差（SISRRE）、空间信号测距加速度误差（SISRAE）和系统时间转换误差（UTCOE）等。SISRE 由卫星导航星历的预报卫星轨道和钟差精度共同决定，SISRRE 与 SISRAE 分别是 SISRE 的一阶和二阶时间导数[5]。

1）SISRE

卫星导航系统 SISRE 一般是指卫星广播星历的卫星轨道和钟差共同影响

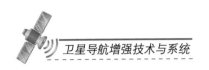

的空间信号测距误差，在评估预报卫星轨道和钟差时，通常选取高精度的事后精密卫星轨道和钟差产品[6]。假设用户接收机已精确校准到 GNSS 系统时间，瞬时 SISRE（ISISRE）是卫星与接收机的期望伪距与实际观测伪距之差，其大小为卫星预报轨道和钟差在卫星–接收机视线的投影，与接收机位置有关[7]。ISISRE 在空间上是独立的，通常有以下两种表示方法。

（1）全球平均 SISRE。

在全球覆盖范围内，采用卫星视线向的 SISRE 均方根误差作为空间信号精度的性能指标，全球平均 SISRE 的计算公式为

$$E_{\text{SISRE}} = \sqrt{(\alpha\delta_R - c\delta_T)^2 + \beta(\delta_A{}^2 + \delta_C{}^2)} \tag{2-12}$$

式中，E_{SISRE} 为全球平均 SISRE（m）；δ_R、δ_A、δ_C 分别为导航星历计算的卫星轨道径向、切向和法向误差（m）；c 为光在真空中传播的速度（m/s）；δ_T 为卫星钟差精度（s）；α 是卫星轨道径向映射因子；β 是卫星轨道切向、法向误差映射因子。对于典型 GNSS 卫星轨道高度，SISRE 映射因子的取值见表 2-3。

表 2-3 典型 GNSS SISRE 映射因子的取值（在不同截止高度角条件下）

项　目		BDS			GPS		GLONASS		GALILEO	
卫星类型		GEO/IGSO		MEO		MEO		MEO		MEO
高度/km		35786		21528		20200		19100		23222
映射因子	α	β	α	β	α	β	α	β	α	β
截止高度角 0°	0.9921	0.0889	0.9814	0.1358	0.9794	0.1427	0.9775	0.1491	0.9835	0.1278
5°	0.9924	0.0867	0.9823	0.1324	0.9804	0.1392	0.9786	0.1454	0.9844	0.1246
10°	0.9929	0.0841	0.9834	0.1283	0.9816	0.1349	0.9799	0.1409	0.9853	0.1208
15°	0.9934	0.0811	0.9846	0.1237	0.9830	0.1300	0.9814	0.1358	0.9864	0.1164
20°	0.9939	0.0777	0.9859	0.1184	0.9843	0.1245	0.9830	0.1300	0.9875	0.1115

（2）最差用户点 SISRE。

卫星视线的 SISRE 的最大误差常用于评估空间信号完好性的性能指标，有

$$\text{WCSISRE} = \widetilde{\text{max}}|\theta| \leqslant \vartheta(\delta_R\cos\theta - c\delta_T + \sqrt{\delta_A^2 + \delta_C^2}\sin\theta) \tag{2-13}$$

式中，$\widetilde{\text{max}}(x)$ 表示取 $|x|$ 的最大值，并返回相应的 x 值；θ 是卫星的半张角，与卫星的轨道高度有关；ϑ 表示最大半张角。

2）SISRRE

SISRRE 是 ISISRE 的一阶时间导数，有

$$SISRRE = \frac{\partial(ISISRE)}{\partial t} \tag{2-14}$$

由式（2-14）可知，SISRRE 主要受到卫星速度和卫星钟差变化率的影响，其中，卫星钟差变化率是 SISRRE 的主要误差。

3）SISRAE

SISRAE 是 ISISRE 的二阶时间导数，有

$$SISRAE = \frac{\partial}{\partial t}\left[\frac{\partial(ISISRE)}{\partial t}\right] \tag{2-15}$$

SISRAE 主要受到卫星位置的加速度和卫星钟差的加速度误差的影响，通常用卫星的稳定度近似估计。

4）UTCOE

UTCOE 表示 GNSS 系统时间与协调世界时 UTC 偏差的误差。

2.1.2　完好性

卫星导航系统的完好性是指系统在不能用于导航与定位服务时，及时向用户告警的能力。卫星导航系统完好性最初是为满足民用航空用户的需求提出的，是保证用户安全性的重要性能指标。GNSS 完好性包括空间信号完好性和服务层完好性[4]。

1. 空间信号完好性

GPS 标准定位服务（SPS）性能标准[8]中，将空间信号（SIS）完好性定义为对 SIS 提供定位和授时信息正确性的信任度，包括当空间信号不能用于定位或授时时，向用户接收机及时告警的能力。GNSS 完好性主要采用以下四个参数来描述[2]。

1）服务失败率

服务失败率表示瞬时 SISRE 超过容许阈值 SISRE NTE，但系统未及时告警的概率。如果 SISRE 满足正态分布，则经长时间观测统计得到的 SISURA 可认为是 SISRE 的统计精度，即

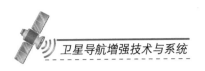

$$SISURA = \sigma(ISISRE) \tag{2-16}$$

当 SISRE 满足正态分布 $SISRE \sim N(0, SISURA^2)$ 时，SISRE 超过 SISURA 的概率为

$$P(|SISRE| \geqslant SISURA) = 1 - P(-SISURA < |SISRE| < SISURA) \tag{2-17}$$
$$\approx 1 - 0.683 = 0.317$$

$$P(|SISRE| \geqslant 4.42 \times SISURA) = 1 - P(-4.42 \times SISURA < SISRE <$$
$$4.42 \times SISURA) \tag{2-18}$$
$$\approx 1 - 0.99999$$
$$= 1 \times 10^{-5}$$

式（2-18）表明，SISRE 超过 $4.42 \times SISURA$ 的概率仅为 1×10^{-5}，可认为不可能发生，因此，当 $|SISRE| \geqslant 4.42 \times SISURA$ 时，认为卫星导航系统出现异常。GPS 标准定位服务性能标准中阈值取为 $4.42 \times SISURA$。

2）SISRE 容许阈值

健康卫星的 SISRE 容许阈值 SISRE NTE 等于该卫星的 SISURA 的上边界值的±4.42 倍，GPS 系统通过广播星历提供 SISRE NTE SISURA，可用于计算 SISRE NTE。当导航卫星处于非健康或临界状态时，不提供 SISRE NTE。

3）告警时间

告警时间（TTA）表示从系统识别出误导空间信息（MSI）开始，直至播发实时告警信息的页所在的子帧结尾，到达接收机天线的时间。国际民航组织规定精密进近的 TTA 不能超过 6 s。

4）告警标识

告警标识（AI）根据完好性风险及完好性故障机制的不同，分为 Alarm 型告警和 Warning 型告警，二者均表示 SIS 已经处于不健康状态，但后者要比前者风险更小。

2. 服务完好性

除了在卫星导航系统端进行完好性监测，用户端的完好性监测也是必要的。卫星导航系统服务的最终受益者是用户，系统产生的任何故障都直接或间接影响用户，有的故障会带来灾难性的后果。当然，在卫星导航系统产生故障的初始阶段，如果系统通过卫星自主完好性监测（通过星间链路方式）或者地面运控部分的监测能够有效地将故障排除，则可将损失减到最少。但系统的完好性监测存在漏检概率，而且即使系统本身并未超限，也无告警信息时，部分用户定位也会产生超限事件。究其原因，可能与可见卫星的空间几何构型（包含可视卫星数目）、观测环境（如电离层活跃期间的电离层闪烁、电磁干扰等）密切相关。因此，接收机端除要充分利用系统播发的完好性信息外，还应积极采取有效措施排除上述超限的异常情况。已有部分接收机具备接收机自主完好性监测功能，其监测途径主要是利用接收机内部的卫星观测冗余信息，或者载体上其他辅助信息如高度计、惯性导航系统、多普勒导航系统等实现导航卫星故障的识别判断和剔除。

描述 GNSS 服务完好性的主要参数包括以下几个。

（1）告警门限（AL）：包括水平告警门限（HAL）和垂直告警门限（VAL）。告警门限一般是与具体的导航任务有关的已知值。比如，在飞机飞行的各个阶段，其告警门限的要求是不同的。

（2）告警时间（TTA）：完好性监测具有一定的时效性，这就对监测结果的响应时间有一定的要求。

（3）完好性风险（IR）：完好性监测结果的信任程度不可能做到100%，用户需要面临一定的完好性风险，即导航定位误差超过告警门限，但没有及时告警的概率。

2.1.3　可用性

GNSS 可用性是对卫星导航系统工作性能概率的度量，它是判断导航系统提供高精度、高可靠性导航服务的唯一或主要性能指标[4, 9-10]。GNSS 可用性分为空间信号可用性和服务可用性，如图 2-2 所示。

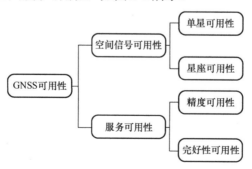

图 2-2　GNSS 可用性分类

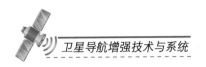

1. 空间信号可用性

空间信号可用性是指星座中规定轨道位置上的卫星提供"健康"状态的空间信号的概率，包括单颗卫星的可用性和由单颗卫星组成的整个星座的可用性。受到内部或外部环境的影响，导航卫星可能出现故障导致"不可用"状态，有的故障是"计划中"的，如卫星机动、卫星钟切换等；有的故障是"非计划"的，如卫星钟故障，在电磁、辐射环境等恶劣的情况下发生了单离子翻转现象、载波泄露等。

1）单星可用性计算

单星可用性主要依赖于卫星的设计、运行与控制部分对在轨维护处理策略，以及对异常问题的响应时间等。实际分析卫星的状态和可用性时，往往需要知道假定初始状态，和经过一段时间后卫星可能处于的状态，这就要求建立一个能反映变化规律的数学模型。马尔可夫分析模型（马尔可夫链）是利用概率建立的一种随机时序模型，它可由某一时刻的一步转移概率矩阵推估一定时间间隔的系统状态。描述卫星寿命的概率分布为指数分布，正好可用马尔可夫链来计算卫星的可用性[4, 9]。

由给定卫星的两次平均故障间隔时间（MTBF）和平均修复时间（MTTR），基于马尔可夫链模型，单星可用性 PA^s 表示为

$$PA^s = \frac{MTBF}{MTBF + MTTR} \tag{2-19}$$

利用式（2-19）并选择对应的 MTBF、MTTR 值，便可分析计算长期故障、短期故障、维护停工条件下的单星可用性。

长期故障也称不可恢复性故障，这种故障通常对卫星的影响是致命性的。发生这种故障的卫星通常是不可修复的，只能发射新卫星进行替换。另外，寿命到期产生的故障也属于长期故障，称为损耗故障。损耗故障是可以预计的，非损耗长期故障则是不能预计的。长期故障在一定程度上反映了卫星的平均寿命。短期故障是指在数小时或数天内可修复的故障。这类故障不需要发射新卫星进行替换。卫星维护通常包括导航卫星的轨道机动、原子钟的切换等有计划的维护操作。这类操作引起的卫星停工虽然不能认为是故障，但会影响系统的导航性能。由于这类停工是提前计划好的，所以不会影响服务性能的连续性。

需要注意的是，在使用上述马尔可夫模型进行相关分析时，是以假设以上几种故障（中断）概率随时间均匀分布，且互不相关为前提的[9]。

2）星座可用性计算

为了确保卫星导航系统有部分中断（计划的和非计划的）时仍能为用户提供导航和定位服务，往往会进行卫星地面备份和在轨备份。星座可用性不仅与单颗卫星的可用性有直接关系，还与卫星的发射（补充卫星）计划，以及卫星的备份与替代策略有关系。

Corrigan 等人对 GPS 进行了星座可用性研究[11]。随后，Rhonda Slattery 等人利用马尔可夫分析模型改进了星座可用性模型，不仅考虑了多星备份情况下的星座可用性，并给出了相应的计算公式[9]，还考虑了卫星的发射和退役对星座可用性的影响，从而使得该模型计算的星座可用性更加切合实际。

下面仅给出同时考虑标称轨位卫星和备份星时的星座可用性：

$$PA_i^c = \sum_{j=0}^{M} P_{S_j} P(i) \qquad (2\text{-}20)$$

式中，PA_i^c 为标称轨位卫星数加备份星数共为 i 时的可用性；$P(i)$ 为标称轨位数为 i 的星座可用性；P_{S_j} 为 j 颗备份星的可用性。P_{S_j}、$P(i)$ 的计算公式详见参考文献[9]。

2. 服务可用性

服务可用性是指卫星导航系统为服务区内用户提供满足一定性能需求服务的时间百分比。服务可用性描述了卫星导航系统的预期性能，是可预测的性能指标，在评估卫星导航系统定位服务性能时，需考虑星座几何分布的 DOP 和用户等效测距误差（UERE）的综合影响，即精度可用性。精度可用性进一步分为水平精度可用性和垂直精度可用性。评估服务可用性时需确定服务可用性门限（SAT）值，描述水平、垂直方向的 SAT 分别称为水平、垂直服务可用性门限（HSAT、VSAT）。SAT 与 DOP、UERE 的关系为

$$HSAT = UERE(\alpha) \cdot HDOP \qquad (2\text{-}21)$$

$$VSAT = UERE(\alpha) \cdot VDOP \qquad (2\text{-}22)$$

式中，α 为百分数，若取 $\alpha=95\%$，则表示 HSAT 和 VSAT 为 UERE 取 95%分位

数对应值。

利用式（2-21）和式（2-22）得到 HSAT 和 VSAT 后，可直接进行服务可用性判断，即如果

$$\Delta H = \sqrt{\Delta E^2 + \Delta N^2} \leqslant \text{HSAT} \qquad (2\text{-}23)$$

且
$$|\Delta V| \leqslant \text{VSAT} \qquad (2\text{-}24)$$

则认为服务可用，否则不可用。其中，ΔH、ΔV 分别为站心坐标系下的水平位置误差和垂直位置误差。在判断定位结果是否可用之后，可用定位精度的可用性计算，即

$$\text{Aoa} = \frac{\sum_{t=t_{\text{start}},\text{inc}=T}^{t_{\text{end}}} \{ \text{BOOL}(t) = \text{TURE} \}}{1 + \dfrac{t_{\text{end}} - t_{\text{start}}}{T}} \qquad (2\text{-}25)$$

式中，t_{start}、t_{end} 分别表示一组测试数据的起始和结束历元时刻；T 为数据的采样间隔，通常为 1s；Aoa 为定位结果满足可用性条件的历元个数占总历元数的百分比。如果定位结果满足可用性条件，则 $\text{BOOL}(t) = \text{TURE}$ 并记为 1，否则记为 0。

如果测试中采集了不同时段、不同地点的定位测试数据 k 组，第 i 组对应的历元数为 n_i，每组数据计算的可用性百分比为 P_i $(i = 1, \cdots, k)$，则对 k 组数据的加权平均结果为

$$\overline{\text{Aoa}} = \frac{\sum_{i=1}^{k} n_i P_i}{\sum_{i=1}^{k} n_i} \qquad (2\text{-}26)$$

2.1.4　连续性

卫星导航用户除关心航行的精度和完好性外，还十分关注卫星导航系统连续提供可靠服务的能力，即连续性（Continuity）。不同的导航用户对连续性的性能要求不同，对连续性的定义也不完全一样。导航系统的连续性是指在一段时间内，整个系统持续提供服务而不发生非计划中断的能力，它是在满足精度

和完好性的条件下的概率[10]。国际民航组织（ICAO）采用导航信息的最大非连续性指标，即发生非计划中断的概率；而 GALILEO 采用连续性风险和最大中断时间指标。GNSS 连续性可分为空间信号连续性和定位服务连续性，如图 2-3 所示。

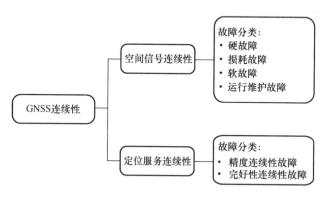

图 2-3 GNSS 连续性

1. 空间信号连续性

空间信号连续性是指"健康"状态的公开服务空间信号（SIS）能在规定时间段内不发生非计划中断而持续工作的概率[5]，影响 SIS 连续性的故障可分为硬故障、软故障、退役故障和运行、维护、停工故障等[4, 8]。以 GPS 为例，GPS 标准定位服务标准中给出了造成连续性损失的平均故障间隔时间（MTBF）期望值，分别如下。

（1）长期硬故障：MTBF 是 Block IIA 卫星设计寿命（7.5 年）的 2 倍，约为 15 年。

（2）短期硬故障：MTBF 是 Block IIA 卫星设计寿命（7.5 年）的 1/15，约为 0.5 年。

（3）退役硬故障：MTBF 与 Block IIA 卫星的设计寿命（7.5 年）相等，约为 7.5 年。

单位时间（小时）内，系统可靠运行的概率为

$$P_c = e^{-\frac{1}{MTBF}} \tag{2-27}$$

其连续性风险为

$$P_{cr} = 1 - P_c = 1 - e^{\frac{1}{\text{MTBF}}} \qquad (2\text{-}28)$$

2. 定位服务连续性

定位服务连续性是指卫星导航系统在规定时间内的服务不发生非计划中断，为用户提供持续满足定位服务精度门限的概率。定位误差常使用水平误差和垂直误差，判断定位误差是否满足要求，可直接将定位误差与相应的门限进行比较判断。

水平方向定位精度故障的判断条件为

$$H_a > H_{\text{AL}} \qquad (2\text{-}29)$$

垂直方向定位精度故障的判断条件为

$$V_a > V_{\text{AL}} \qquad (2\text{-}30)$$

其中，H_{AL}、V_{AL} 分别为水平、垂直定位精度门限，可以用告警门限（HAL、VAL）来代替。例如，GALILEO SOL 服务给出的告警门限为 HAL $= 12$ m，VAL $= 20$ m。

定位精度的连续性计算公式为

$$\text{Coa} = \frac{\sum\limits_{t=t_{\text{start}},\text{inc}=T}^{t_{\text{end}}-\text{wind}} \left\{ \prod\limits_{u=t,\text{inc}=T}^{t_{\text{end}}+\text{wind}} \text{BOOL}[f(u)] = \text{TURE} \right\}}{\sum\limits_{t=t_{\text{start}},\text{inc}=T}^{t_{\text{end}}-\text{wind}} \{\text{BOOL}[f(t)] = \text{TURE}\}} \qquad (2\text{-}31)$$

式中，t_{start}、t_{end} 分别表示一组测试数据的起始和结束历元时刻；T 为数据的采样间隔，通常为 1 s；wind 表示滑动窗口的长度，一般取 1 小时，表示每小时定位误差持续满足定位要求的百分比；$f(t)$ 表示当前时刻 t 的定位结果（水平误差或垂直误差）。

如果测试中采集了不同时段、不同地点的定位测试数据 m 组，每组对应的历元数为 $n_i(i=1,\cdots,m)$，每组数据计算的连续性百分比分别为 $P_i(i=1,\cdots,m)$，则对 m 组数据的加权平均结果为

$$\overline{\mathrm{Coa}} = \frac{\sum\limits_{i=1}^{m} n_i P_i}{\sum\limits_{i=1}^{m} n_i} \tag{2-32}$$

2.2　精度增强系统性能及主要指标

精度增强系统主要针对用户精度提升的需求，所用观测值以载波相位为主，主要包括网络 RTK 系统、广域实时精密定位系统，此类增强系统定位性能评估中除精度指标以外，初始化时间也是关键指标。浮点解的收敛时间和固定解的定位时间都是载波相位高精度定位用户非常关注的指标。尤其是随着动态用户对于高精度定位需求的日益增加，收敛时间和模糊度定位时间已成为影响实际服务性能的重要指标。

2.2.1　精度

GNSS 精度增强系统的定位精度指标评估方法与 GNSS 基本系统精度评估方法类似。定位用户的精度评估主要采用标准差（σ）、均方根误差（RMSE）、95%分位数（$R95$）等，导航用户也常用圆概率误差（CEP）和球概率误差（SEP）等评估指标。具体计算方法可参考本书 2.1.1 节。

2.2.2　初始化时间

以载波相位为主要观测量的高精度定位，需要一定时间跨度的连续观测数据，以准确确定载波相位模糊度。因此，相比于以伪距为观测量的基本导航定位，需要一段时间进行初始化，才能获得高精度的位置。依据载波相位模糊度参数进行整数固定，载波相位高精度定位解分为浮点解与固定解。对浮点解而言，初始化时间取决于位置参数是否收敛，故初始化时间也称收敛时间；对于固定解，一般将整周模糊度的首次定位时间作初始化时间。

1. 收敛时间

以载波相位为主要观测量的高精度增强技术一般需要一段初始化时间来确定载波相位的模糊度。如果不考虑模糊度的整周特性，或者因条件限制暂时

无法确定出模糊度的整数值，通过对一段时间内的连续观测数据累加处理，使其浮点模糊度对应的定位结果逐渐收敛到一定阈值范围以内，则该定位结果收敛所需时间称为收敛时间。

收敛时间作为一项考核指标，可具体定义为：从接收机接收到有效的观测数据开始，定位结果序列由非平稳达到平稳所需的时间。对于某一特定的定位精度要求（如水平精度优于 5 cm、垂直精度优于 10 cm），可判断达到平稳/收敛的条件为：定位结果在水平方向上的偏差小于 5 cm，在垂直方向上的偏差小于 10 cm；当前历元及其之后连续一段时间段垂直（如 5 min）内的定位结果都满足上述条件。

对于 RTK、网络 RTK、PPP-AR、PPP-RTK 等高精度定位方法，需要对模糊度进行整数固定，收敛时间一般默认为整周模糊度首次定位时间；而传统 PPP 的双频无电离层组合观测值的载波相位模糊度不具有整数特性，无法利用 Lambda 等整周模糊度搜索算法快速搜索固定模糊度，要通过一段时间的连续解算输出结果，逐步收敛得到高精度浮点解。

2. 整周模糊度首次定位时间

整周模糊度首次定位时间（TTFF）可定义为：从接收机接收到足够有效的观测数据和卫星星历开始，模糊度首次正确固定所需的时间。根据定义可以看出，TTFF 的确定与模糊度正确固定的标准密切相关。

在对浮点模糊度进行整数搜索后，可得到整数模糊度参数的备选组，只有对最优组备选模糊度进行确认才能将其固定下来。通常方法采用 Ratio 检验确认模糊度，即判断模糊度搜索后得到的次优备选组模糊度的残差二次型与最优备选组模糊度的残差二次型的比值是否超过所设定的阈值，如果超过阈值，则认为模糊度可以固定为最优组备选模糊度；如果没有达到阈值，则认为最优组备选模糊度的结果不太可靠而不能固定，此时只能采用模糊度浮点解的定位结果。Ratio 检验的阈值一般设为 3，在卫星较多的情况下，可以适当降低至 2.5 或 2。

但上述过程仅能判断模糊度是否固定，模糊度是否正确固定还需要进一步的检验。在用户定位坐标未知的情况下，判断模糊度是否固定正确非常困难，仅能够通过前后历元间各模糊度参数及定位结果的一致性加以判断。如果已知用户的定位坐标，则可通过固定解定位结果相比参考坐标的偏差大小加以判断。例如，若固定解水平方向偏差小于 10 cm、垂直方向偏差小于 20 cm，则可认为模糊度正确固定。当然，影响该偏差大小的因素很多，偏差阈值也是根据经验设定的，通常会结合历元间各模糊度参数及定位结果的一致性进行综合判断。

需要注意的是，以上判断模糊度是否固定，以及固定正确的方法均属于经验方法，无法保证整周模糊度完全正确。因此，上述 TTFF 亦非严格唯一确定的指标，其值可能会随判断依据的不同而发生改变。

关于"整周模糊度固定成功率"，目前没有统一的定义。在通常情况下，狭义上的整周模糊度固定成功率定义为整周模糊度正确固定的历元数占整周模糊度固定的历元数的百分比，而广义上的整周模糊度固定成功率则是指整周模糊度正确固定的历元数占所有参与模糊度解算的历元数的百分比。整周模糊度固定成功率有时也被称为整周模糊度固定正确率，是对一段时间内多次模糊度固定效果的整体描述，是一个多历元模糊度解算结果的统计值。

需要与"整周模糊度固定成功率"加以区别的是"整周模糊度解算成功率"，即单次模糊度解算后模糊度成功固定的概率，该值是浮点模糊度的概率密度函数在其规整域内的积分，是具有严格数学定义的一个统计指标，是对一次模糊度解算效果的描述，对模糊度解算的历元数无限制。

2.3　完好性增强系统性能及主要指标

民用航空应用是卫星导航系统完好性发展的主要推动力，与完好性增强技术及相应的系统紧密相关。在长期发展和实践过程中，民航业对卫星导航系统性能提出了细致全面的指标体系和严格规范的量化要求，包括精度、完好性、连续性和可用性四个方面；根据国际民航组织（ICAO）制定的《国际民航公约》[12]，对于航路、终端、进近等不同阶段，对卫星导航的性能要求不同，各典型飞行阶段的性能要求见表 2-4。其中，精度是对用户定位误差大小的约束要求；完好性是从用户安全角度，对定位域产生完好性风险的概率提出的约束要求；连续性是从导航连贯性角度，对服务中断概率提出的约束要求；可用性是指满足用户精度、完好性、连续性性能要求的可用时间百分比。

表 2-4　ICAO 提出的对卫星导航的性能要求

飞行阶段	水平精度(95%)	垂直精度(95%)	水平告警极限	垂直告警极限	完好性风险	告警时间	连续性风险	可 用 性
远洋航路	2.0 nm	不适用	2.0 nm	不适用	10^{-7}/h	5 min	10^{-4}~10^{-8}/h	0.99~0.99999
本土航路	0.4 nm	不适用	1.0 nm	不适用	10^{-7}/h	15 s	10^{-4}~10^{-8}/h	0.99~0.99999
NPA	220 m	不适用	556 m	不适用	10^{-7}/h	10 s	10^{-4}~10^{-8}/h	0.99~0.99999
APV-I	16 m	20 m	40 m	50 m	$2×10^{-7}$ 每次进近	10 s	$8×10^{-6}$/(15 s)	0.99~0.99999
APV-II	16 m	8 m	40 m	20 m	$2×10^{-7}$ 每次进近	6 s	$8×10^{-6}$/(15 s)	0.99~0.99999
CAT-I	16 m	4~6.56 m	40 m	10~15 m	$2×10^{-7}$ 每次进近	6 s	$8×10^{-6}$/(15 s)	0.99~0.99999
CAT-II/III	<6.5 m	<2.9 m	<17 m	5.3 m	$2×10^{-7}$ 每次进近	<2 s	$8×10^{-6}$/(15 s)	0.99~0.99999

表 2-4 中的完好性风险主要通过对危险误导信息（HMI）的统计得到。危险误导信息事件定义为：当定位误差大于告警门限而保护级小于告警门限时，出现危险误导信息。

2.3.1　精度

GNSS 完好性增强系统的精度指标定义及其评估方法与 GNSS 基本系统类似，可参考 2.1.1 节相关内容。完好性增强系统定位精度可转化为对用户等效测距误差（UERE）的要求。与 GNSS 基本系统的不同之处是，URE 和 UIE 是通过增强系统播发的卫星轨道、钟差及电离层延迟改正数获得的，其余计算方法相同，具体计算方法可参考 2.1.1 节中的定位服务精度计算方法。

2.3.2　完好性

完好性增强系统完好性指标与 GNSS 基本系统完好性类似，包括空间信号层完好性和服务层完好性，其性能指标包括完好性风险概率、告警门限、告警时间等，具体可参考 2.1.2 节内容。

其中，完好性风险概率的计算可参考下述方法：将完好性增强系统的完好性风险分解为在空间信号无故障情况下（H0 假设）所产生的完好性风险和在空间信号故障情况下（H1 假设）所产生的完好性风险，再将无故障情况下的完好性风险分解到水平和垂直方向上，分别得到系数 K_H 和 K_V，最后用于计算保护级的公式为[13]

$$\mathrm{HPL} = K_H \sigma_{\mathrm{UERE_H}} \cdot \mathrm{HDOP} \leqslant \mathrm{HAL} \tag{2-33}$$

$$\mathrm{VPL} = K_V \sigma_{\mathrm{UERE_V}} \cdot \mathrm{VDOP} \leqslant \mathrm{VAL} \tag{2-34}$$

式中，HPL 和 VPL 分别为水平保护级和垂直保护级；HAL、VAL 分别为水平告警门限和垂直告警门限。

2.3.3　可用性

完好性增强系统用户体验到的可用性包括两个层面：空间信号可用性和服务可用性[4]。空间信号可用性是指星座中规定轨道位置上的卫星提供"健康"状态的空间信号的概率，包括单星可用性计算和星座可用性计算，具体参见2.1.3 节。定位服务可用性指可服务时间与期望服务时间之比，可服务时间是指在给定区域内服务指标满足规定性能标准的时间，具体计算方法参见2.1.3 节。

2.3.4　连续性

与 GNSS 一样，完好性增强系统的连续性是指整个系统在一段时间内，将要执行的航行操作中持续提供服务而不发生非计划中断的能力。连续性性能包括空间信号连续性和服务连续性，具体计算方法参见 2.1.4 节。

故障发生时正确检出和无故障发生时的虚假告警会导致导航卫星停止服务，并可能使得观测几何条件较差的用户服务被中断，从而产生连续性风险。连续性风险概率满足

$$P_{\mathrm{CR}} = P_{\mathrm{F,SIS}}(1 - P_{\mathrm{md}}) + (1 - P_{\mathrm{F,SIS}})P_{\mathrm{FA}} \tag{2-35}$$

式中，$P_{\mathrm{F,SIS}}$ 为可视卫星空间信号故障概率；P_{md} 为空间信号漏警概率；P_{FA} 为空间信号虚警概率。由于 $1 - P_{\mathrm{md}} \approx 1$ 且 $1 - P_{\mathrm{F,SIS}} \approx 1$，因此式（2-35）可近似为

$$P_{\mathrm{CR}} = P_{\mathrm{F,SIS}} + P_{\mathrm{FA}} \tag{2-36}$$

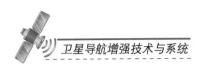

由于上述两种情况同时发生而导致用户服务中断的概率（两种情况的概率的乘积）极小，可忽略不计，因此可进一步要求 $P_{F,SIS}$ 和 P_{FA} 满足

$$P_{F,SIS} \leqslant P_{CR}, \quad P_{FA} \leqslant P_{CR} \tag{2-37}$$

本章参考文献

[1] 李跃. 导航与定位: 信息化战争的北斗星[M]. 2 版. 北京: 国防工业出版社, 2008.

[2] GRIMES J G. Global Positioning System Standard Positioning Service Performance Standard(4th edition) [EB/OL]. (2008-09) [2022-07-03]. 来源于 GPS 官网.

[3] NAGLE T J. Global Positioning System civil monitoring performance specification [EB/OL] (2009-04-30) [2022-07-03]. 来源于 GPS 官网.

[4] 李作虎. 卫星导航系统性能监测及评估方法研究 [D]. 郑州：解放军战略支援部队信息工程大学, 2012.

[5] China Satellite Navigation Office (CSNO). BeiDou Navigation Satellite System Open Service Performance Standard（Version 3.0） [EB/OL]. (2021-05) [2022-07-03]. 来源于北斗官网.

[6] 胡志刚. 北斗卫星导航系统性能评估理论与试验验证 [D]. 武汉: 武汉大学, 2013.

[7] HENG L. Safe satellite navigation with multiple constellations: global monitoring of GPS and GLONASS signal-in-space anomalies [EB/OL]. (2012-09) [2022-07-03]. 来源于 Stanford University 官网.

[8] FREDERICK D. Global Positioning System Standard Positioning Service Performance Standard(5th edition) [EB/OL]. (2020-04) [2022-07-04]. 来源于 GPS 官网.

[9] SLATTERY R, KOVACH K. New and improved GPS satellite constellation availability model[C]// Proceedings of the 12th International Technical Meeting of the Satellite Division of The Institute of Navigation, 1999.

[10] 谭述森. 卫星导航定位工程[M]. 2 版. 北京: 国防工业出版社, 2010.

[11] CORRIGAN T M, HARTRANFT J F, LEVY L J, et al. GPS Risk Assessment Study Final Report [EB/OL]. (1999-01) [2022-07-03]. 来源于 The RVS Group 官网.

[12] ABEYRATNE R. Convention on International civil aviation: a commentary[M]. London: Springer International Publishing, 2014.

[13] 陈谷仓, 刘成, 卢鋆. 北斗星基增强系统服务等级与系统性能分析[J]. 测绘科学, 2021, 46(1): 42-48.

第3章　卫星导航观测量及误差

在卫星导航定位中，通常将卫星位置作为已知值，将接收机位置作为待求参数，采用单程被动式测距的方法进行导航或定位。采用被动式定位方法，卫星和接收机上必须各有一台钟参与工作，用以确定传播延迟或相位差，根据传播信号的类型，可获得的基本观测量包括：①根据码相位观测得出的观测量，即伪距观测量；②根据载波相位观测得出的观测量，即载波相位观测量；③由积分多普勒计数得出的距离差，即多普勒观测量[1]。卫星导航定位中采用的伪距和载波相位观测量，受钟误差（卫星钟差和接收机钟差）、大气延迟（对流层延迟和电离层延迟）等影响，基本观测量与卫星至接收机的真实距离存在差异，需要对相关误差进行改正，以获取高精度定位结果。

3.1　下行导航信号

导航信号是 GNSS 提供定位导航授时服务的关键，基本功能是实现伪距测量和导航信息的播发，主要由载波、测距码、导航电文等部分组成，是决定系统服务性能和用户体验的主要因素，直接影响用户使用成本和应用前景。各 GNSS 供应商详细定义了空间信号接口控制文件（ICD）并向用户发布，用户依据 ICD 即可研发生产接收设备，享受 GNSS 服务。为了满足高精度、高完好性、高可用性、互操作、兼容性等新需求，适应应用领域扩展和全球市场竞争，各 GNSS 供应商持续对导航信号进行改进和升级。

3.1.1　BDS 信号

北斗二号卫星在 L 频段播发 B1I、B2I、B3I 三个信号来提供 RNSS，信

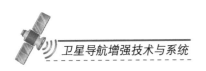

号均采用传统的 BPSK 调制方式。MEO/IGSO 卫星播发 D1 电文，信息速率为 50 bps；GEO 卫星播发 D2 电文，信息速率为 500 bps。各频段的信号、中心频率、调制方式等详见表 3-1。

表 3-1 北斗二号卫星信号

频　段	信　号	中心频率 / MHz	调 制 方 式	信息速率 / bps	播 发 卫 星
B1	B1I	1561.098	BPSK（2）	50	MEO/IGSO
				500	GEO
B2	B2I	1207.14	BPSK（2）	50	MEO/IGSO
				500	GEO
B3	B3I	1268.52	BPSK（10）	50	MEO/IGSO
				500	GEO

北斗三号 MEO/IGSO 卫星在 B1 频段播发 B1I 和 B1C 两个信号，在 B2 频段播发 B2a 和 B2b 两个信号，在 B3 频段播发 B3I 信号，均提供 RNSS。各频段的信号、中心频率、调制方式等详见表 3-2。

表 3-2 北斗三号 MEO/IGSO 卫星信号[2]

频　段	信　号	中心频率 / MHz	调 制 方 式	信息速率 / bps
B1	B1I	1561.098	BPSK（2）	50
	B1C	1575.42	BOC（1，1）	50
			QMBOC（6，1，4/33）	0
B2	B2a	1176.45	QPSK（10）	100
				0
	B2b	1207.14	QPSK（10）	500
				500
B3	B3I	1268.52	BPSK（10）	50

北斗三号 GEO 卫星在 B1 频段播发 B1I 信号和 B1C 星基增强系统（SBAS）服务信号，在 B2 频段播发 B2a 星基增强系统服务信号和 B2b 精密单点定位（PPP）服务信号，在 B3 频段播发 B3I 信号。各频段的信号、中心频率、调制方式等详见表 3-3。

表 3-3 北斗三号 GEO 卫星信号[2]

频　段	信　号	中心频率/MHz	调 制 方 式	信息速率/bps	服务类型
B1	B1I	1561.098	BPSK（2）	500	RNSS
	B1C	1575.42	BPSK（1）	250	SBAS

（续表）

频　段	信　号	中心频率/MHz	调 制 方 式	信息速率/bps	服务类型
B2	B2a	1176.45	QPSK（10）	250	SBAS
				0	
	B2b	1207.14	QPSK（10）	500	PPP
				—	
B3	B3I	1268.52	BPSK（10）	500	RNSS

3.1.2　GPS 信号

GPS 信号的频段分别为 L1（1575.42 MHz）、L2（1227.6 MHz）、L5（1176.45 MHz）。GPS 早期的 Block I、Block II、Block IIA、Block IIR 卫星播发的信号只有 2 个频段、3 个信号，包括 L1C/A、L1P（Y）和 L2P（Y）[3]。随着卫星能力升级和更新换代，后续卫星上逐步增加了 L1M、L2M、L2C、L5 和 L1C 等现代化信号，共计 3 个频段、8 个信号，各频段的信号、中心频率、调制方式、服务类型见表 3-4。其中，Block IIR-M 卫星在 L1 和 L2 频段增加了新的授权信号 L1M 和 L2M，采用 BOC 调制，实现了信号频谱分离，抗干扰能力更强，在 L2 频段上增加了新的公开信号 L2C；Block IIF 卫星在此基础上增加了新的信号 L5C，扩展为三频；Block III 卫星进一步增加了新的民用信号 L1C[4]。

表 3-4　GPS 信号

频　段	信　号	中心频率 / MHz	调 制 方 式	服务类型
L1	L1 C/A	1575.42	BPSK（1）	OS
	L1P		BPSK（10）	军用
	L1M		BOC（10，5）	军用
	L1C_data		BOC（1，1）	OS
	L1C_pilot		TMBOC（6，1，4/33）	OS
L2	L2P	1227.6	BPSK（10）	军用
	L2M		BOC（10，5）	军用
	L2C_data		BPSK（1）	OS
	L2C_pilot			OS
L5	L5C_data	1176.45	BPSK（10）	OS
	L5C_pilot		BPSK（10）	OS

3.1.3 GLONASS 信号

GLONASS 采用 FDMA 体制信号，采用独立的导航频段 L1（1602 MHz）、L2（1246 MHz），但由于与其他 GNSS 差异较大，应用前景受限。为了进一步扩展应用市场，GLONASS 开始增加 CDMA 体制信号，以加强系统间互操作。GLONASS-M 卫星上增加了 L3OC（1202.025 MHz）信号，后续 GLONASS-K 现代化卫星在原有 FDMA 频率上增加了 L1OC、L1SC、L2OC、L2SC 等 CDMA 体制信号。GLONASS 的两类信号见表 3-5。

表 3-5　GLONASS 的两类信号[5]

卫　　星	FDMA		CDMA		
	L1	L2	L1	L2	L3
GLONASS-M	L1OF L1SF	L2OF L2SF	—	—	L3OC
GLONASS-K	L1OF L1SF	L2OF L2SF	L1OC L1SC	L2OC L2SC	L3OC

3.1.4 GALILEO 信号

GALILEO 利用后发优势，从设计之初就开始研究性能更优的现代化导航信号。GALILEO 信号包括 E1、E5、E6 等 3 个频段、6 个信号。E1 频段播发 E1OS 公开信号和 E1PRS 授权信号，E1OS 信号采用 CBOC 调制方式与 GPS 的 L1C 信号实现互操作；E5 频段播发 E5a 和 E5b 分量组成的公开信号，采用 AltBOC 调制方式；E6 频段播发 E6CS 商用信号和 E6PRS 授权信号。表 3-6 给出了 GALILEO 各频段的信号、中心频率及调制方式。

表 3-6　GALILEO 各频段的信号、中心频率及调制方式[6]

频　　段	信　　号	中心频率 / MHz	调 制 方 式
E1	E1OS	1575.42	CBOC（6，1，1/11）
	E1PRS		BOC（15，2.5）
E5	E5a	1176.45	AltBOC（15，10）
	E5b	1207.14	
E6	E6PRS	1278.75	BOC（10，5）
	E6CS		QPSK（5）

3.2 基本观测量

3.2.1 伪距观测量

伪距观测量通过测量信号传播的时间延迟来获得卫星至接收机间的几何距离。伪距观测量测量的距离为信号发射时刻的卫星相位中心至信号接收时刻的接收机天线相位中心之间的时间延迟与光速的乘积，这一距离受到钟差及大气传播误差等的影响，与真实的几何距离存在差异，因此称为伪距。

令 t_r 为 GNSS 时间系统中真实的信号接收时刻，t^s 为 GNSS 时间系统中真实的信号发射时刻，$\Delta t = t_r - t^s$ 是真实的信号传播时间。令 c 为真空中的光速，则伪距可以表达为[7]

$$P = c[t_r(\text{rec}) - t^s(\text{sat})] = c\Delta t_{\text{rec}}^{\text{sat}} \tag{3-1}$$

式中，$t_r(\text{rec})$ 为信号接收时刻的接收机钟读数；$t^s(\text{sat})$ 为卫星钟控制下的信号发射时刻。

伪距观测量的获取过程如下：卫星在卫星钟的基准频率控制下产生测距码信号，同时接收机在接收机钟基准频率的控制下产生复制的码结构相同的测距信号，称为复制码。在不考虑卫星钟差和接收机钟差的情况下，卫星上产生的测距码与接收机产生的复制码在同一时刻的码元是完全相同的。卫星产生的测距码经过空间传播到达接收机，由于受到传播时间延迟的影响，相比于接收机产生的复制码，到达接收机的测距码已存在滞后平移。将卫星测距码与接收机的复制码进行比对，利用时间延迟器来调整复制码，即平移复制码使之与接收到的来自卫星的测距码的相关性达到最高。延迟器记录的平移量 $\Delta\tau$ 就对应于卫星信号传播的延迟时间 $\Delta t_{\text{rec}}^{\text{sat}}$。将延迟时间乘以真空中的光速，即得到伪距观测量。

在实际应用中，卫星钟和接收机钟都存在误差，导致卫星与接收机产生的测距码并非严格同步，根据钟面读数测定的传播时间并非真正的信号传播时间。因此，需要考虑钟差的影响，将两者的时间归化至同一 GNSS 时间系统[7]，即

$$\Delta t_{\text{rec}}^{\text{sat}} = t_r(\text{rec}) - t^s(\text{sat}) = \left[t_r + dt_r\right] - \left[t^s + dt^s\right] = \Delta t + dt_r - dt^s \tag{3-2}$$

式中，$\Delta t_{\text{rec}}^{\text{sat}}$ 为卫星钟读数和接收机钟读数确定的时间差；t_r、t^s 的含义与式（3-1）

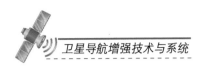

相同；$\Delta t = t_r - t^s$；$\mathrm{d}t^s$ 和 $\mathrm{d}t_r$ 分别为卫星钟差和接收机钟差。将式（3-2）乘以光速 c，得到

$$c\Delta t_{\text{rec}}^{\text{sat}} = c\Delta t + c\mathrm{d}t_r - c\mathrm{d}t^s \tag{3-3}$$

式中，$c\Delta t$ 表示消除了钟差的卫星与接收机之间的几何距离；$c\mathrm{d}t_r$ 和 $c\mathrm{d}t^s$ 分别表示接收机钟差和卫星钟差的等效几何距离。若同时考虑星历误差、对流层延迟、电离层延迟、硬件延迟、接收机噪声和未模型化的误差影响，则完整的伪距观测方程表达式可写为

$$P = c\Delta t_{\text{rec}}^{\text{sat}} = \rho - c(\mathrm{d}t^s + B_P) + c(\mathrm{d}t_r + b_P) + \mathrm{d}\rho + I_P + T + \varepsilon_P \tag{3-4}$$

式中，B_P 为卫星硬件延迟；b_P 为接收机硬件延迟；$\mathrm{d}\rho$ 为星历误差；I_P 为电离层延迟；T 为对流层延迟；ε_P 为接收机噪声和未模型化的误差影响。

理论上，卫星信号和复制信号应该完全一样。但实际上，由于受到噪声信号畸变等影响，两者的波形会有一些差异，并不完全一致。因此，卫星测距码与接收机复制码的比对过程，是寻求两者最大相关性来确定延迟时间的过程。相关性大小根据相关系数计算[8]，即

$$R = \frac{1}{T}\int_T u^s(t - \Delta t)u_r(t - \Delta\tau)\mathrm{d}t \tag{3-5}$$

式中，R 为相关系数；T 为积分间隔；$u^s(t - \Delta t)$ 为来自卫星经过传播时间 $\Delta t_{\text{rec}}^{\text{sat}}$ 的测距码；$u_r(t - \Delta\tau)$ 为经过延迟器延迟时间 $\Delta\tau$ 的接收机复制码。相关系数 R 取最大值时所对应的延迟时间 $\Delta\tau$ 即为确定的延迟时间。

伪距的精度与码元宽度（测距码的波长）有关，约为码元宽度的 1%。若 GPS C/A 码的码元宽度约为 293 m，P（Y）码的码元宽度约为 29.3 m，则采用 C/A 码得到的伪距精度约为 2.93 m，采用 P（Y）码得到的伪距精度约为 0.29 m。随着卫星导航技术的发展，近年来的研究表明，测距码的精度有所提高，可以达到码元宽度的 0.1%[7]。

伪距观测量主要用于普通导航，或者与载波相位观测量相结合形成相位平滑伪距观测量进行导航定位，这也是高精度定位（以载波相位观测值为主）中的辅助观测量，可用于载波相位的周跳探测和模糊度固定等。

3.2.2　载波相位观测量

载波是一种没有任何标记的余弦波，用于调制测距码和导航电文。同时，

载波相位本身也可用于距离测量,并且由于载波的波长很短,测距精度非常高。在载波相位传播过程中,时间变化或空间距离变化都将导致载波相位发生变化。载波相位观测(以周为单位)可表示为

$$\phi = \phi_0 + f(t - t_0) - f \cdot \frac{\rho}{c} = \phi_0 + f(t - t_0) - \frac{\rho}{\lambda} \tag{3-6}$$

式中,ϕ_0 为初始相位;t_0 为初始时刻;t 为相位当前时刻;ρ 为 $[t_0, t]$ 时段内载波空间距离的变化;f 为载波频率;c 为真空中的光速;λ 为载波波长。

载波相位观测量的获取过程与伪距观测量类似。卫星在卫星钟的控制下产生载波,同时接收机在接收机钟的控制下产生频率和初相相同的载波。不考虑卫星钟差和接收机钟差时,理论上两者在同一时刻的载波相位是完全相同的。卫星产生的载波传播至接收机,卫星载波观测不仅包括传播时间的变化,而且包括由卫星至接收机的空间距离变化。而接收机复制产生的载波仅包括传播时间的变化,没有空间距离变化。在接收时刻,将接收机产生的载波相位与接收到的卫星载波相位进行比对测量(称为载波相位测量),得到的两者相位差 $\Delta\phi$,即为载波相位观测量。两者之间完整的相位差乘以对应波长即为卫星至接收机的几何距离。

设发射时刻 t^s 卫星产生的载波相位为 $\phi^s(t^s)$,接收机产生的载波相位 $\phi_r(t^s)$,在此时两者相位是相等的,即 $\phi^s(t^s) = \phi_r(t^s)$;接收时刻 t_r 的卫星载波相位经历了传播时间变化,并经历了卫星至接收机的空间距离变化,其载波相位为

$$\phi^s(t_r) = \phi^s(t^s) + f^s(t_r - t^s) - f^s\frac{\rho}{c} \tag{3-7}$$

接收机载波相位仅经历了传播时间变化,没有经历空间距离的变化,其载波相位为

$$\phi_r(t_r) = \phi_r(t^s) + f_r(t_r - t^s) \tag{3-8}$$

两者的相位差为

$$\Delta\phi = \phi_r(t_r) - \phi^s(t_r) = f^s\frac{\rho}{c} + (f^s - f_r)(t^s - t_r) + [\phi_r(t^s) - \phi^s(t^s)] \tag{3-9}$$

初始相位在钟的控制下是一致的,即有 $\phi_r(t^s) - \phi^s(t^s) = 0$;同时,忽略频

率的变化，即有 $f^s - f_r = 0$，则式（3-9）可简化为载波相位观测量表达式

$$\Delta\phi = \phi_r(t_r) - \phi^s(t_r) = f^s \frac{\rho}{c} \qquad (3\text{-}10)$$

同样，由于卫星钟和接收机钟存在误差，卫星与接收机产生的载波相位的初始相位并非严格一致，故根据钟面读数测定的相位差并不能真实反映信号的传播距离。因此，需考虑钟差的影响，将两者的时间归化至 GNSS 时间系统[7]，即

$$\Delta\phi = \phi_r(t_r) - \phi^s(t_r) = f^s \frac{\rho}{c} + f\mathrm{d}t_r - f\mathrm{d}t^s \qquad (3\text{-}11)$$

在上述测量过程中，实际上载波是没有任何标记的周期性余弦波。在锁定卫星的首个历元时，接收机只能确定载波相位观测值 $\Delta\phi$ 中不足一周的小数部分 $\phi^s(t_0)$，$\Delta\phi$ 中包含的整周个数 N 是未知的，称为整周模糊度或整周未知数，即

$$\Delta\phi = \phi^s(t_0) + N \qquad (3\text{-}12)$$

在后续的观测历元中，接收机中的多普勒计数器会记录下载波测量距离的整周变化 $\mathrm{int}(\phi, t_0, t)$（由于卫星和接收机的相对运动而引起的距离变化），同时不足一周的部分 $\phi^s(t)$ 仍然保持测量。首个历元开始所产生的整周未知数则仍然保持未知（在未发生周跳的情况下，该历元整周未知数与首个历元相同）。此时完整相位观测值表达为

$$\Delta\phi = \phi^s(t) + \mathrm{int}(\phi, t_0, t) + N \qquad (3\text{-}13)$$

实际观测值为

$$\phi^s = \phi^s(t) + \mathrm{int}(\phi, t_0, t) \qquad (3\text{-}14)$$

从而有

$$\Delta\phi = \phi^s + N \qquad (3\text{-}15)$$

只要接收机在观测时段内保持连续观测不失锁，当前历元的整周未知数与锁定后的第一个历元的整周未知数就不变；如果观测出现失锁，信号重新锁定，不能通过周跳探测确定整周跳变大小，则锁定后的首个历元将产生一个新的整周未知数。载波相位观测值的变化过程如图 3-1 所示。

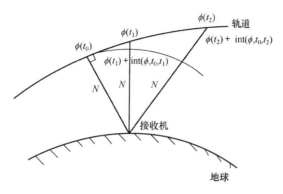

图 3-1　载波相位观测值的变化过程

类似于测码伪距观测值，载波相位观测值同样受到卫星钟差、接收机钟差、电离层延迟、对流层延迟、硬件延迟、星历误差，以及测量噪声等的影响，因此载波相位观测值的完整表达式可写为

$$\lambda \Delta \phi = \rho - c(\mathrm{d}t^{\mathrm{s}} + B_\phi) + c(\mathrm{d}t_{\mathrm{r}} + b_\phi) + \mathrm{d}\rho + I_\phi + T + \varepsilon_\phi \qquad (3\text{-}16)$$

或

$$\lambda \phi^{\mathrm{s}}(t) = \rho - c(\mathrm{d}t^{\mathrm{s}} + B_\phi) + c(\mathrm{d}t_{\mathrm{r}} + b_\phi) - \lambda N + \mathrm{d}\rho + I_\phi + T + \varepsilon_\phi \qquad (3\text{-}17)$$

式中，B_ϕ 为卫星硬件延迟；b_ϕ 为接收机硬件延迟；I_ϕ 为电离层延迟；ε_ϕ 为接收机噪声和未模型化的误差影响；其余符号的含义与式（3-4）相同。需要注意的是，式中载波相位和测码伪距观测值的电离层延迟及硬件延迟并不相等。

载波相位观测量的精度同样与码元宽度有关，约为码元宽度的 1%，因而载波相位相对伪距观测量具有更高的精度。目前，测量型接收机的载波相位测量精度为 2～3 mm[8]。

综上，利用载波相位观测量进行导航定位，不仅要消除载波相位观测值的各种误差，而且要解决整周模糊度和整周跳变问题，数据处理复杂程度远大于伪距观测值。但由于载波相位观测值的精度要高于测码伪距观测值，高精度定位中主要采用载波相位观测值。

3.2.3　多普勒观测量

多普勒效应是指当有波传输的运动体之间有相对运动时，波的传输频率随瞬时相对距离的缩短和增大而相应增高和降低的现象。导航卫星与接收机之间存在不断的运动变化，因此其传输给接收机的卫星信号将发生多普勒效应，引起观测信号的频率变化值，称为多普勒频移。当卫星向接收机运动时，距离缩

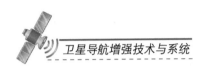

短，多普勒频移为正值；当卫星远离接收机运动时，距离增大，多普勒频移为负值[9]。一般的测量型接收机都提供多普勒频移。

令发射卫星信号的频率为f_s，接收机接收到的信号频率为f_r，则多普勒频移为

$$\Delta f = f_r - f_s = -\frac{1}{c}\frac{\mathrm{d}\rho}{\mathrm{d}t}f_s = -\frac{1}{\lambda^s}\frac{\mathrm{d}\rho}{\mathrm{d}t} \tag{3-18}$$

式中，ρ为卫星至接收机的几何距离；λ^s为发射信号的波长。假定卫星相对于地心的坐标位置向量为$\vec{r}^s$，接收机相对于地心的坐标位置向量为$\vec{r}_R$，则有

$$\rho = \left\| \vec{r}^s - \vec{r}_R \right\| \tag{3-19}$$

从而

$$\frac{\mathrm{d}\rho}{\mathrm{d}t} = \frac{(\vec{r}^s - \vec{r}_R)}{\left\| \vec{r}^s - \vec{r}_R \right\|}(\dot{r}^s - \dot{r}_R) = e(\dot{r}^s - \dot{r}_R) \tag{3-20}$$

式中，e为卫星指向接收机的单位矢量，$e = \dfrac{(\vec{r}^s - \vec{r}_R)}{\left\| \vec{r}^s - \vec{r}_R \right\|}$。因此，式（3-20）还可写为

$$\Delta f = -\frac{1}{\lambda^s}e(\dot{r}^s - \dot{r}_R) \tag{3-21}$$

由式（3-21）可知，多普勒观测值与卫星和接收机间的相对运动速度有关。因此，多普勒观测值常用于运动速度的测量。

3.3 主要误差源及其影响

导航信号从卫星天线发射，经大气传播被接收机天线接收，并将测距信号量测出来，会受到各种误差源的影响。误差源依据传播链路可划分为四大类：与卫星相关的误差、与信号传播相关的误差、与接收机相关的误差，以及与监测站相关的误差。

3.3.1 与卫星相关的误差

在卫星导航定位中，与卫星有关的误差主要包括卫星轨道误差、卫星钟差、

相对论效应和卫星天线相位中心误差。

1. 卫星轨道误差

卫星轨道作为卫星导航系统的空间参考基准，是实现高精度导航定位的基础和前提。卫星导航系统以卫星广播星历的形式，将包括卫星轨道在内的相关信息播发给用户，用以计算卫星位置。卫星星历所描述的卫星轨道与真实轨道之间是存在差异的，即为卫星轨道误差，也称卫星星历误差[10]。受卫星轨道误差的影响，卫星与接收机间几何距离的计算值会产生偏差，进而影响导航定位精度。为了便于对轨道误差进行分析，卫星轨道误差通常分解到卫星轨道坐标系下，即分解为径向、切向和法向三个分量，如图 3-2 所示，R、T、N 分别表示径向、切向和法向误差。其中，径向误差对卫星和接收机之间的测距有较大影响，对切向误差和法向误差的影响相对较小。

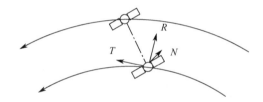

图 3-2　卫星轨道误差及其分量

卫星广播星历轨道信息是主控站基于卫星轨道动力学模型、摄动力模型，采用地面跟踪网观测数据进行精密定轨处理得到的。因此，地面跟踪站数量和分布、观测量质量、轨道动力学模型与定轨软件的完善程度等因素都会影响卫星轨道精度[11]。另外，在导航电文中，星历实际上是一种预报星历，用户使用的星历是导航电文给出的外推轨道参数，受轨道预报误差的影响[12]。

目前，各大卫星导航系统播发的导航电文轨道精度一般为米级，是影响高精度导航定位的误差源之一。在绝对定位中，轨道误差产生的定位误差在量级上大体与轨道误差相同；在相对定位中，轨道误差可通过站间单差或双差的方式减弱，差分消除轨道误差后，可以进行高精度的相对定位。在大地测量等高精度定位应用领域，可以采用精密星历获得高精度轨道信息[13]。

2. 卫星钟差

卫星导航中的距离观测量实际上是通过精确的时间测量得出的，因此卫星钟的精度会影响所有用户的测距精度。卫星钟差是指卫星钟时间与 GNSS 时间

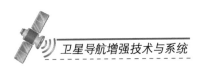

的差值，既包含系统性误差，也包含随机误差。

卫星钟的系统性误差通常包括钟偏、频偏和频漂。卫星导航的时间系统是通过导航卫星和地面监控系统的多台原子钟共同维持的，而导航卫星搭载的单台卫星钟时间与系统标准时间的偏差，即为卫星钟差[14-15]。虽然原子钟是一种高质量的时钟，但与普通时钟一样，仍存在频偏和频漂，并且这些频偏和频漂还随时间变化，影响钟差的稳定性。

距离由传播时间与光速的乘积获取，即使数量级很小的钟差，经过光速放大后，也会变得非常大，必须加以修正。卫星钟的系统误差可通过模型改正消除，为了保持卫星钟时间与卫星导航系统时间一致，地面监控站对卫星进行监测，得到卫星钟时间相对于卫星导航系统时间的偏差，该偏差一般以一个二项式表示，即

$$\Delta t = a_0 + a_1(t - t_{oc}) + a_2(t - t_{oc})^2 \qquad (3-22)$$

式中，a_0 为 t_{oc} 时刻相对于导航系统标准时间的钟差；a_1 为 t_{oc} 时刻的钟速（频偏）；a_2 为 t_{oc} 时刻的钟速变化率（频漂或老化率）。这些钟差的参数由主控站测定，并通过卫星的导航电文发送给用户，利用钟差参数计算得到的钟差与实际钟差存在差别，通过广播星历改正的钟差精度为 5～10 ns。在相对定位中，可通过利用不同监测站的观测量的差来消除钟差影响。

3. 相对论效应

卫星导航中的相对论效应是由卫星钟和接收机钟在惯性空间中的运动速度不同，以及这两台钟所处的地球引力位不同而引起的[8]。相对论效应包含狭义相对论效应和广义相对论效应。

1）狭义相对论效应

根据狭义相对论原理，在惯性系统中，以一定速度运行的时钟，相对于同一类型的静止不动的时钟，时钟频率会发生变化。在惯性系统中，若将置于静止于地面上的导航卫星钟频率设为 f，当卫星在太空中以速度 V_s 高速运行时，其搭载的卫星钟频率将变为

$$f_s = f\left[1 - \left(\frac{V_s}{c}\right)^2\right]^{1/2} \approx f\left(1 - \frac{V_s^2}{2c^2}\right) \qquad (3-23)$$

频率变化的差值 $\Delta f_{\rm s}$ 为

$$\Delta f_{\rm s} = f_{\rm s} - f = -\frac{V_{\rm s}^2}{2c^2} \cdot f \qquad (3\text{-}24)$$

该差值为负值，在理论上说明了在狭义相对论下，卫星钟比地面钟的运行要慢[16-17]。

2）广义相对论效应

在广义相对论框架下，由于引力位的不同，钟的频率也不同，运行于时空弯曲度较小的卫星钟比在时空弯曲度较大的地面上的原子钟会更快。若卫星所处的引力位为 $W_{\rm s}$，地面上所处的引力位为 $W_{\rm t}$，则同一台钟放在卫星上和地面上的频率差为

$$\Delta f_{\rm g} = \frac{W_{\rm s} - W_{\rm t}}{c^2} \cdot f = \frac{\mu}{c^2} \cdot \left(\frac{1}{R} - \frac{1}{r}\right) f \qquad (3\text{-}25)$$

式中，μ 为常数，$\mu = 398600.5 \text{ km}^3/\text{s}^2$；$R$ 为地面至地心的距离，$R \approx 6378 \text{ km}$；$r$ 为卫星至地心的距离。R 比 r 小，也就是说，$\Delta f_{\rm g}$ 始终为正值，表明卫星上的原子钟会变快。

卫星钟同时受狭义相对论和广义相对论的影响。两种相对论效应共同作用引起的频率差为

$$\Delta f = \Delta f_{\rm s} + \Delta f_{\rm g} = \frac{1}{c^2} \cdot \left(\frac{\mu}{R} - \frac{\mu}{r} - \frac{V_{\rm s}^2}{2}\right) f \qquad (3\text{-}26)$$

以 GPS 卫星为例，设 GPS 卫星的运行速度为 $V_{\rm s} = 3874 \text{ m/s}$，卫星至地心的距离近似取 $r = 26560 \text{ km}$，光速取 $c = 299792458 \text{ m/s}$，则代入式（3-26）可得

$$\Delta f = 4.443 \times 10^{-10} f \qquad (3\text{-}27)$$

可以发现，Δf 为正值，即卫星钟受到相对论效应综合影响，使得卫星钟相对于地面钟更快。

3）改正方法

在广义相对论和狭义相对论效应的共同影响下，卫星钟相对于地面钟更快。为了保持与地面时钟处于同一频率，在卫星发射前人为降低卫星钟的基准频率，可保证卫星发射升空并正常运行后，在相对论效应作用下，时钟频率在

地面上看起来正好等于基准频率。

以 GPS 卫星为例，其基准频率为

$$f_0^{\text{GPS}} = 10.23 \text{ MHz} \tag{3-28}$$

则调整后的基准频率为

$$f_{\text{adj}}^{\text{GPS}} = f_0^{\text{GPS}} \times (1 - 4.443 \times 10^{-10}) = 10.22999999545 \text{ MHz} \tag{3-29}$$

利用上述方法对相对论效应进行频率补偿后，卫星钟频率能够达到标称值 10.23 MHz。但由于大多数导航卫星轨道为椭圆的，上述相对论效应引起的变化不是一个恒定的量，经过上述改正后仍有周期性的变化，可以通过下式来改正周期性的相对论效应变化：

$$\Delta \text{rel} = -\frac{2}{c} \boldsymbol{X}^{\text{s}} \cdot \dot{\boldsymbol{X}}^{\text{s}} \tag{3-30}$$

4. 卫星天线相位中心误差

卫星信号是通过发射天线播发出去的，天线相位中心是卫星发射信号的参考点。天线辐射的电磁波如果是球面波，则该球面的球心即为天线的相位中心。卫星导航信号量测的是卫星天线相位中心至接收机天线相位中心之间的距离，而卫星定轨时采用的轨道力模型以卫星质心为参考点。卫星的质心与天线相位中心一般并不重合，两者间的差异称为卫星天线相位中心误差[18-19]。

天线相位中心误差包括天线相位中心偏差（PCO）和天线相位中心变化（PCV）两部分。PCO 是指天线平均相位中心与天线参考点的偏差，PCV 是指天线平均相位中心与瞬时相位中心的偏差[20]。天线瞬时相位中心会随卫星高度角、方位角等的变化而变化，随高度角的变化主要影响垂直方向的定位误差，随方位角的变化通常会引起水平方向的定位误差。导航卫星 PCO 最大可达米级，是导航定位数据处理中必须改正的主要误差之一[21-22]。

5. 伪距偏差

生成和接收导航信号通道的非理想特性会导致实际接收信号失真，在进行实际接收信号与本地理想信号的相关处理时会产生畸变，从而导致跟踪环路锁定点偏差。不同卫星信号的畸变情况不一致，不同接收机处理方法不同，此偏差不能通过差分处理消除，从而造成伪距偏差[23]。

若不对接收机的参数配置进行约束，伪距偏差就无法消除，从而影响用户定位导航授时服务精度。若每颗卫星的导航信号的非理想特性都相同，同一接收机对所有卫星的伪距偏差的大小和数值完全相同，则该偏差可以被接收机钟差或接收机码偏差参数吸收，不影响用户的定位授时精度。若所有用户的接收机和监测接收机技术状态一致，所有接收机观测到某一卫星的伪距偏差相同，则该偏差可以被卫星钟差或卫星码偏差参数吸收，也不影响用户的定位导航授时精度。但是，不同卫星的导航信号的非理想状态并不相同，不同厂家的监测接收机和用户的接收机技术状态也不一致，因此伪距偏差无法被卫星钟差、卫星码偏差参数、接收机钟差或接收机码偏差参数吸收。

伪距偏差的计算方法包括并置接收机双差法和基于差分码偏差（DCB）参数的伪距偏差计算方法[24]。基于这两种方法计算的伪距偏差不受其他误差影响，可如实反映伪距测量的常数偏差。并置接收机双差法可解算出所有频段伪距的偏差，但需将并置接收机部署为短基线或零基线。基于 DCB 参数的伪距偏差计算方法不需要对两台接收机进行并置，得到的是两台接收机和两颗卫星的伪距偏差互差，而非绝对的伪距偏差。若伪距偏差互差为 0，则伪距偏差可以被现有导航参数吸收，不会对导航业务处理和导航定位精度产生影响。

归根结底，伪距偏差是由于卫星导航系统，尤其是卫星采用大量模拟器件存在的非理想特性引起的，除非信号产生、传输、应用通道完全采用数字化方法，否则伪距偏差不可避免。经计算，GPS 信号的伪距偏差在 0.1～0.2 m 量级，BDS 信号的伪距偏差在 0.1～0.3 m 量级，不同卫星、不同信号存在略微差别。对于高精度用户，需要考虑伪距偏差的影响。

3.3.2　与信号传播相关的误差

导航信号从卫星发射，经过大气层传播至用户接收机，信号在穿越大气层中的电离层和对流层时，会产生时间延迟效应。另外，在接收机端通常会受环境信号干扰而产生多路径误差。与信号传播相关的误差主要包括电离层延迟、对流层延迟和多路径延迟。

1. 电离层延迟

电离层延迟是指在卫星信号传播过程中，当信号传播经过电离层时所产生的信号延迟。电离层是距离地球表面高度为 50～1000 km 的大气层。在太阳光照射下，电离层中的中性气体分子被电离而产生大量正离子和自由电子，形成一个电离区域。导航信号在穿过电离层时，会导致信号传播路径弯曲，但弯曲程度对测距影响不大。此外，电离层还可引起信号传播速度的变化，进而产生传播时间延迟。信号传播速度变化的程度与电离层中电子密度和信号频率有关。

卫星导航信号是一种以正弦波形式传播的电磁波，在时间域内进行描述，其数学表达式为

$$y = A\sin(\omega t + \varphi) \tag{3-31}$$

式中，A 为振幅；ω 为角频率，$\omega = 2\pi f$；φ 为初相位。

单一频率的电磁波的相位在空间中传播速度称为相速，可以表示为

$$v_{ph} = \lambda f \tag{3-32}$$

导航信号中的载波通常是以合成波的形式传播的，合成波不再以相速传播，而以群速传播，表示为

$$v_{gr} = v_{ph} - \lambda \frac{\mathrm{d}v_{ph}}{\mathrm{d}\lambda} \tag{3-33}$$

电离层是色散介质，导航信号通过时相速度会发生变化，即电离层折射。通常采用折射率来反映速度的变化，测距码和载波信号对应的相折射率 n_{ph} 和群折射率 n_{gr} 分别为

$$n_{ph} = \frac{c}{v_{ph}}, \quad n_{gr} = \frac{c}{v_{gr}} \tag{3-34}$$

可得到相折射率与群折射率之间的关系

$$n_{gr} = n_{ph} + f \frac{\mathrm{d}n_{ph}}{\mathrm{d}f} \tag{3-35}$$

在大气物理学中，电离层折射率的近似公式为

$$n = 1 - \frac{N_e e_t^2}{4\pi^2 f^2 \varepsilon_0 m_e} \tag{3-36}$$

式中，N_e 为电子密度；e_t 为电荷量；ε_0 为真空介电常数；m_e 为电子质量。代入常数后可得到相折射率和群折射率的具体表达式，即

$$n_{ph} = 1 - \frac{40.3 N_e}{f^2} \tag{3-37}$$

$$n_{gr} = 1 + \frac{40.3 N_e}{f^2} \tag{3-38}$$

可以看出，相折射率小于 1，而群折射率大于 1。导航信号中的载波以相速传播，伪距以群速传播。根据以上关系，接收机接收到的载波信号会相位超前，伪距信号会相位滞后。

电离层折射对伪距和载波相位均产生距离延迟，若导航信号从卫星播发到接收机接收的时间间隔为 τ，卫星与接收机之间的几何距离为 ρ，则有

$$\rho = \int_\tau v_{ph} \mathrm{d}t = \int_\tau \left(c + c \cdot \frac{40.3 N_e}{f^2} \right) \mathrm{d}t = c\tau + \frac{40.3}{f^2} \int_\tau c N_e \mathrm{d}t \tag{3-39}$$

$$\rho = \int_\tau v_{gr} \mathrm{d}t = \int_\tau \left(c - c \cdot \frac{40.3 N_e}{f^2} \right) \mathrm{d}t = c\tau - \frac{40.3}{f^2} \int_\tau c N_e \mathrm{d}t \tag{3-40}$$

则载波和伪距对应的电离层延迟为

$$\Delta_{ph} = -\frac{40.3}{f^2} \int_\tau c N_e \mathrm{d}t \tag{3-41}$$

$$\Delta_{gr} = \frac{40.3}{f^2} \int_\tau c N_e \mathrm{d}t \tag{3-42}$$

通常，将总电子含量表示底面积为单位面积时，沿信号传播路径贯穿整个电离层的一个柱体内所含的电子总数称为总电子含量（TEC），而穿越电离层路径通常为斜路径，故一般采用斜路径总电子含量（STEC）表示。根据以上关系，有

$$\Delta_{ph} = -\frac{40.3}{f^2} \mathrm{STEC} \tag{3-43}$$

$$\Delta_{gr} = \frac{40.3}{f^2} \mathrm{STEC} \tag{3-44}$$

在不考虑高阶项的情况下，电离层延迟对载波和伪距的影响大小相等、符号相反，其大小与信号频率的平方成反比，与信号传播路径上的总电子含量成正比。导航信号的频率是已知的，因此电离层延迟的量级主要取决于电子含量

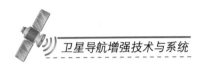

或电子密度。电离层中的电子密度分布随地方时、高度、季节和纬度等因素的变化而变化，另外还与太阳周期活动有关，因此难以准确确定电离层中的电子含量。

电离层延迟通常为数米到数十米不等，最大可达数百米。导航定位中，精确改正电离层延迟是获取高精度结果的关键[25]。常用的电离层延迟改正方法主要包括模型改正、观测值组合和观测值求差等方法。电离层延迟改正模型一般采用 Klobuchar 模型[26]，它根据电离层延迟随地方时的变化规律，将夜间电离层延迟作为常数，对全天的电离层延迟进行建模。观测值组合根据电离层延迟与信号频率平方成反比的关系，将双频观测值进行线性组合形成双频无电离层组合进行改正。观测值求差是采用两台距离较近（一般在 10 km 以内）的接收机，利用信号传播路径的电离层强相似的特征，在接收机之间进行差分，即可消除大部分电离层延迟[26-27]。

2. 对流层延迟

对流层延迟是电磁波在大气层中高度为 50 km 以下的中性大气层区域发生折射的一种现象。在信号传播过程中，受中性大气层（包括对流层和平流层）折射影响，电磁波传播的路径比实际几何距离更长，而折射的 80% 都发生在对流层，所以通常称为对流层延迟。

由于对流层存在折射，若大气折射系数为 n，则电磁波传播速度可表示为

$$v = \frac{c}{n} \tag{3-45}$$

若导航信号在对流层中传播的时间间隔为 τ，那么 GNSS 信号在大气层中的实际传播路径长度为

$$\rho = \int_{\tau} v \mathrm{d}t = \int_{\tau} \frac{c}{n} \mathrm{d}t = \int_{\tau} \frac{c}{1+(n-1)} \mathrm{d}t$$
$$= c[1-(n-1)+(n-1)^2-(n-1)^3+\cdots]\mathrm{d}t \tag{3-46}$$

式（3-46）中的 $n-1$ 是一个微小量，其高阶项可以忽略不计，故有

$$\rho = c\big[1-(n-1)\big]\mathrm{d}t = c\tau - \int_{\tau}(n-1)\mathrm{d}t$$
$$= c\tau - \int_{s}(n-1)\mathrm{d}s \tag{3-47}$$

则对流层延迟为 $\int_s (n-1)\mathrm{d}s$。在标准大气状态下，大气折射率与信号波长之间具有下列关系：

$$(n-1)\cdot 10^6 = 287.604 + 1.6288\lambda^{-2} + 0.0136\lambda^{-4} \tag{3-48}$$

电磁波在对流层的传播速度主要与大气的折射率和电磁波传播方向有关。对于 L 频段的卫星导航信号，可以认为与频率无关，即卫星导航信号在对流层中传播时不具有色散效应，对流层延迟不能像电离层延迟那样通过不同频率的线性组合进行消除。

对流层折射与大气压力、温度和湿度变化等气象要素密切相关。90%的对流层延迟是由大气中的干燥气体引起的，称为干分量延迟；其余 10%由水汽引起，称为湿分量延迟。由于对流层延迟由干、湿分量组成，常用天顶方向的干、湿分量和相应的投影函数将对流层延迟进行模型化。假定大气层各个方向是均质的，对流层延迟模型可以表示为

$$\Delta\mathrm{Trop} = m_{\mathrm{h}}(e)\mathrm{ZHD} + m_{\mathrm{w}}(e)\mathrm{ZWD} \tag{3-49}$$

式中，$\Delta\mathrm{Trop}$ 表示传播路径上总的对流层延迟；ZHD 表示天顶干分量延迟，与气压和气温有关；ZWD 表示天顶湿分量延迟，与水汽和温度有关；$m_{\mathrm{h}}(e)$、$m_{\mathrm{w}}(e)$ 分别表示干延迟投影函数、湿延迟投影函数；e 表示高度角。

投影函数一般采用如下表达式：

$$\mathrm{MF}(E) = \frac{1 + \dfrac{a}{1 + \dfrac{b}{c}}}{\sin E + \dfrac{a}{\sin E + \dfrac{b}{\sin E + c}}} \tag{3-50}$$

式中，E 为站星间高度角；a、b、c 为对应的模型系数，不同的模型系数对应不同的投影函数模型，常用的有 VMF、GMF、NMF 等投影函数。

在一般情况下，对流层延迟在天顶方向造成的误差为 2 m 左右，且随卫星高度角的降低而增大，当卫星高度角较低时，该延迟的影响可增大至数十米，必须进行改正[28-29]。通常采用的对流层延迟改正模型包括 Hopfield、Saastamoinen、Black 及 UNB3m 模型等[30-33]；在高精度定位中，除模型改正外，还需对对流层天顶延迟进行改正[34]。

3. 多路径延迟

导航信号在传播过程中除受电离层和对流层折射外，还受周围环境影响而产生反射、折射和衍射等。接收机附近的物体所反射的卫星信号（反射波）被接收机天线所接收，与直接来自卫星的信号（直射波）产生干涉，使距离观测值偏离真值，这种现象称为多路径效应。

接收机接收到的信号通常包含直射信号和反射信号两种，多个直射信号与反射信号同时进入接收机，如图 3-3 所示，两种信号会产生干涉而形成一种新的复合信号。这种复合信号与直射信号相比，存在多路径延迟和相位延迟，严重时甚至导致卫星失锁，影响卫星的定位效果。

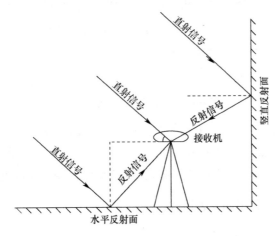

图 3-3　多路径反射信号示意图

多路径延迟受多方面因素影响，包括卫星高度角、天线周围环境及天线特性等[35-36]。通常在卫星高度角较高的情况下，接收机接收到的主要是直射信号，信号被反射的概率小，多路径效应不显著[37]。诸如大面积水域、玻璃幕墙及树枝等都是极易产生多路径的环境，应尽量避免在这些环境中进行设站观测。另外，多路径延迟通常会因接收机硬件质量的不同而有所差异，高质量的接收机天线配有抑径板或抑径圈，能够在一定程度上抵抗多路径信号的接收，因而能获得更好的数据质量。另外，卫星导航信号为右旋圆极化信号，信号经反射后，其极化方式会发生改变，变成左旋圆极化。因此，为削弱多路径延迟的影响，接收机一般采用与导航信号相同的右旋圆极化方式。

伪距和载波观测量均会受到多路径的直接影响，其多路径延迟通常大小不一样。设电磁波直射信号表示为

$$S_{\mathrm{d}} = A\cos(\omega t) \tag{3-51}$$

反射信号表示为

$$S_{\mathrm{r}} = \alpha A\cos(\omega t + \theta) \tag{3-52}$$

以上两式中，A 为直射信号振幅；ω 为载波角频率；α 为反射面的反射系数，$0 \leqslant \alpha \leqslant 1$；$\theta$ 为载波的相位延迟。

假设只有一个反射信号进入接收机，则直射信号与反射信号将产生干涉，叠加后的信号可表示为

$$S = S_{\mathrm{d}} + S_{\mathrm{r}} = \beta A\cos\left(\omega t + \varphi\right) \tag{3-53}$$

其中，

$$\begin{cases} \beta = \left(1 + 2\alpha\cos\theta + \alpha^2\right)^{\frac{1}{2}} \\ \varphi = \arctan\dfrac{\alpha\sin\theta}{1 + \alpha\cos\theta} \end{cases} \tag{3-54}$$

式中，β 为合成信号的反射系数；φ 为合成信号的延迟，即载波多路径相位偏差。进一步，根据导数关系 $\dfrac{\mathrm{d}\varphi}{\mathrm{d}\theta} = 0$，可求得 φ 的极大值。当 $\theta = \pm\arccos(-\alpha)$ 时，φ 取得极大值，即

$$\varphi_{\max} = \pm\arcsin\alpha \tag{3-55}$$

此时，多路径延迟的大小取决于反射系数 α。当 α 取最大值 1 时，$\varphi_{\max} = \dfrac{\pi}{2}$，即 1/4 个波长，对于 BDS 卫星，其 B1 频段载波波长为 19 cm，则 B1 载波多路径延迟最大为 4.8 cm。多路径延迟对伪距的影响要比对载波严重得多，对 P 码的影响可达 10 m 以上。

以上情况仅为一个反射信号的干涉叠加情况，在实际环境中，一般会有多个反射信号被接收机接收。此时，反射信号为

$$S_{\mathrm{r}} = \sum_{i=1}^{n}\alpha_i A\cos(\omega t + \theta_i) \tag{3-56}$$

相应地，多个反射信号的载波多路径延迟为

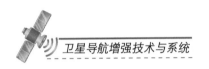

$$\varphi = \arctan \frac{\sum\limits_{i=1}^{n} \alpha_i \sin \theta_i}{1 + \sum\limits_{i=1}^{n} \alpha_i \cos \theta_i} \tag{3-57}$$

3.3.3　与接收机相关的误差

卫星导航信号被接收机天线接收后，由接收机对导航信号进行解析并输出测距信息。在此过程中，会产生与接收机相关的误差，主要包括接收机钟差、接收机天线相位中心误差等。

1. 接收机钟差

与卫星钟差类似，接收机钟差是由接收机内的时标晶体振荡器的频率漂移引起的接收机钟时间与标准时间的差值。导航接收机一般采用石英钟，质量远不如卫星的原子钟，因此其钟差相对于卫星钟也更加显著。石英钟的日频率稳定度约为 10^{-11}，如果接收机钟与卫星钟之间的同步差为 1 μs，则将引起 300 m 的等效测距误差。另外，随着时间的累积，接收机的钟差会漂移。

在实际应用中，接收机钟差一般采用参数估计的方法进行求解，即将接收机钟差作为未知参数与位置坐标参数一并进行解算。另外，还可通过差分的方式消除接收机钟差，即采用星间单差或站星间双差的方式直接消除接收机钟差。

2. 接收机天线相位中心误差

卫星导航信号量测的是卫星天线相位中心至接收机天线相位中心的距离。除卫星天线相位中心存在误差外，接收机天线相位中心也存在误差，是由接收机接收信号的相位中心与几何参考中心不一致[8]引起的。接收机天线相位中心是微波天线的一个等效辐射中心，在理想情况下，接收天线具有唯一固定相位中心，它的等相面应该是一个球面。然而，绝大部分天线不存在唯一的相位中心，其相位中心只在一定距离范围内保持相对恒定。在这种情况下，接收天线在接收来自不同方向的信号时，会引入额外的相位差异，从而产生测距误差。同样地，接收机天线相位中心误差也包括相位中心偏差（PCO）和相位中心变化（PCV）。接收机天线相位中心偏差是指接收机天线平均相位中心与几何中心（参考点）的偏差，接收机天线相位中心变化是指接收机天线平均相位中心与瞬时相位中心的偏差，如图 3-4 所示。

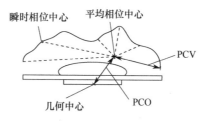

图 3-4　接收机天线相位中心示意图

　　不同类型的天线的相位中心误差不同，同种天线对不同频率信号的相位中心误差也不同。另外，卫星信号入射高度角与方位不同时，天线相位中心也有所变化。接收机天线相位中心误差引起的定位误差最大可达几厘米，对于精度要求不高的定位和导航应用，往往可以忽略，但对于高精度定位，应采用相应的改正模型加以改正。

3.3.4　与监测站相关的误差

1. 固体潮对点位的影响

　　固体潮是固体地球受到日、月引潮力的作用而产生的周期性形状变化。主要由与纬度有关的长期项、日周期和半日周期项组成，对点位的影响在径向可达 30 cm，在水平方向可达 5 cm。固体潮引起的监测站点位变化的公式比较复杂，具体可以参见国际地球自转服务（IERS）官网，本书不再详细列出。对于短基线相对定位，固体潮对两个监测站的影响几乎相同，可以通过差分进行消除，而无须改正。对于精密单点定位，固体潮的影响无法通过差分的方式消除，必须用模型改正。当精度要求不高于 5 mm 时，可以只考虑二阶潮影响的改正模型[38]，即

$$\Delta \boldsymbol{r} = \sum_{j=2}^{3} \frac{\mathrm{GM}_j}{\mathrm{GM}_{\oplus}} \cdot \frac{R_\mathrm{e}^4}{R_j^3} h_2 \hat{\boldsymbol{r}} \cdot \frac{3(\hat{\boldsymbol{R}}_j \cdot \hat{\boldsymbol{r}}) - 1}{2} \cdot 3l_2 (\hat{\boldsymbol{R}}_j \cdot \hat{\boldsymbol{r}})[\hat{\boldsymbol{R}}_j - (\hat{\boldsymbol{R}}_j \cdot \hat{\boldsymbol{r}}) \cdot \hat{\boldsymbol{r}}] \tag{3-58}$$

式中，$\Delta \boldsymbol{r}$ 是固体潮引起的监测站坐标位移；$\mathrm{GM}_{\oplus}$ 是地球引力常数；GM_j 为摄动天体的引力常数（$j=2$ 表示月球，$j=3$ 表示太阳）；R_e 是地球的赤道半径；R_j 是地心到月球或太阳的距离；$\hat{\boldsymbol{R}}_j$ 是 R_j 对应的单位向量；$\hat{\boldsymbol{r}}$ 是地心到监测站的位置对应的单位向量；l_2、h_2 分别表示二阶 Love 数和 Shida 数。

2. 海潮负载对点位的影响

　　海潮不仅引起海洋质量的周期性迁移，还导致地面负载的变化，进而产生

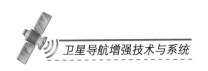
周期性的地表形变，即海潮负载。海潮负载对点位的影响最大可达 100 mm[39]。在精密单点定位中，如果只需要达到亚分米级的动态定位精度，当监测站远离海岸，或者利用较长时间的观测数据（24 h）达到毫米级的静态定位精度时，可以不考虑海洋负载的影响。如果需要达到厘米级的动态定位精度，或者监测站位于沿海地区且观测时段不足 24 h，且需要高精度的静态定位结果，就必须考虑海洋负载的影响。海潮负载的 11 个主潮波（$M_2, S_2, N_2, K_2, K_1, O_1, P_1, Q_1, M_f,$ M_m, S_{sa}）引起的径向、西向和南向的点位形变分别为

$$\Delta r_c = \sum_{k=1}^{N} f_k A_{ck} \cos[\chi_k(t) + u_k - \phi_{ck}] \qquad (3\text{-}59)$$

式中，N 表示分潮波总个数；f_k 表示与月球升交点经度有关的系数；A_{ck}、ϕ_{ck} 分别表示与监测站径向、西向和南向的第 k 个分潮波的振幅和相位，可从 Onsala 空间天文台官网获取；χ_k 表示天文幅角；u_k 表示与月球升交点经度有关的参数。

当精度要求不高于 5 mm 时，除需要考虑海潮的 11 个主潮波的影响外，还需考虑其他分潮波的影响。IERS 公约（2010）建议考虑 342 个潮波的影响，其他分潮波的振幅和相位可由 11 个主潮波的振幅和相位利用样条函数内插计算得到。

3. 地球自转误差

GNSS 数据处理一般都在协议地球坐标系（地固系）中进行，但是根据信号接收时刻 t_r 确定发射时刻 t_s，在信号传播时间 $t_r - t_s$ 内，协议地球坐标系也会绕地球自转轴转过一个角度 $\Delta\alpha$，由此产生地球自转误差。地球自转效应原理如图 3-5 所示。

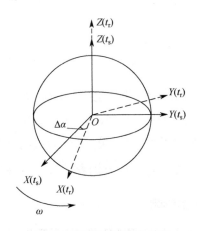

图 3-5　地球自转效应原理

$\Delta\alpha$ 的计算式为

$$\Delta\alpha = \omega(t_r - t_s) \tag{3-60}$$

式中，ω 是地球自转角速度，对应的卫星坐标 $(x^s, y^s, z^s)^T$ 将产生改正量

$$\begin{pmatrix} \Delta x^s \\ \Delta y^s \\ \Delta z^s \end{pmatrix} = \begin{pmatrix} 0 & \sin\Delta\alpha & 0 \\ -\sin\Delta\alpha & 0 & 0 \\ 0 & 0 & 0 \end{pmatrix} \begin{pmatrix} x^s \\ y^s \\ z^s \end{pmatrix} \tag{3-61}$$

相应地，接收机坐标 $(x_r, y_r, z_r)^T$ 至卫星的几何距离会产生变化，即

$$\Delta\rho = \frac{\omega}{c}[(x^s - x_r)y^s - (y^s - y_r)x^s] \tag{3-62}$$

3.3.5 误差源的影响分析

综上所述，与卫星、信号传播、接收机及监测站相关的误差是影响 GNSS 定位误差的四类主要来源。这四类误差源的影响和改正方法见表 3-7。根据上述误差源的影响计算 UERE，再结合 DOP，可以简单预估定位精度。

表 3-7 四类误差源的影响及改正方法

误 差 源	误 差 项	改 正 方 法	影 响 量 级
与卫星相关的误差	卫星轨道误差	广播星历/精密星历	广播：1 m；精密：2.5～5 cm
	卫星钟误差	广播星历/精密星历	广播：5 ns；精密：20 ps～3 ns
	相对论效应	模型改正	米级
	卫星天线相位中心误差	模型改正	分米级
	伪距偏差	模型改正或参数估计	分米级
与信号传播相关的误差	对流层延迟	模型改正，残余湿延迟参数估计	天顶方向：分米级
	电离层延迟	模型改正或观测值组合消除一阶项影响	天顶方向：米级
	多路径延迟	减小截止高度角，抗多路径天线	伪距：厘米级至米级 载波：毫米级至厘米级
与接收机相关的误差	接收机钟差	参数估计	<300 km
	接收机天线相位中心误差	模型改正	厘米级

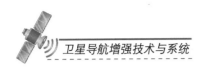
（续表）

误 差 源	误 差 项	改 正 方 法	影 响 量 级
与监测站相关的误差	固体潮引起的误差	模型改正	径向可达 30 cm； 水平方向可达 5 cm
	海潮引起的误差	模型改正	可达 100 mm
	地球自转误差	模型改正	米级

本章参考文献

[1] 周忠谟, 易杰军. GPS 卫星测量原理与应用 [M]. 北京：测绘出版社, 1992.

[2] YANG Y, GAO W, GUO S, et al. Introduction to BeiDou‑3 navigation satellite system [J]. Navigation, 2019, 66(1): 7-18.

[3] EDGAR C, PRICE J, ITEIGH D. GPS Block IIA and IIR received signal power measurements[C]// Proceedings of the 1998 National Technical Meeting of The Institute of Navigation, 1998:401-411.

[4] MARQUIS W A, REIGH D L. The GPS Block IIR and IIR‑M broadcast L‑band antenna panel: Its pattern and performance [J]. Journal of the Institute of Navigation, 2015, 62(4): 329-347.

[5] URLICHICH Y, SUBBOTIN V, STUPAK G, et al. GLONASS modernization[C]// Proceedings of the 24th International Technical Meeting of the Satellite Division of the Institute of Navigation 2011: 3125-3128.

[6] JOVANOVIC A, TAWK Y, BOTTERON C, et al. Multipath mitigation techniques for CBOC, TMBOC and AltBOC signals using advanced correlators architectures[C]// IEEE/ION Position, Location and Navigation Symposium, 2010: 1127-1136.

[7] HOFMANN-WELLENHOF B, LICHTENEGGER H, WASLE E. GNSS-global navigation satellite systems: GPS, GLONASS, GALILEO, and more [M]. Berlin: Springer Science & Business Media, 2007.

[8] 李征航, 黄劲松. GPS 测量与数据处理[M]. 2 版. 武汉：武汉大学出版社, 2010.

[9] MARCHáN-HERNáNDEZ J F, CAMPS A, RODRíGUEZ-ÁLVAREZ N, et al. An efficient algorithm to the simulation of delay–Doppler maps of reflected global navigation satellite system signals [J]. IEEE Transactions on Geoscience and Remote Sensing, 2009, 47(8): 2733-2740.

[10] 魏子卿, 葛茂荣. GPS 相对定位的数学模型 [M]. 北京：测绘出版社, 1998.

[11] GRIFFITHS J, RAY J R. On the precision and accuracy of IGS orbits [J]. Journal of Geodesy, 2009, 83(3): 2777.

[12] WARREN D L, RAQUET J F. Broadcast vs. precise GPS ephemerides: a historical perspective [J]. GPS solutions, 2003, 7(3): 151-156.

[13] KOUBA J, HéROUX P. Precise point positioning using IGS orbit and clock products [J]. GPS Solutions, 2001, 5(2): 12-28.

[14] 郭海荣. 导航卫星原子钟时频特性分析理论与方法研究[D]. 郑州: 解放军战略支援部队信息工程大学, 2006.

[15] KOUBA J. A guide to using International GNSS Service (IGS) products [EB/OL]. (2009) [2022-07-03]. 来源于 IGS 官网.

[16] ASHBY N. Relativity in the global positioning system [J]. Living Reviews in Relativity, 2003, 6(1): 1-42.

[17] KOUBA J. Improved relativistic transformations in GPS [J]. GPS Solutions, 2004, 8(3): 170-180.

[18] REBISCHUNG P, SCHMID R. IGS14/igs14. atx: a new framework for the IGS products[C]. Proceedings of the AGU Fall Meeting, 2016.

[19] SCHMID R, DACH R, COLLILIEUX X, et al. Absolute IGS antenna phase center model igs08. atx: status and potential improvements [J]. Journal of Geodesy, 2016, 90(4): 343-364.

[20] SCHMID R, STEIGENBERGER P, GENDT G, et al. Generation of a consistent absolute phase-center correction model for GPS receiver and satellite antennas [J]. Journal of Geodesy, 2007, 81(12): 781-798.

[21] DILSSNER F, SPRINGER T, SCHöNEMANN E, et al. Estimation of satellite antenna phase center corrections for BeiDou[C]// Proceedings of the IGS Workshop, 2014.

[22] MONTENBRUCK O, SCHMID R, MERCIER F, et al. GNSS satellite geometry and attitude models [J]. Advances in Space Research, 2015, 56(6): 1015-1029.

[23] HAUSCHILD A, MONTENBRUCK O. The effect of correlator and front‐end design on GNSS pseudorange biases for geodetic receivers [J]. Navigation: Journal of The Institute of Navigation, 2016, 63(4): 443-453.

[24] 唐成盼, 宿晨庚, 胡小工, 等. 北斗卫星伪距偏差标定及对用户定位精度影响 [J]. 测绘学报, 2020, 49(9): 1131-1138.

[25] ROVIRA-GARCIA A, IBáñEZ-SEGURA D, ORúS-PEREZ R, et al. Assessing the quality of ionospheric models through GNSS positioning error: methodology and results [J]. GPS Solutions, 2020, 24(1): 1-12.

[26] KLOBUCHAR J A. Ionospheric time-delay algorithm for single-frequency GPS users [J].

IEEE Transactions on Aerospace and Electronic Systems, 1987(3): 325-331.

[27] HOQUE M M, JAKOWSKI N. Estimate of higher order ionospheric errors in GNSS positioning [J]. Radio Science, 2008, 43(5): 1-15.

[28] VEY S, DIETRICH R, FRITSCHE M, et al. Influence of mapping function parameters on global GPS network analyses: Comparisons between NMF and IMF [J]. Geophysical Research Letters, 2006, (33): L01814.

[29] KOUBA J. Testing of global pressure/temperature (GPT) model and global mapping function (GMF) in GPS analyses [J]. Journal of Geodesy, 2009, 83(3): 199-208.

[30] HOPFIELD H. Two-quartic tropospheric refractivity profile for correcting satellite data [J]. Journal of Geophysical Research, 1969, 74(18): 4487-4499.

[31] SAASTAMOINEN J. Atmospheric correction for the troposphere and stratosphere in radio ranging satellites [J]. The Use of Artificial Satellites for Geodesy, 1972(15): 247-251.

[32] BLACK H D. An easily implemented algorithm for the tropospheric range correction [J]. Journal of Geophysical Research: Solid Earth, 1978, 83(B4): 1825-1828.

[33] LEANDRO R F, LANGLEY R B, SANTOS M C. UNB3m_pack: a neutral atmosphere delay package for radiometric space techniques [J]. GPS Solutions, 2008, 12(1): 65-70.

[34] BOEHM J, WERL B, SCHUH H. Troposphere mapping functions for GPS and very long baseline interferometry from European Centre for Medium‐Range Weather Forecasts operational analysis data [J]. Journal of Geophysical Research: Solid Earth, 2006 (111): B02406.

[35] BRAASCH M S. Isolation of GPS multipath and receiver tracking errors [J]. Navigation, 1994, 41(4): 415-435.

[36] BRAASCH M S. GPS multipath model validation[C]// Proceedings of Position, Location and Navigation Symposium, 1996.

[37] HANNAH B M. Modelling and simulation of GPS multipath propagation [D]. Brisbane: Queensland University of Technology, 2001.

[38] MCCARTHY D D, BOUCHER C, EANES R, et al. IERS Standards (1989) [EB/OL]. (1989) [2022-07-03]. 来源于 IERS 官网.

[39] PETIT G L, BRIAN. IERS Conventions (2010) [EB/OL]. (2010) [2022-07-03]. 来源于 IERS 官网.

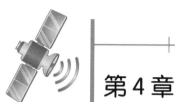

第4章　卫星导航增强原理与方法

卫星导航增强是指在卫星导航系统标准服务的基础上，通过布设地面监测站获取更多的观测信息，经数据处理中心处理而生成增强服务参数与产品（如星历改正数/精密星历、钟差改正数/精密钟差、大气延迟改正数、完好性参数等），以提高用户导航定位服务性能。自 GNSS 提供标准服务以来，人们发展了多种增强技术作为 GNSS 自身服务的补充与改进措施，有效提升了卫星导航系统服务的精度、可用性、连续性和完好性等。由于卫星导航增强技术客观上晚于 GNSS 出现，且都是按需单独建立的，因此不可避免地存在着"碎片"和"补丁"式发展问题，功能重叠，缺乏统一的规划和标准。本章将重点梳理、总结卫星导航增强系统发展过程中形成的相关增强技术的概念、原理与方法。

4.1　基本概念与分类

卫星导航增强是一个宽泛的概念，可从差分改正对象、服务适用范围、信号播发手段等角度进行分类[1]。如图 4-1 所示，卫星导航增强技术按照差分改正对象，可分为用户域增强技术与系统域增强技术，前者分别通过伪距差分、载波相位差分方式直接对用户伪距、载波相位观测值进行综合修正，后者则对卫星轨道误差、钟差及电离层延迟等系统级误差进行分离和建模；按服务适用范围，可分为局域增强技术与广域增强技术，前者的监测站布设较为密集，一般间隔数十千米，后者的监测站间隔则可达数百至上千千米；按信号播发手段，可分为星基增强技术与地基增强技术，前者一般通过通信卫星、导航卫星、低轨卫星等星基平台播发，后者一般采用地面移动基站、互联网等手段播发。各种技术手段的组合形成了不同的卫星导航增强系统。

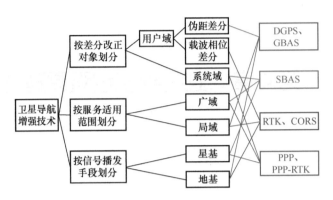

图 4-1　卫星导航增强技术的分类

通过不同的增强技术可以实现不同范围和不同性能的精度或完好性增强，目前，典型增强技术包括广域精密定位、局域精密定位、广域差分增强、局域差分增强四类，其对应系统的特点对比见表 4-1。一般而言，广域精密定位和广域差分定位对应系统级改正，所需监测站较少，通常采用星基播发手段；局域精密定位和局域差分定位对应用户级改正，所需监测站较多，通常采用地基播发手段。广域精密定位系统覆盖范围广，主要采用载波观测值，受载波模糊度的影响，需要较长的初始化时间；局域精密定位系统虽然在收敛速度方面比广域精密定位系统显著加快，但覆盖范围受站点布设距离短的限制。广域差分增强系统无须初始化，定位精度比广域精密定位系统低；局域差分增强系统比其他三种增强系统的造价都低。

表 4-1　不同增强系统的特点对比

增强系统	服务区域	监测站数量	信息播发		增强能力		用户特点	
			播发方式	信息格式	精度	完好性	动态特性	初始化时间
广域精密定位	数千千米	数十个	星基、地基播发	RTCM SSR 或自定义协议，信息速率为 500～2000 bps	分米级/厘米级	无	低动态及静态用户	一般情况下 15～30 min
局域精密定位	数十千米	数个	地基播发（GPRS/互联网/电台等）	RTCM 协议	分米级/厘米级	无	低动态及静态用户	数秒至 1 min

（续表）

增强系统	服务区域	监测站数量	信息播发		增强能力		用户特点	
			播发方式	信息格式	精度	完好性	动态特性	初始化时间
广域差分增强	数千千米	数十个	星基播发（国际标准频段）	ICAO 标准，信息速率为 250 bps	米级/亚米级	已实现APV-I	高动态用户（航空、铁路）	无
局域差分增强	数十千米	数个	地基播发（专用电台等）	RTCM 协议，通常信息速率为 250 bps	米级/亚米级	已实现CAT-I		

4.2 局域精度增强原理与方法

4.2.1 局域差分增强

局域差分增强技术是一种标量化误差改正技术，一般在方圆几十千米区域范围内布设若干基准站，由基准站和卫星的精确位置来计算站星距离，利用该计算量与伪距观测量（辅以载波观测量）的差值，对可视卫星的伪距观测值误差及导航星历误差进行综合建模，并向服务区域内的用户实时广播；用户在使用伪距观测值和广播电文进行标准定位时，利用局域差分系统播发的改正数对误差进行修正，以提高定位精度。下面介绍其技术实现方法。

1. 载波相位平滑伪距

所有原始观测数据传输至数据处理中心后，首先利用载波相位观测值对原始伪距观测值进行滤波平滑，以获取更精确的测距信息，即码测量的载波辅助法或载波相位平滑法。该方法基于前后两个历元的载波相位测量值之差来更新当前伪距测量值，由于载波相位测量噪声比伪距小很多，因此平滑处理后的伪距测量噪声更小。在用载波相位平滑伪距时，由于采用的是相邻历元间的载波相位测量值之差，因此整周模糊度在未发生周跳的情况下，不需要进行确定。

Hatch 滤波是目前最常用的载波相位平滑法[2]，即利用单频相位观测值进行伪距平滑。在 Hatch 滤波中，平滑伪距值是原始伪距观测值和伪距预测值的

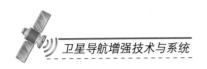
加权平均值，即

$$P_S(k+1) = \omega(k+1)P(k+1) + [1-\omega(k+1)][P_S(k)+\Delta L(k+1,k)] \quad (4\text{-}1)$$

式中，$P_S(k+1)$ 为当前历元 $k+1$ 的载波相位平滑伪距值；$\omega(k+1)$ 为平滑加权因子（SWF）；$P(k+1)$ 为当前历元 $k+1$ 的原始伪距观测值；$P_S(k)$ 为前一历元 k 的载波相位平滑伪距值；$\Delta L(k+1,k)$ 为以距离为单位的载波相位观测值在相邻的两个历元 $k+1$ 和 k 之间的一次差。在 Hatch 滤波中，平滑加权因子通常取为平滑历元个数的倒数，平滑伪距的初始值是平滑开始第一个历元的原始伪距观测值。

假设伪距和载波相位观测值的标准偏差分别为 σ_P 和 σ_L，并假设伪距和载波相位观测值是不相关的，且原始观测值不具有时间相关性。根据误差传播律，得到平滑伪距观测值方差[3]

$$\sigma^2_{P_S(k+1)} = \frac{k\sigma_L^2 + \sigma_P^2}{k+1} \quad (4\text{-}2)$$

式中，$k+1$ 为当前历元。从式（4-2）可以看出，随着平滑历元的增加，平滑伪距的精度逐渐提高；当历元趋于无穷大时，平滑伪距的精度接近于载波相位观测值的精度。然而随着时间的推移，电离层变化会导致 Hatch 滤波发散，平滑值偏离真实观测值。为了解决这一问题，可采用双频相位观测值计算出电离层变化量来抑制滤波发散。

2. 伪距误差改正

伪距误差改正方法是根据基准站和卫星的精确位置，计算获得基准站伪距的误差改正量，发送给流动站用户，以消除或削弱卫星钟差、电离层延迟、对流层延迟等误差，获得相对于标准伪距单点定位更高的差分定位精度，原理如图 4-2 所示。

假设伪距观测方程为

$$P_R^s = \rho_R^s + c(\mathrm{d}t_R - \mathrm{d}t^s) + O_R^s + I_R^s + T_R^s \quad (4\text{-}3)$$

式中，P_R^s 为基准站 R 观测卫星 s 的伪距观测值；ρ_R^s 为利用基准站已知精确坐标所计算得到的基准站至卫星 s 的几何距离；O_R^s 为卫星 s 星历误差所引起的距离偏差；$\mathrm{d}t_R$ 为接收机钟相对于 GNSS 系统时间的钟差；$\mathrm{d}t^s$ 为卫星钟相对于 GNSS 系统时间的钟差；I_R^s 为电离层延迟所引起的距离偏差；T_R^s

为对流层延迟所引起的距离偏差；c 为电磁波在真空中的传播速度。可得

$$\rho_R^s = \sqrt{(X_R - X^s)^2 + (Y_R - Y^s)^2 + (Z_R - Z^s)^2} \qquad (4\text{-}4)$$

式中，(X_R, Y_R, Z_R) 为基准站 R 的已知三维坐标；(X^s, Y^s, Z^s) 为卫星 s 在信号发射时刻的三维坐标，由卫星广播星历电文计算得到。

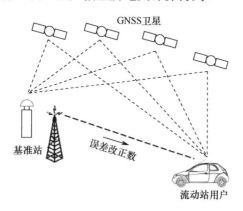

图 4-2　伪距误差改正原理图

在计算得到 ρ_R^s 和伪距观测值 P_R^s 后，基准站的伪距改正值可表示为

$$P_{\text{corr},R}^s = \rho_R^s - P_R^s = -c(\mathrm{d}t_R - \mathrm{d}t^s) - O_R^s - I_R^s - T_R^s \qquad (4\text{-}5)$$

在基准站接收机进行测量的同时，流动站接收机 r 对第 s 颗卫星进行同步观测，并得到伪距观测值 P_R^s

$$P_r^s = \rho_r^s + c(\mathrm{d}t_r - \mathrm{d}t^s) + O_r^s + I_r^s + T_r^s \qquad (4\text{-}6)$$

将基准站的伪距改正值加上流动站的伪距观测值，即将式（4-5）与式（4-6）相加，可得

$$\begin{aligned} P_r^s + P_{\text{corr},R}^s = {}& \rho_r^s + c(\mathrm{d}t_r - \mathrm{d}t_R) + (O_r^s - O_R^s) + \\ & (I_r^s - I_R^s) + (T_r^s - T_R^s) \end{aligned} \qquad (4\text{-}7)$$

当流动站与基准站的间距在短距离范围内时，可近似认为

$$O_r^s = O_R^s, \quad I_r^s = I_R^s, \quad T_r^s = T_R^s \qquad (4\text{-}8)$$

因此，记 $\Delta \mathrm{d}t_{r,R} = c(\mathrm{d}t_r - \mathrm{d}t_R)$，$\Delta$ 为单差算子，则式（4-7）可写为

$$P_r^s + P_{\text{corr},R}^s = \rho_r^s + \Delta \mathrm{d}t_{r,R} \qquad (4\text{-}9)$$

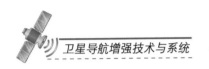

式（4-9）中共有 4 个未知数，分别是流动站 r 的三维坐标 (X_r, Y_r, Z_r)，以及基准站和流动站接收机钟差偏差引起的改正项 $\Delta \mathrm{d}t_{r,R}$。

如果基准站和流动站某历元共视 4 颗以上卫星，则可根据式（4-4）建立误差方程

$$V_{r,R}^s = \frac{(X_r^0 - X^s)}{\rho^0}\mathrm{d}X_r + \frac{(Y_r^0 - Y^s)}{\rho^0}\mathrm{d}Y_r + \frac{(Z_r^0 - Z^s)}{\rho^0}\mathrm{d}Z_r + \Delta \mathrm{d}t_{r,R} + (\rho^0 - P_r^s - P_{\mathrm{corr},R})$$

（4-10）

式中，ρ^0 为流动站 r 至卫星 s 的近似几何距离，并有

$$\rho^0 = \sqrt{(X_r^0 - X^s)^2 + (Y_r^0 - Y^s)^2 + (Z_r^0 - Z^s)^2} \quad (s = 1, 2, \cdots, n; n \geqslant 4)$$
（4-11）

式中，X_r^0、Y_r^0、Z_r^0 分别为流动站 r 的三维近似坐标值。利用最小二乘方法迭代求解，得到流动站在该历元的三维坐标

$$\begin{cases} X_r = X_r^0 + \mathrm{d}X_r \\ Y_r = Y_r^0 + \mathrm{d}Y_r \\ Z_r = Z_r^0 + \mathrm{d}Z_r \end{cases}$$
（4-12）

4.2.2　局域精密定位

局域精密定位是指在方圆几十千米范围内利用一定数量的基准站，对可视卫星进行连续观测，区域内用户获取相对于自身位置较近的基准站的原始载波观测值，或经一定模式处理所得的区域误差改正数，并结合自身的载波相位观测值进行相对定位。如果是单基准站模式，则又称单基准站实时动态测量（RTK）技术；如果是该区域范围内的多个基准站（各基准站间距为 50～70 km）组网工作，则称为网络 RTK 技术，所构成的系统通常称为连续运行参考站（CORS）。局域精密定位改正数一般通过地面无线通信链路播发，用户初始化收敛时间一般为几十秒。

网络 RTK 技术的核心是区域误差改正数处理技术，其中有代表性的包括虚拟参考站技术、区域改正数技术、主辅站技术等。其中，虚拟参考站技术依据流动站发送的概略位置，采用相应的模型算法生成概略位置（虚拟参考站）处的高精度差分改正数并播发给流动站；区域改正数技术计算网内电离层和几何信号的误差，将误差影响描述为南北和东西方向区域的改正数并播发给

流动站；主辅站技术将所有参考站相位距离归算到一个公共的整周未知数水平，计算出弥散性和非弥散性误差，将误差改正数作为网络的改正数播发给流动站。

1. 虚拟参考站技术

在局域精密增强系统中，基线整周模糊度及距离相关改正数均为双差形式，为将其应用于非差虚拟参考站观测值的构建，需要引入参考卫星、参考站等的基准条件，并在非差观测值与差分改正数间建立数学等价关系

$$S_V^s = S_M^s - \Delta S_{M,V}^s = S_M^s - (\Delta S_{M,V}^{ref} + \Delta\nabla S_{M,V}^{ref,s}) \tag{4-13}$$

式中，s 为卫星标识；ref 表示参考卫星，是所有星间差分计算的基准；M 表示用户真实参考站，是所有站间差分的基准；V 表示虚拟参考站，与真实参考站建立差分关系。式（4-13）表明，任意虚拟参考站点上的系统误差均由参考站误差、相对于参考卫星的站间单差及双差观测量构成。

虚拟参考站（VRS）技术是当前应用最广泛的网络 RTK 技术，它通过多个基准站组成 GNSS 连续运行参考站网络，用户可以利用参考站网络所提供的信息并采用相应的算法来消除或大幅度削弱空间相关误差（电离层误差、对流层误差和轨道误差等）所造成的影响。该技术的原理是设法在流动站附近建立一个物理上并不存在的参考站，即虚拟参考站，并根据周围各参考站的实际观测值计算出该虚拟参考站上的虚拟观测值，流动站用户结合虚拟参考站观测值进行双差定位。因此，虚拟参考站观测值的生成是该技术的关键所在[4]。假设真实参考站 M 与虚拟参考站 V 组成站间单差载波观测方程，即

$$\Delta L_{M,V}^s = L_M^s - L_V^s = \Delta\rho_{M,V}^s - \Delta I_{M,V}^s + \Delta T_{M,V}^s + \Delta O_{M,V}^s + c\Delta d t_{M,V} - \lambda\Delta N_{M,V}^s + \varepsilon_{M,V}^s \tag{4-14}$$

式中，Δ 为单差算子；L 表示以 m 为单位的载波相位观测值；$\Delta\rho_{M,V}^s$ 为真实参考站 M 与虚拟参考站 V 对卫星 s 的几何距离站间的单差值；$\Delta I_{M,V}^s$ 为单差电离层延迟；$\Delta T_{M,V}^s$ 为单差对流层延迟；$\Delta O_{M,V}^s$ 为单差星历误差；$c\Delta d t_{M,V}$ 为单差接收机钟差；$\Delta N_{M,V}^s$ 为单差整周模糊度；$\varepsilon_{M,V}^s$ 为单差载波观测噪声。

将 VRS 观测值代入式（4-14），可写为

$$L_V^s = L_M^s - \Delta\rho_{M,V}^s - (\Delta S_{M,V}^{ref} + \nabla\Delta S_{M,V}^{ref,s}) - c\Delta d t_{M,V} + \lambda\Delta N_{M,V}^s - \varepsilon_{M,V}^s \tag{4-15}$$

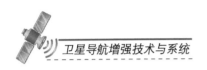

式中，$\Delta S_{M,V}^{ref}$ 为参考站与 VRS 参考卫星的单差综合误差改正数，包括电离层延迟、对流层延迟、星历误差等；$\nabla\Delta S_{M,V}^{ref,s}$ 为参考站与 VRS 观测卫星 s 和参考卫星 ref 间的双差综合误差改正数，$\nabla\Delta$ 为双差算子；其他变量的释义同式（4-14）。对于任意卫星在任意历元，$\Delta S_{M,V}^{ref}$ 为常量且可在差分计算中消除。设定 VRS 接收机钟差、整周模糊度均为零，式（4-15）可写为

$$L_V^s = L_M^s - (\Delta\rho_{M,V}^s + \nabla\Delta S_{M,V}^{ref,s}) - cdt_M + \lambda N_M^s - \varepsilon_{M,V}^s \quad (4\text{-}16)$$

根据式（4-16），非差 VRS 载波相位观测值完整的计算公式为

$$L^s(\text{VRS}) = \underbrace{L_M^s}_{相位观测值} - \underbrace{\Delta\rho_{M,V}^s}_{几何配置} - \left(\underbrace{-\nabla\Delta I_{M,V}^{ref,s} + \nabla\Delta T_{M,V}^{ref,s} + \nabla\Delta O_{M,V}^{ref,s}}_{空间相关改正数} + \underbrace{\varepsilon_{M,V,L}^s}_{未建模误差项}\right) \quad (4\text{-}17)$$
$$\underbrace{\qquad\qquad\qquad\qquad}_{误差改正数}$$

式（4-17）表明，非差 VRS 载波相位观测值由参考站的相位观测值、几何改正数，以及 VRS 与参考站间基线上的误差改正数组成，是对于 VRS 位置相位观测值的数学模拟。与实际参考站的相位观测值一样，VRS 载波相位观测值是一个相对观测量。

同理，非差 VRS 伪距观测值的计算公式为

$$P^s(\text{VRS}) = \underbrace{P_M^s}_{伪距观测值} - \underbrace{\Delta\rho_{M,V}^s}_{几何配置} - \left[\underbrace{\nabla\Delta I_{M,V}^{ref,s} + \nabla\Delta T_{M,V}^{ref,s} + \nabla\Delta O_{M,V}^{ref,s}}_{空间相关改正数} + \underbrace{\varepsilon_{M,V,P}^s}_{未建模误差项}\right] \quad (4\text{-}18)$$
$$\underbrace{\qquad\qquad\qquad\qquad}_{误差改正数}$$

综上所述，用户 VRS 的观测值可按以下四步生成。

1）计算参考站、VRS 卫地距及单差卫地距

式（4-17）中的几何改正数实际上是卫星到真实参考站与该卫星到 VRS 的几何距离之差。由于真实参考站和虚拟参考站的坐标是已知的，而卫星坐标是通过星历实时计算得到，所以从真实参考站 M 和虚拟参考站 V 到卫星 s 的距离为

$$\begin{cases} \rho_M^s = \left\|\overline{X_M} - \overline{X^s}\right\| \\ \rho_V^s = \left\|\overline{X_V} - \overline{X^s}\right\| \end{cases} \quad (4\text{-}19)$$

式中，$\|\ \|$ 表示欧几里得范数。则 VRS 处的几何改正数为

$$\Delta\rho_{M,V}^{s} = \rho_{M}^{s} - \rho_{V}^{s} \tag{4-20}$$

2）计算参考站双差电离层延迟和双差对流层延迟

根据弥散性误差的频率特性，分离出参考站基线之间各卫星对（相对参考卫星）的双差弥散性误差（电离层延迟）和非弥散性误差（包含对流层延迟和卫星星历误差）。

3）建立 VRS 与真实参考站之间载波双差改正模型

分别计算 VRS 点的双差弥散性误差改正数和双差非弥散性误差改正数，利用第 2）步分离得到的参考站基线之间各卫星对的双差弥散性误差和非弥散性误差，建立网络 RTK 系统区域误差改正数生成模型，并求解模型参数。根据用户发送的位置信息，以选用的误差生成模型和求解的模型参数，分别计算 VRS 的双差弥散性误差改正数和双差非弥散性误差改正数。

4）根据 VRS 处的载波双差误差改正数，计算得到 VRS 载波观测值

将经过第 1）～3）步计算得到的 VRS 的几何改正数、双差弥散性误差改正数、双差非弥散性误差改正数分别代入式（4-17）和式（4-18），即可得到网络 RTK 系统为用户生成的 VRS 的非差载波相位和伪距观测值。

当用户为高动态用户或其活动范围较大时，随着流动站和初始 VRS 间距离的增大，系统误差相关性降低，双差后的残余误差变大影响整周模糊度确定。因此，VRS 位置需要随用户位置的变化而更新。但是，如果为用户的每个动态位置都建立一个 VRS，将会显著增加数据处理中心的处理和传输负担，也会增大系统实施的难度和复杂度，尤其是当流动用户的数量较大时。鉴于此，一般情况下，设定流动站处在一定运动范围内时，VRS 位置保持不变；当流动站接收机运动到与上一个 VRS 较远的位置时，重新建立一个 VRS，称为半动态 VRS。

VRS 技术的主要特点包括：采用双向通信模式进行服务，数据处理中心承担 VRS 观测值的计算工作，对用户设备处理能力的要求低。

2. 区域改正数技术

区域改正数（FKP）技术最早由德国学者 Wübbena 提出[5]，并成功应用于 Geo++公司的 GN SMART 软件。其基本原理是数据处理中心实时估计各参考站的非差参数，采用线性多项式等方法对电离层延迟、对流层延迟和卫星星历

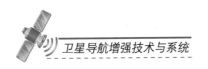

误差进行区域建模，通过参考站非差参数的空间相关误差模型计算流动站的改正数从而实现精确定位。

1）参考站误差改正数生成算法

根据 FKP 白皮书[6]中的定义，区域控制参数的具体计算方法如下：FKP 模型将距离相关误差表示为区域内平行于 WGS-84 椭球的线性多项式平面，其高程基准为参考站高程。假设用户和参考站在 WGS-84 参考系下的地理经纬度（单位：rad）分别为(λ, φ)和(λ_R, φ_R)，则测距误差的数学模型为

$$\begin{cases} \delta_{r0} = 6.37[S_0(\varphi - \varphi_R) + E_0(\lambda - \lambda_R)\cos(\varphi_R)] \\ \delta_{r1} = 6.37H[S_1(\varphi - \varphi_R) + E_1(\lambda - \lambda_R)\cos(\varphi_R)] \end{cases} \tag{4-21}$$

$$H = 1 + 16(0.53 - e/\pi)^3 \tag{4-22}$$

式中，S_0 和 E_0 分别为南北、东西方向的电离层无关 FKP 区域控制参数（$\times 10^{-6}$）；S_1 和 E_1 分别为南北、东西方向的电离层相关 FKP 区域控制参数（$\times 10^{-6}$）；e 为卫星高度角（rad）；π 为圆周率。

电离层无关误差 δ_{r0} 和电离层相关误差 δ_{r1} 可由已知的参考站间模糊度计算得到，对区域内的所有参考站建立上述数学模型，即可联合求得 FKP 区域控制参数。数据处理中心将 FKP 区域控制参数和参考站坐标按照一定格式进行编码，通过地面无线通信链路发送给覆盖区域内的流动站用户。流动站用户采用专用的设备和相应的软件接收区域控制参数，构建距离相关误差区域模型，用于实时精密定位。

2）流动站位置计算

流动站接收到区域改正数信息后，建立载波相位观测值方程

$$L_r^s = \rho_r^s + N_r^s + \mathrm{d}C_r^s + \mathrm{d}D_r^s + \varepsilon_r^s \tag{4-23}$$

式中，L 为相位观测值（m）；N 为模糊度；r 表示流动站；s 表示观测卫星；$\mathrm{d}C_r^s$ 为时钟相关误差，$\mathrm{d}C_r^s = \mathrm{d}t_r - \mathrm{d}t^s$，$\mathrm{d}t_r$、$\mathrm{d}t^s$ 分别为接收机钟和卫星钟引起的距离偏差；$\mathrm{d}D_r^s$ 为空间相关误差，$\mathrm{d}D_r^s = -I_r^s + T_r^s - O_r^s$，$I_r^s$、$T_r^s$、$O_r^s$ 分别为电离层延迟、对流层延迟和星历误差。各误差改正数 $\mathrm{d}t^s$、I_r^s、T_r^s、O_r^s 可以利用线性内插算法精确求取，因此流动站的载波相位观测值方程变为

$$L_r^s = \rho_r^s + N_r^s + \mathrm{d}t_r + \varepsilon_r^s \tag{4-24}$$

式（4-24）中流动站解算的非差参数包括流动站的坐标参数、模糊度参数和接收机钟差参数。FKP 技术的优点在于当参考站受到诸如多路径反射或高楼信号遮挡等影响的时候，可自动重新组成 FKP 的平面，改正数播发采用单向数据通信模式，从而降低用户的作业成本和保持用户使用的隐蔽性。

3. 主辅站技术

主辅站（MAC）技术是由莱卡公司和 Geo++公司联合提出的[7]，并成功应用于莱卡公司开发的 Spider Net 软件[8]。MAC 技术是将辅参考站（以下简称辅站）的模糊度水平与主参考站（以下简称主站）模糊度水平建立联系，将参考站间相位距离简化为一个公共的整周模糊度水平，生成整周模糊度水平是主辅站概念的一个关键特征。相对于某一"站星对"，相位观测值的整周模糊度已经被消去。当组成双差观测值时，整周模糊度就被消去了，此时，可以说两个参考站具有一个公共的整周模糊度水平。数据处理中心将网络中（或子网络中）所有参考站相位距离的整周模糊度归算到一个公共的水平，然后就能够计算每一"站星对"每个频率的综合误差改正数，从而为用户提供服务。

1）参考站误差改正数生成算法

主站 M 对卫星 s 在频率 i 的载波相位观测值表示为

$$L_{M,i}^s = \rho_M^s + c(\mathrm{d}t_M - \mathrm{d}t^s) - I_{M,i}^s + T_M^s - \lambda_i N_{M,i}^s + \varepsilon_{M,i}^s \tag{4-25}$$

辅站 K 与主站 M 的载波相位观测值的差为

$$\begin{aligned}
\Delta L_{M,K,i}^s = L_{M,i}^s - L_{K,i}^s = \Delta\rho_{M,K}^s + c\Delta\mathrm{d}t_{M,K} - \Delta I_{M,K,i}^s + \\
\Delta T_{M,K}^s - \lambda_i \Delta N_{M,K,i}^s + \Delta\varepsilon_{M,K,i}^s
\end{aligned} \tag{4-26}$$

由式（4-26）可以求出单差整周模糊度水平。选择参考卫星 ref，由于参考站坐标已知，可以解算模糊度参数 $\Delta N_{M,K,i}^{\mathrm{ref}}$、$\nabla\Delta N_{M,K,i}^{\mathrm{ref},s}$，则辅站相对于主站的非差整周模糊度水平可以表示为

$$N_{K,i}^s = N_{M,i}^s - \Delta N_{M,K,i}^s = N_{M,i}^s - (\Delta N_{M,K,i}^{\mathrm{ref}} + \nabla\Delta N_{M,K,i}^{\mathrm{ref},s}) \tag{4-27}$$

式（4-27）将辅站的模糊度水平与主站模糊度水平建立一致关系，将参考站间的相位距离简化为一个公共的整周模糊度水平。载波相位误差改正数可表示为

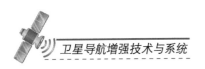

$$\begin{cases} \delta L_{\mathrm{M},i}^{s} = \rho_{\mathrm{M}}^{s} - L_{\mathrm{M},i}^{s} + c\mathrm{d}t_{\mathrm{M}} - c\mathrm{d}t^{s} - \lambda_i N_{\mathrm{M},i}^{s} \\ \delta L_{\mathrm{K},i}^{s} = \rho_{\mathrm{K}}^{s} - L_{\mathrm{K},i}^{s} + c\mathrm{d}t_{\mathrm{K}} - c\mathrm{d}t^{s} - \lambda_i N_{\mathrm{K},i}^{s} \end{cases} \qquad (4\text{-}28)$$

两式相减，可以得到单差载波相位观测值的误差改正数为

$$\Delta \delta L_{\mathrm{M,K},i}^{s} = \Delta \rho_{\mathrm{M,K}}^{s} - \Delta L_{\mathrm{M,K},i}^{s} + c\Delta \mathrm{d}t_{\mathrm{M,K}} - \lambda_i \Delta N_{\mathrm{M,K},i}^{s} \qquad (4\text{-}29)$$

为了减少参考站网络中数据的播发量，主、辅站为每个单一流动站都发送相对于主站的全部改正数及坐标信息。对于网络（子网络）中的其他参考站，即辅站，播发相对于主站的差分改正数及坐标差。为了进一步减小播发数据所需的带宽，将改正数分解为弥散性和非弥散性误差改正数两部分，对这些误差进行建模，为流动站提供改正数，以获得更高的定位精度。以 L1 载波为例，弥散性和非弥散性误差改正数可以写为

$$\begin{cases} \Delta \delta L_{\mathrm{M,K},1}^{s,\mathrm{disp}} = \dfrac{f_2^2}{f_2^2 - f_1^2} \Delta \delta L_{\mathrm{M,K},1}^{s} - \dfrac{f_2^2}{f_2^2 - f_1^2} \Delta \delta L_{\mathrm{M,K},2}^{s} \\ \Delta \delta L_{\mathrm{M,K},1}^{s,\mathrm{non\text{-}disp}} = \dfrac{f_1^2}{f_2^2 - f_1^2} \Delta \delta L_{\mathrm{M,K},1}^{s} - \dfrac{f_2^2}{f_2^2 - f_1^2} \Delta \delta L_{\mathrm{M,K},2}^{s} \end{cases} \qquad (4\text{-}30)$$

由于弥散性误差相对于非弥散性误差变化更加剧烈，为了减小数据流量，通常将弥散性误差的播发时间间隔设置为 10 s，非弥散性误差的播发时间间隔设置为 60 s。

2）流动站位置计算

流动站 V 和卫星 s 的载波相位观测方程为

$$L_{r,i}^{s} = \rho_r^{s} + c(\mathrm{d}t_r - \mathrm{d}t^{s}) - I_{r,i}^{s} + T_r^{s} - \lambda_i N_{r,i}^{s} + \varepsilon_{r,i}^{s} \qquad (4\text{-}31)$$

流动站和主站 M 的载波相位观测值相减，得到单差载波相位观测值

$$\begin{aligned} \Delta L_{\mathrm{M},r,i}^{s} = \Delta \rho_{\mathrm{M},r}^{s} + c\Delta \delta t_{\mathrm{M},r} - \Delta I_{\mathrm{M},r,i}^{s} + \\ \Delta T_{\mathrm{M},r}^{s} - \lambda_i \Delta N_{\mathrm{M},r,i}^{s} + \Delta \varepsilon_{\mathrm{M},r,i}^{s} \end{aligned} \qquad (4\text{-}32)$$

参照式（4-26），流动站单差误差改正数为

$$\begin{aligned} \Delta \delta L_{\mathrm{M},r,i}^{s} &= \Delta \rho_{\mathrm{M},r}^{s} + c\Delta \delta t_{\mathrm{M},r} - \lambda_i \Delta N_{\mathrm{M},r,i}^{s} - \Delta L_{\mathrm{M},r,i}^{s} \\ &= \Delta I_{\mathrm{M},r,i}^{s} - \Delta T_{\mathrm{M},r,i}^{s} - \Delta \varepsilon_{\mathrm{M},r,i}^{s} = \Delta \delta L_{\mathrm{M},r,i}^{s,\mathrm{disp}} + \Delta \delta L_{\mathrm{M},r,i}^{s,\mathrm{non\text{-}disp}} \end{aligned} \qquad (4\text{-}33)$$

式中，弥散性误差改正数和非弥散性误差改正数可由辅站和主站的误差改正数

内插计算得到，因此单差载波相位观测值可以写为

$$\Delta L_{M,r,i}^{s} = \Delta \rho_{M,r}^{s} + c\Delta dt_{M,r} - \lambda_i \Delta N_{M,r,i}^{s} - \Delta \delta L_{M,r,i}^{s} \qquad (4\text{-}34)$$

将式（4-34）与参考卫星 ref 的观测值相减，可以得到双差载波相位观测值

$$\nabla \Delta L_{M,r,i}^{s,\text{ref}} = \nabla \Delta \rho_{M,r}^{s} - \lambda_i \nabla \Delta N_{M,r,i}^{s,\text{ref}} - \Delta \delta L_{M,r,i}^{s} + \Delta \delta L_{M,r,i}^{\text{ref}} \qquad (4\text{-}35)$$

由于 $\Delta \delta L_{M,r,i}^{s}$ 和 $\Delta \delta L_{M,r,i}^{\text{ref}}$ 可以通过内插计算获得，因此只需得到流动站的双差整周模糊度，便可以求得流动站相对于主站的基线向量。

MAC 技术的主要特点如下。

（1）同时支持单向和双向数据传输模式，在单向数据传输模式下，MAC 技术对用户数量无限制。

（2）采用国际标准 RTCM 格式编码差分数据，有效解决了 FKP 技术由于采用非标准数据格式而被限制应用与推广的问题。

（3）为减小数据播发量，MAC 选择网络中某个参考站作为主站，其他作为辅站，网络播发主站观测值及辅站相对于主站的改正数。主站与各个辅站之间的差分信息量会少很多，而且系统能够以较少的流量来表达和传输这些信息。

（4）差分改正数可以被流动站用于插值解算用户所在点的误差，或重建网络（或子网络）中所有参考站的完整改正数。

（5）将改正数分解为弥散性和非弥散性误差改正数两部分向用户播发。其中，弥散性误差与信号的频率有关，其改正数按历元频率播发；而非弥散性误差则与信号频率无关，可以适当降低播发频率。

（6）主、辅站改正数包含主站的全部信息，流动站即使无法获取参考站网络的改正数，也仍然可以利用这些改正数进行单基线解算。

4.3　广域精度增强原理与方法

4.3.1　广域差分增强

广域差分增强的基本原理是对 GNSS 卫星观测量主要误差源进行分离，并对每个误差源都进行"模型化"，然后将计算出的每个误差源的误差修正值（差

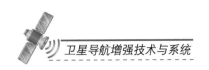

分改正数）都通过数据通信链路传输给用户，对用户接收机的观测值误差加以改正，以达到削弱这些误差源影响，改善用户 GNSS 定位精度的目的。该技术采用矢量化误差改正方法分离卫星误差分量，削弱了区域差分技术中主控站和用户站之间定位误差受时空相关性的限制，适用于提供广域范围服务，服务范围主要取决于数据通信链的覆盖。广域差分增强产品一般通过 GEO 卫星在服务区内进行实时播发（如 BDSBAS、WAAS、EGNOS 等），也有利用 IGSO 卫星进行实时播发（如 QZSS）。采用广域差分改正数后，即使用户接收机采用单频定位模式，也能获得较高的定位精度。

广域差分增强系统对主控站和用户站之间的距离限制要求显著降低，站间距离可以从几百千米到上千千米，利用基准站的伪距观测量（辅以载波观测量）求解可视卫星的卫星星历误差、卫星钟差及广域电离层延迟改正数，并向服务区域内用户实时播发。用户接收机通过获取导航卫星观测伪距和导航电文，以及广域差分改正数，来进行增强定位处理。斯坦福大学 Parkinson 教授和 Kee 博士最早开展广域差分系统算法研究[9-11]，通过已知精确坐标的参考站对导航卫星的实时监测，将站钟、卫星钟和卫星星历用最小二乘方法同步估计，这种方法的计算效率较低。Enge 等人[12]对该算法进行了优化，先将站钟通过时间传递分离出来，然后对星历及卫星钟进行统一解算。1999 年，斯坦福大学与美国喷气推进实验室的工作小组将上述方法进一步改进，通过采用站间单差的方法消除卫星钟差来解算星历误差，再利用解算的星历误差来估计卫星钟差[13]。目前，大部分广域增强系统采用这种矢量差分算法。

假设参考站 r 对卫星 s 进行观测，则其相应的伪距观测值和相位观测值为

$$\begin{cases} P_{r,1}^s = \rho_r^s + \mathrm{d}t_r + b_{r,1} - \mathrm{d}t^s - b_1^s + I_{r,1}^s + T_r^s + \varepsilon_{P_1,r}^s \\ P_{r,2}^s = \rho_r^s + \mathrm{d}t_r + b_{r,2} - \mathrm{d}t^s - b_2^s + I_{r,2}^s + T_r^s + \varepsilon_{P_2,r}^s \\ L_{r,1}^s = \rho_r^s + \mathrm{d}t_r + B_{r,1} - \mathrm{d}t^s - B_1^s - I_{r,1}^s + T_r^s + \lambda_1 N_{r,1}^s + \varepsilon_{L_1,r}^s \\ L_{r,2}^s = \rho_r^s + \mathrm{d}t_r + B_{r,2} - \mathrm{d}t^s - B_2^s - I_{r,2}^s + T_r^s + \lambda_2 N_{r,2}^s + \varepsilon_{L_2,r}^s \end{cases} \tag{4-36}$$

式中，ρ_r^s 为卫星到参考站的几何距离，$\rho_r^s = \sqrt{(X_r - X^s)^2 + (Y_r - Y^s)^2 + (Z_r - Z^s)^2}$；$X_r$、$Y_r$、$Z_r$ 为参考站的真实坐标，X^s、Y^s、Z^s 为卫星的真实坐标；$P_{r,1}^s$、$P_{r,2}^s$ 及 $L_{r,1}^s$、$L_{r,2}^s$ 分别为 L1、L2（北斗为 B1C、B2a）伪距和相位观测值；$\varepsilon_{P_1,r}^s$、$\varepsilon_{P_2,r}^s$ 及 $\varepsilon_{L_1,r}^s$、$\varepsilon_{L_2,r}^s$ 分别为相应频率的伪距和相位测量噪声；λ_1、λ_2 和 $N_{r,1}^s$、$N_{r,2}^s$ 分别为相应频率的波长和整周模糊度；$\mathrm{d}t^s$ 为卫星钟差；$\mathrm{d}t_r$ 为接收机钟差；T_r^s 为

对流层延迟改正数；I_{r,L_1}^s、I_{r,L_2}^s 为相应频率的电离层延迟改正数；$b_{r,1}$、$b_{r,2}$ 和 b_1^s、b_2^s 分别为相应频率的接收机端及卫星端伪距硬件延迟改正数；$B_{r,1}$、$B_{r,2}$ 和 B_1^s、B_2^s 分别为相应频率的接收机端及卫星端相位硬件延迟改正数。

如果参考站坐标精确已知，卫星的近似坐标和钟差 $(X^{0,s}、Y^{0,s}、Z^{0,s}、\mathrm{d}t^{0,s})$ 由广播星历计算得到，对式（4-36）中的伪距观测值 P_r^s 在 $(X^{0,s}、Y^{0,s}、Z^{0,s}、\mathrm{d}t^{0,s})$ 处用泰勒级数展开可得线性化的观测方程

$$P_r^s = \rho_r^{0,s} + \boldsymbol{I}_r^s \cdot \mathrm{d}\boldsymbol{O}^s - \mathrm{d}t^{0,s} - \delta\mathrm{d}t^s - b^s + \mathrm{d}t_r + b_r + I_r^s + T_r^s + \varepsilon_{P,r}^s \quad (4\text{-}37)$$

式中，$\rho_r^{0,s}$ 为由广播星历计算的近似卫星位置到监测站的几何距离 $\rho_r^{0,s} = \sqrt{(X_r - X^{0,s})^2 + (Y_r - Y^{0,s})^2 + (Z_r - Z^{0,s})^2}$；$\mathrm{d}t^{0,s}$ 为由广播星历计算得到的卫星钟差；$\boldsymbol{I}_r^s$ 为设计矩阵，$\boldsymbol{I}_r^s = \left(\dfrac{X^{0,s} - X_r}{\rho_r^{0,s}} \quad \dfrac{Y^{0,s} - Y_r}{\rho_r^{0,s}} \quad \dfrac{Z^{0,s} - Z_r}{\rho_r^{0,s}} \right)$；5 个未知数包括星历误差参数 $\mathrm{d}\boldsymbol{O}^s = (\mathrm{d}X^s \quad \mathrm{d}Y^s \quad \mathrm{d}Z^s)^{\mathrm{T}}$、卫星钟差参数 $\delta\mathrm{d}t^s$、参考站接收机钟差 $\mathrm{d}t_r$。因此，为了求解星历及卫星钟差，需要先求解参考站接收机钟差。又由于各参考站接收机钟差的时间基准不统一，因此还需要解算主控站接收机钟差，以及进行各参考站接收机钟的同步。

1. 解算主控站接收机钟差和进行时间同步

主控站为所有参考站提供时间基准。首先需要解算主控站接收机钟差，在求得主控站接收机钟差之后，进行时间同步处理，求解所有参考站接收机钟差相对于主控站接收机的钟差之差，使得所有参考站的接收机钟差基于同一时间基准，即时间同步。

如图 4-3 所示，在主控站接收机钟差处理过程中，对伪距观测值进行相位平滑，得到高精度的相位平滑伪距观测值 $P_{S,r}^s$；将收集的气象站数据结合对流层延迟改正模型进行对流层延迟估计，并进行接收机距离计算、电离层延迟估计；利用计算结果消除载波平滑伪距中的几何距离、卫星钟差、对流层延迟和电离层延迟，得到伪距残差 $P_{\mathrm{res},r}^s$

$$P_{\mathrm{res},r}^s = P_{S,r}^s - \rho_r^{0,s} + \mathrm{d}t^{0,s} - I_r^s - T_r^s = \boldsymbol{I}_r^s \cdot \mathrm{d}\boldsymbol{O}^s - \delta\mathrm{d}t^s + \mathrm{d}t_r + \varepsilon_{P_{S,r}^s} \quad （4\text{-}38）$$

其相应的噪声方差为

$$\sigma_{P_{\mathrm{res},r}^s}^2 = \sigma_{P_{S,r}^s}^2 + \sigma_{I_r^s}^2 + \sigma_{T_r^s}^2 \quad （4\text{-}39）$$

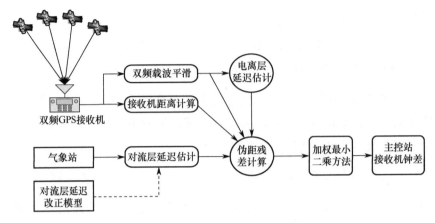

图 4-3　主控站接收机钟差处理过程

式中，$\sigma^2_{P^s_{S,r}}$ 为相位平滑伪距观测值噪声方差；$\sigma^2_{I^s_r}$ 为电离层改正噪声方差；$\sigma^2_{T^s_r}$ 为对流层改正噪声方差。利用主控站观测的所有卫星的平滑伪距残差 $P^s_{res,r}$ 及协方差 $\sigma^2_{P^s_{res,r}}$，采用加权最小二乘方法估计主控站接收机钟差，即

$$\mathrm{d}\hat{t}_s = \left(\sum_{s=1}^{N} \frac{P^s_{res,r}}{\sigma^2_{P^s_{res,r}} + (\mathrm{URA}^s)^2} \right) / \hat{W}_{\mathrm{d}\hat{t}_r} \tag{4-40}$$

$$\hat{W}_{\mathrm{d}\hat{t}_r} = \left(\sum_{s=1}^{N} \frac{1}{\sigma^2_{P^s_{res,r}} + (\mathrm{URA}^s)^2} \right)^{-1} \tag{4-41}$$

式中，N 为主控站观测卫星数目；URA 为广播星历用户测距精度。

时间同步处理是为了求解参考站 r 与主控站 M 接收机钟差之差，这需要将参考站与主控站共视卫星的伪距残差相减，即

$$\Delta P^s_{res,M,r} = \Delta P^s_{res,M} - \Delta P^s_{res,r} = (I^s_M - I^s_M)\mathrm{d}O^s + \mathrm{d}t_{M,r} + \varepsilon^s_{M,r} \tag{4-42}$$

由于广域差分增强系统各参考站之间的距离相对于到卫星的距离要小得多，且卫星星历误差 $\mathrm{d}O^s$ 一般较小，因此 $(I^s_M - I^s_r)\mathrm{d}O^s$ 可忽略不计。假设在一个历元中，参考站 r 和主控站 M 共有 N 颗共视卫星，则可以得到站间单差接收机钟差，即

$$\Delta\mathrm{d}\hat{t}_{M,r} = \frac{1}{N}\sum_{s=1}^{N}\Delta P^s_{res,M,r} \tag{4-43}$$

基于主控站接收机钟同步时间基准的参考站伪距残差与精度，可以分别表示为

$$\widetilde{P}_{\mathrm{res},r}^{s} = P_{\mathrm{res},r}^{s} - \Delta \mathrm{d}\hat{t}_{\mathrm{M},r} \qquad (4\text{-}44)$$

$$\sigma_{\widetilde{P}_{\mathrm{res},r}^{s}}^{2} = \sigma_{P_{\mathrm{res},r}^{s}}^{2} + \sigma_{\Delta \mathrm{d}\hat{t}_{\mathrm{M},r}}^{2} \qquad (4\text{-}45)$$

2. 星历差分改正数计算方法

在广域差分增强系统中，计算星历差分改正数通常采用矢量差分的几何方法，其本质是不考虑卫星轨道动力学特性，而依赖几何观测计算相对于广播星历卫星位置的星历差分改正数。具体处理步骤为：采用加权最小二乘方法对各参考站的接收机钟差进行时间同步，在此基础上消除卫星钟差影响，形成观测方程

$$\begin{cases} \widetilde{P}_{\mathrm{res},r}^{s} = P_{\mathrm{res},r}^{s} - \mathrm{d}\hat{t}_{r} = \boldsymbol{I}_{r}^{s} \cdot \mathrm{d}\boldsymbol{O}^{s} - \delta \mathrm{d}t^{s} + \hat{v}_{r}^{s} \\ \sigma_{\widetilde{P}_{\mathrm{res},r}^{s}}^{2} = \sigma_{P_{\mathrm{res},r}^{s}}^{2} + \sigma_{\mathrm{d}\hat{t}_{r}}^{2} \end{cases} \qquad (4\text{-}46)$$

式中，$\widetilde{P}_{\mathrm{res},r}^{s}$、$\sigma_{\widetilde{P}_{\mathrm{res},r}^{s}}^{2}$ 分别为经接收机钟差改正之后的伪距残差及其方差；$\hat{\varepsilon}_{r}^{s}$ 为其相应的噪声；$P_{\mathrm{res},r}^{s}$ 为未经接收机钟差改正的伪距残差；$\boldsymbol{I}_{r}^{s}$ 为设计矩阵；4 个待估参数包括星历误差改正数 $\mathrm{d}\boldsymbol{O}^{s} = (\mathrm{d}X \ \mathrm{d}Y \ \mathrm{d}Z)^{\mathrm{T}}$ 和卫星钟差改正数 $\delta \mathrm{d}t^{s}$。

利用最小方差估计法计算星历差分改正数，选择一个参考站作为基准站，通过在参考站与基准站之间求差来消除卫星钟差。在通常情况下，在选择基准站时，首先对卫星覆盖范围内的参考站伪距残差 $\widetilde{P}_{\mathrm{res},r}^{s}$ 进行排序，然后选择中位数对应的参考站作为基准站。假设在观测历元 i，选择参考站 R 作为基准站，得到

$$\Delta \widetilde{P}_{\mathrm{res},r,R}^{s} = (\boldsymbol{I}_{r}^{s} - \boldsymbol{I}_{R}^{s})\mathrm{d}\boldsymbol{O}^{s} + \hat{\varepsilon}_{r,R}^{s} \qquad (4\text{-}47)$$

式中，$\Delta \widetilde{P}_{\mathrm{res},r,R}^{s} = P_{\mathrm{res},r}^{s} - P_{\mathrm{res},R}^{s}$，$\hat{\varepsilon}_{r,R}^{s} = \hat{\varepsilon}_{r}^{s} - \hat{\varepsilon}_{R}^{s}$，$s$ 表示卫星；$\hat{\varepsilon}_{r}^{s}$、$\hat{\varepsilon}_{R}^{s}$ 分别为参考站和基准站伪距残差观测值的观测噪声。为了求得星历误差 $\mathrm{d}\boldsymbol{O}^{s} = (\mathrm{d}X \ \mathrm{d}Y \ \mathrm{d}Z)^{\mathrm{T}}$，将基准站 R 的数据分别与多个参考站 $(1 \sim k)$ 的数据相减，可以得到多个形如式（4-47）的方程，可将其表示为矩阵形式，即

$$\boldsymbol{z}_{0} = \boldsymbol{H}_{0}\mathrm{d}\boldsymbol{O}^{s} + \boldsymbol{\varepsilon}_{0} \qquad (4\text{-}48)$$

式中，$\boldsymbol{z}_{0} = (\widetilde{P}_{\mathrm{res},1,R}^{s} \ \cdots \ \Delta \widetilde{P}_{\mathrm{res},k,R}^{s})^{\mathrm{T}}$；$\boldsymbol{H}_{0}$ 为设计矩阵，$\boldsymbol{H}_{0} = [(\boldsymbol{I}_{1}^{s} - \boldsymbol{I}_{R}^{s}) \ \cdots \ (\boldsymbol{I}_{k}^{s} - \boldsymbol{I}_{R}^{s})]_{k \times 3}^{\mathrm{T}}$；

$\boldsymbol{\varepsilon}_0$ 为相互独立的随机误差向量，对应的方差矩阵为 $\boldsymbol{D}_0 = \mathrm{diag}(\sigma^2_{P^s_{\mathrm{res},1}} \cdots \sigma^2_{P^s_{\mathrm{res},k}})$，为对角矩阵。此方程所对应的最小方差估计为

$$d\hat{\boldsymbol{O}}^s = \boldsymbol{\mu}_{\mathrm{d}o} + \boldsymbol{D}_{\mathrm{d}o}\boldsymbol{H}_0^{\mathrm{T}}(\boldsymbol{H}_0\boldsymbol{D}_{\mathrm{d}o}\boldsymbol{H}_0^{\mathrm{T}} + \boldsymbol{D}_0)^{-1}(\boldsymbol{z}_0 - \boldsymbol{H}_0\boldsymbol{\mu}_{\mathrm{d}o}) \tag{4-49}$$
$$\boldsymbol{D}_{\mathrm{d}\hat{\boldsymbol{O}}^s} = \boldsymbol{D}_{\mathrm{d}o} - \boldsymbol{D}_{\mathrm{d}o}\boldsymbol{H}_0^{\mathrm{T}}(\boldsymbol{H}_0\boldsymbol{D}_{\mathrm{d}o}\boldsymbol{H}_0^{\mathrm{T}} + \boldsymbol{D}_0)^{-1}\boldsymbol{H}_0\boldsymbol{D}_{\mathrm{d}o}$$

式中，$d\hat{\boldsymbol{O}}^s$、$\boldsymbol{D}_{\mathrm{d}\hat{\boldsymbol{O}}^s}$ 分别为星历差分改正数最小方差估计值及其方差，$d\hat{\boldsymbol{O}}^s = (d\hat{X}\ d\hat{Y}\ d\hat{Z})^{\mathrm{T}}$；$\boldsymbol{\mu}_{\mathrm{d}o}$、$\boldsymbol{D}_{\mathrm{d}o}$ 分别为星历差分改正数的先验均值及先验方差。

3. 卫星钟差差分改正数计算方法

卫星钟差差分改正数主要包括两部分：慢变差分改正数和快变差分改正数。通常采用加权最小二乘方法解算卫星钟差慢变改正数，然后使用快变播发历元的钟差差分改正数减去慢变播发历元的钟差差分改正数的差作为卫星钟差快变改正数。

1）卫星钟差慢变差分改正数

将前面求解的星历差分改正数代入式（4-38）和式（4-39），进行卫星钟差差分改正数估计，得到

$$P^s_{\mathrm{resc},r} = \boldsymbol{I}^s_r \cdot d\hat{\boldsymbol{O}}^s - P^s_{\mathrm{res},r} = \delta \mathrm{d}t^s + \hat{v}^s_r \tag{4-50}$$
$$\sigma^2_{P^s_{\mathrm{resc},r}} = \sigma^2_{P^s_{\mathrm{res},r}} + \boldsymbol{I}^s_r \cdot \boldsymbol{P}_0 \cdot (\boldsymbol{I}^s_r)^{\mathrm{T}}$$

式中，$P^s_{\mathrm{resc},r}$、$\sigma^2_{P^s_{\mathrm{resc},r}}$ 分别为 $P^s_{\mathrm{res},r}$ 经卫星星历差分改正之后的伪距残差及相应的方差。假设在观测历元 i，有多个监测站 $(1 \sim k)$ 观测到卫星 s，则可组成方程

$$\boldsymbol{z}_{\mathrm{c}} = \boldsymbol{H}_{\mathrm{c}} \cdot \delta \mathrm{d}t^s + \boldsymbol{\varepsilon}_{\mathrm{c}} \tag{4-51}$$

式中，$\boldsymbol{z}_{\mathrm{c}}$ 为观测值矩阵，$\boldsymbol{z}_{\mathrm{c}} = (P^s_{\mathrm{res},1} \cdots P^s_{\mathrm{res},k})^{\mathrm{T}}$；$\boldsymbol{H}_{\mathrm{c}}$ 为系数矩阵，$\boldsymbol{H}_{\mathrm{c}} = (1 \cdots 1)^{\mathrm{T}}$；$\boldsymbol{\varepsilon}_{\mathrm{c}}$ 为测量噪声，其对应的方差矩阵为 $\boldsymbol{D}_{\mathrm{c}} = \mathrm{diag}(\sigma^2_{P^s_{\mathrm{res},1}} \cdots \sigma^2_{P^s_{\mathrm{res},k}})$，为对角矩阵。在求解卫星星历差分改正数时，受监测站几何条件的限制，需要用最小方差估计的方法，而对于卫星钟差差分改正数的求解，如式（4-51）所示，只有一个未知参数，且卫星钟差差分改正数对于卫星可视范围内的所有监测站都是等效的，因此可以使用加权最小二乘方法估计卫星钟差差分改正数 $\delta \mathrm{d}\hat{t}^s$ 及其方差 $\sigma^2_{\delta \mathrm{d}\hat{t}^s}$。

2）卫星钟差快变差分改正数

假设在历元 i 已解算得到卫星钟差慢变差分改正数，则卫星钟差快变差分改正数为

$$\mathrm{PRC}^s(i) = \delta \mathrm{d}\hat{t}^s(i) - \delta \mathrm{d}\hat{t}^s_{\mathrm{broadcast}} \qquad (4\text{-}52)$$

式中，$\mathrm{PRC}^s(i)$ 为历元 i 的卫星钟差快变差分改正数；$\delta \mathrm{d}\hat{t}^s(i)$ 为历元 i 的卫星钟差慢变差分改正数；$\delta \mathrm{d}\hat{t}^s_{\mathrm{broadcast}}$ 为上一播发历元的卫星钟差慢变差分改正数。

4. 电离层格网建模处理方法

电离层延迟是卫星导航定位主要误差源之一，也是影响单频用户定位精度和可靠性的重要因素。电离层延迟在时间和空间上存在着较强的无序性和复杂的变化趋势，因而难以建立高精度的电离层延迟改正模型。双频接收机可以通过双频观测量的线性组合方法削弱电离层延迟，而单频接收机只能进行电离层延迟差分改正。常用的电离层延迟模型包括 Klobuchar 模型和 Bent 模型等。Klobuchar 模型是 GPS 标准的电离层延迟差分改正方法，改正幅度为 50%～60%，难以满足单频用户高精度定位的需求[14]。为此，广域差分增强系统基于实测数据获取总电子含量（TEC）并进行模型化，为单频用户提供更高精度的电离层延迟改正数。该方法的改正幅度可以达到 80%～90%，称为实时电离层延迟建模方法，下面介绍其主要步骤。

1）划分电离层格网

以 WAAS 为例，单颗地球同步卫星所发布的电离层延迟改正数的最大覆盖区域是经度差为 ±90° 的半个地球，实际覆盖区域可以是其中的一部分[4]。电离层格网点的分辨率可以随着纬度的变化而变化，其原因是：①在高纬度地区，同样的经度差所对应的几何距离较短；②电离层在低纬度地区的变化较剧烈。以大西洋区域的电离层格网为例，在 $0° \leqslant \phi \leqslant 55°$ 的区域内，格网点的间隔统一规定为 5°×5°；在 $55° < \phi \leqslant 75°$ 的区域内，格网点的间隔统一规定为 10°×10°；在 $\phi > 75°$ 的区域内，则仅取极点一个点（南北半球一样），格网点的总数为 929。

2）计算格网点天顶方向电离层延迟改正数

利用双频观测值获取电离层延迟，依据电离层对卫星导航定位观测信号的弥散效应，即对同一卫星不同频率的观测量产生不同的延迟，通过两个以上不

同频率的观测量计算得到电离层延迟。GNSS 码观测值的精度一般在码元宽度的 1/100～1/1000 之间，伪距的噪声为 0.3～3m，因此仅采用双频伪距观测值计算的电离层延迟精度有限。虽然相位观测值的精度比伪距观测值高几个量级，但存在模糊度参数处理难题，目前还没有准确估计非差相位整周模糊度的有效方法，因此利用相位观测值获取绝对电离层延迟仍然面临挑战。常用的办法是采用高精度的载波相位观测信息来平滑伪距观测值。

在只考虑电离层对 GNSS 信号影响的一阶项和其他主要误差项影响的情况下，GNSS 信号中码伪距和载波相位的观测方程可以表示为

$$\begin{cases} P_{r,m}^s = \rho_r^s + c(\mathrm{d}t_r - \mathrm{d}t^s) + I_{r,m}^s + T_r^s + b_m^s - b_{r,m} \\ L_{r,m}^s = \rho_r^s + c(\mathrm{d}t_r - \mathrm{d}t^s) - I_{r,m}^s + T_r^s + \lambda N_{r,m}^s + B_m^s - B_{r,m} \end{cases} \tag{4-53}$$

式中，s 代表卫星；r 代表监测站；m 为频率；ρ_r^s 为监测站 r 与卫星 s 的几何距离；$\mathrm{d}t_r$ 为监测站 r 的接收机钟差；$\mathrm{d}t^s$ 为卫星 s 的钟差；I 为电离层延迟；T 为对流层延迟；B、b 分别为相位硬件延迟和伪距硬件延迟。将同一个星站组合的不同频率 m、n 的观测值相减，可得与电离层延迟相关的观测量，即

$$P_{r,n}^s - P_{r,m}^s = I_{r,n}^s - I_{r,m}^s + (b_n^s - b_m^s) - (b_{r,n} - b_{r,m}) \tag{4-54}$$

由 $I_{r,m}^s = 40.28 \times \dfrac{\mathrm{VTEC}}{f_m^2} \times \dfrac{1}{\cos z'}$ 和 $I_{r,n}^s = 40.28 \times \dfrac{\mathrm{VTEC}}{f_n^2} \times \dfrac{1}{\cos z'}$ 可得天顶方向总电子含量（VTEC）的表达式

$$\begin{aligned} \mathrm{VTEC} &= \frac{\cos z'}{40.28} \times \frac{f_m^2 f_n^2}{f_m^2 - f_n^2} \times [P_{r,n}^s - P_{r,m}^s - (b_n^s - b_m^s) + (b_{r,n} - b_{r,m})] \\ &= \frac{\cos z'}{40.28} \frac{f_m^2 f_n^2}{f_m^2 - f_n^2} (\Delta P_{r,nm}^s - \Delta b_{nm}^s + \Delta b_{r,nm}^r) \end{aligned} \tag{4-55}$$

式中，z' 为穿刺点的天顶距；f 为频率。采用相位观测量时，其观测方程为

$$\begin{aligned} \mathrm{VTEC} &= -\frac{\cos z'}{40.28} \times \frac{f_m^2 f_n^2}{f_m^2 - f_n^2} \times [(L_{r,n}^s - L_{r,m}^s) + (N_n \lambda_n - N_m \lambda_m) - \\ &\quad (B_n^s - B_m^s) + (B_{r,n} - B_{r,m})] \\ &= -\frac{\cos z'}{40.28} \frac{f_m^2 f_n^2}{f_m^2 - f_n^2} (\Delta L_{r,nm}^s + \Delta \mathrm{Amb}_{nm} - \Delta B_{nm}^s + \Delta B_{r,nm}) \end{aligned} \tag{4-56}$$

式中，ΔAmb 为模糊度差值。由式（4-55）和式（4-56）可以看出，用于求解电离层延迟或总电子含量的电离层观测量中存在着信号的组合硬件延迟，该延迟是由信号处理的硬件引起的。不同频率的载波相位、伪距观测量的硬件延迟是由卫星的发射硬件设备、接收机的锁相（距）环等引起的。对数字电路而言，这种延迟与周围环境（温度、温度、大气压等）变化的关系不大；而对模拟电路而言，该延迟还受周围环境的影响。

由于卫星的信号播发装置在卫星发射前经过精确的校准，所以单颗卫星的码间偏差并不大，在±6 ns 之内。在约束所有卫星码间偏差之和为 0 的情况下，卫星的码间偏差解比较稳定。而对监测站接收机的码间偏差而言，由于硬件水平和监测站环境条件等多方面因素的影响，其稳定性比卫星码间偏差的稳定性要差许多。某些监测站接收机码间偏差的单天解会在几天内有 2 ns 的变化，会对绝对电离层延迟的计算产生非常大的影响。以天为更新分辨率的码间偏差解不能满足实时电离层延迟估计算法的需求，因此需要采用卡尔曼滤波等方法实时估计卫星和监测站的码间偏差。目前，硬件延迟的分离方法一般需要采用准确的电离层模型，通过单天解的方式进行后处理得到，如 CODE 的球谐函数模型与硬件延迟的联合解算方法。

以 GPS 系统双频观测为例，差分码偏差（DCB）有 P1-P2、P1-C1 和 P2-C2 等，这些信息与单频定位、卫星钟差估计及电离层延迟估计等密切相关。目前，GPS 广播星历和 IGS 组织发布的事后精密卫星钟差产品均采用双频无电离层组合观测值，假设 P1 与 P2 观测值中包含的卫星端硬件延迟分别为 b_1^s 和 b_2^s，则无电离层组合伪距观测值包含的卫星硬件延迟为 $\dfrac{f_1^2}{f_1^2-f_2^2}b_1^s-\dfrac{f_2^2}{f_1^2-f_2^2}b_2^s$。

发布的卫星钟差产品包含该项偏差，如果用户采用 P1 观测值进行定位，则其观测值的硬件延迟仅有 b_1^s，与双频无电离层组合硬件延迟的差将造成与卫星钟差产品不自洽。两者之差为

$$b_1^s-\frac{f_1^2}{f_1^2-f_2^2}b_1^s+\frac{f_2^2}{f_1^2-f_2^2}b_2^s=\frac{f_2^2}{f_1^2-f_2^2}(b_2^s-b_1^s) \qquad (4-57)$$

即采用 P1 观测值的单频用户在使用上述卫星钟差产品时，需要改正上述硬件延迟偏差。式（4-57）也是广播星历给出的 Tgd。与此同时，国际 GNSS 服务组织（IGS）发布的 DCB 产品是在卫星硬件延迟偏差之和为零的约束条件下估计的结果，所有卫星的硬件延迟与真实值都有一个相同的差。GPS 发布的 Tgd

卫星导航增强技术与系统

与 IGS 发布的 DCB 的数值关系一般表示为

$$\text{Tgd} = 1.55\text{DCB}_{P1-P2} + c \qquad (4\text{-}58)$$

在单点定位中，所有卫星的硬件延迟偏差的常数项都会被估计到接收机钟差中，所以采用 1.55DCB 进行改正并不会对定位结果产生影响，而且 IGS 发布 DCB 的单天解及月均值更新的频率值比 Tgd 要高。在电离层研究方面，IGS 发布的卫星硬件延迟偏差对小区域的电离层模型而言是有意义的，因为在建立小区域电离层模型时，监测站分布和监测站观测条件等原因使某些卫星的观测弧段较短且不连续，此时进行监测站接收机和卫星硬件延迟偏差的分离，会造成一定的偏差。而如果根据卫星的硬件延迟偏差比较稳定的特点，在建立区域电离层模型时固定卫星的硬件延迟偏差，则只估计监测站接收机的硬件延迟偏差是一种比较稳妥的办法。

3）区域电离层模型建立

目前，基于电离层单层假设的二维电离层模型的基本数学方法大致可分为函数基模型和格网模型两类。函数基模型提供一组模型参数，输入某点的经纬度信息可得到该点处的 VTEC 值，此类模型包括泰勒多项式模型[15-18]、三角级数模型[19]、球谐函数模型[20]等。格网模型直接估计出每个格网点的 VTEC 值，其建模方法以区域加权平均法[21]、三角格网内插[22]、双三次样条插值[23]为代表。另外，还有基于函数基[24-26]或像素基[27-30]的三维电离层模型和结合经验模型与实测数据的同化模型等。以下是常用的区域电离层建模方法。

（1）建立泰勒多项式模型：对空间电离层分布进行曲面拟合，即

$$E(\phi,S) = \sum_{i=0}^{m}\sum_{k=0}^{n} E_{ik}(\phi-\phi_0)^i (S-S_0)^k \qquad (4\text{-}59)$$

式中，ϕ 为电离层穿刺点（IPP）的地磁纬度；S 为太阳时角；$E(\phi,S)$ 为对应位置的 VTEC。

（2）区域加权平均法：假设电离层延迟集中在地面上方某一高度无限薄的层上，电离层格网定义在这个薄层上面。考虑到距离越远，穿刺点与格网点处电离层延迟相关性越差，区域加权平均法在一定范围内选取穿刺点，格网点处的电离层延迟为这个范围内所有穿刺点垂直电离层的 VTEC 的加权平均值，如图 4-4 所示。

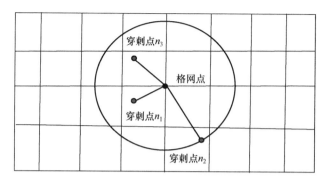

图 4-4　穿刺点加权内插示意图

格网点处的 $\mathrm{VTEC_G}$ 为

$$\mathrm{VTEC_G} = \sum_{i=1}^{n} \frac{\dfrac{1}{\mathrm{GCD}_i}}{\displaystyle\sum_{i=1}^{n} \dfrac{1}{\mathrm{GCD}_i}} \times \mathrm{VTEC}_{i,\mathrm{IPP}} \qquad (4\text{-}60)$$

式中，$\dfrac{1}{\mathrm{GCD}_i}$ 是穿刺点到格网点大圆距离的倒数，作为插值计算的权重因子；$\mathrm{VTEC}_{i,\mathrm{IPP}}$ 是第 i 个穿刺点处的 VTEC。

（3）建立球谐函数模型：采用球谐函数对空间电离层分布进行描述，即

$$E(\phi,s) = \sum_{n=0}^{n_{\max}} \sum_{m=0}^{n} \tilde{P}_{nm} \sin\phi (a_{nm}\cos ms + b_{nm}\sin ms) \qquad (4\text{-}61)$$

式中，ϕ 为地磁纬度；s 为日固经度；$\tilde{P}_{nm}$ 为正则化勒让德级数；a_{nm} 和 b_{nm} 为待估系数；$E(\phi,s)$ 为对应位置的 VTEC。

（4）平面拟合法：VTEC 为

$$\mathrm{VTEC} = M(h,E)(a_0 + a_1 d_{\mathrm{E}} + a_2 d_{\mathrm{N}}) \qquad (4\text{-}62)$$

式中，d_{E}、d_{N} 分别为穿刺点到网点的东、北方向上的距离。

（5）建立基于经验正交函数的三维电离层模型：将电子密度在水平方向的分布用低阶球谐函数表示，垂直方向用数个经验正交函数（EOF）表征，这样在地磁、日固框架内，地表上空任意点处的电子密度可以表示为

$$N_{\mathrm{e}}(h,\phi,\theta) = \varGamma(h)Y(\phi,\theta) \qquad (4\text{-}63)$$

式中，$Y(\phi,\theta)$ 为表征电子密度在水平方向分布情况的球谐函数；ϕ 为地磁纬度；θ 为日固经度；$\Gamma(h)$ 为表征垂直方向电子密度分布的 EOF；h 为高程。对电子密度沿实际信号的传播路径进行积分便可以得到每个信号路径上的 TEC，其具体表达式为

$$\mathrm{TEC}_i = \int_{r_{\mathrm{rec}}}^{r_{\mathrm{sat}}} \left[\sum_{k=1}^{l} c_k \Gamma_k(h) \right] \otimes \sum_{n=0}^{n_{\max}} \sum_{m=0}^{n} \tilde{P}_{nm} \sin\phi(a_{nm}\cos m\theta + b_{nm}\sin m\theta)\mathrm{d}r \quad (4\text{-}64)$$

式中，$\otimes$ 表示克罗内克积；$\tilde{P}_{nm}$ 为正则化勒让德级数；a_{nm}、b_{nm} 和 c_{nm} 为待估系数。在获取了每个信号路径上 TEC 的前提下，可以通过式（4-64）中 EOF 和球谐函数对应的系数建立一个三维电离层模型。

5. 广域差分终端定位算法

广域差分终端定位接收系统播发的差分改正数，主要包括慢变差分改正数及快变差分改正数，其中，慢变差分改正数又包括星历差分改正数及卫星钟差分改正数。以下介绍通过慢变差分改正数和快变差分改正数对终端接收的卫星星历和卫星钟差进行差分改正的方法。

1）卫星星历差分改正

根据播发的卫星星历差分改正数及其变化率，可以得到当前卫星星历差分改正数：

$$\begin{pmatrix} \mathrm{d}X_k \\ \mathrm{d}Y_k \\ \mathrm{d}Z_k \end{pmatrix} = \begin{pmatrix} \mathrm{d}X \\ \mathrm{d}Y \\ \mathrm{d}Z \end{pmatrix} + \begin{pmatrix} \mathrm{d}\dot{X} \\ \mathrm{d}\dot{Y} \\ \mathrm{d}\dot{Z} \end{pmatrix}(t - t_0) \quad (4\text{-}65)$$

式中，$(\mathrm{d}X_k \quad \mathrm{d}Y_k \quad \mathrm{d}Z_k)^{\mathrm{T}}$ 为根据播发信息计算得到的当前卫星星历差分改正数；$(\mathrm{d}X \quad \mathrm{d}Y \quad \mathrm{d}Z)^{\mathrm{T}}$ 与 $(\mathrm{d}\dot{X} \quad \mathrm{d}\dot{X} \quad \mathrm{d}\dot{Z})^{\mathrm{T}}$ 分别为播发的卫星星历差分改正数及其变化率，变化率是广域差分系统星历改正数播发的可选项。如果当前解算历元与星历差分改正数播发历元的时间差大于改正数最大更新间隔，则该差分改正数应被视为无效。根据式（4-65），可得到经过星历差分改正的卫星位置

$$\begin{pmatrix} X \\ Y \\ Z \end{pmatrix} = \begin{pmatrix} X_{\mathrm{brdc}} \\ Y_{\mathrm{brdc}} \\ Z_{\mathrm{brdc}} \end{pmatrix} + \begin{pmatrix} \mathrm{d}X_k \\ \mathrm{d}Y_k \\ \mathrm{d}Z_k \end{pmatrix} \quad (4\text{-}66)$$

式中，$(X \quad Y \quad Z)^{\mathrm{T}}$ 为经卫星星历差分改正之后的卫星坐标；$(X_{\mathrm{brdc}} \quad Y_{\mathrm{brdc}} \quad Z_{\mathrm{brdc}})^{\mathrm{T}}$

为由广播星历计算得到的卫星坐标。

2）卫星钟差差分改正

由卫星钟差差分改正数及其变化率，终端可以得到当前卫星钟差差分改正数

$$dt = \delta dt + \delta di(t - t_0) \tag{4-67}$$

式中，dt 为当前卫星钟差差分改正数；t 为终端定位解算的历元时刻；t_0 为系统端解算的差分改正数的历元时刻；δdt、δdi 分别为卫星钟差差分改正数及其变化率。

根据广播星历计算得到的卫星钟差，经差分改正及群延迟改正之后为

$$(dt)_{L_1} = dt_{brdc} + dt + T_{GD} \tag{4-68}$$

式中，dt_{brdc} 为经广播星历计算得到的卫星钟差；T_{GD} 为群延迟改正。

3）快变差分改正

假设已知播发历元的卫星快变差分改正数，则在定位解算历元 i，经钟差快变差分改正之后，卫星的伪距观测值为

$$\begin{cases} PR_{corrected}(i) = PR_{measured}(i) + PRC(i_{of}) + RRC(i_{of}) \times (i - i_{of}) \\ RRC(i_{of}) = \dfrac{PRC(i_{of}) - PRC(i_{previous})}{i_{of} - i_{previous}} \end{cases} \tag{4-69}$$

式中，$PR_{measured}(i)$、$PR_{corrected}(i)$ 分别为历元 i 时刻的伪距测量值及经快变改正后的伪距测量值；i_{of}、$i_{previous}$ 分别为距离历元 i 最近的快变播发历元时刻及前一快变播发历元时刻；$PRC(i_{of})$ 与 $PRC(i_{previous})$ 为相应时刻的快变差分改正数。需要说明的是，在以下条件下计算的 RRC 无效：

$$\begin{cases} i_{of} - i_{previous} > I_{fc,j} \\ (i - i_{of} - 1) > 8(i_{of} - i_{previous}) \end{cases} \tag{4-70}$$

式中，$I_{fc,j}$ 为快变差分改正的最大应用间隔时间。该值根据快变降解因子及进近过程的变化而变化，最小为 6 s，最大达 120 s。

4）用户定位

假设在伪距单点定位的一个观测历元中，共观测到 m 颗 GPS 卫星，则观测方程为

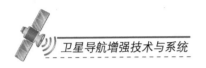

$$v_{L_1,\text{corrected}} = \text{PR}_{L_1,\text{corrected}} - D_{\text{corrected}} - \mathrm{d}\tilde{t}_r + (\mathrm{d}t)_{L_1} - I_{r,L_1} - T_r \qquad (4\text{-}71)$$

式中，$\text{PR}_{L_1,\text{corrected}}$ 为经快变差分改正后的伪距观测值；$D_{\text{corrected}} = \sqrt{(X^0 - X)^2 + (Y^0 - Y)^2 + (Z^0 - Z)^2}$，其中，$X^0$、$Y^0$、$Z^0$ 为监测站的初始坐标，X、Y、Z 表示广播星历经星历差分改正后的卫星坐标；$\mathrm{d}\tilde{t}_r$ 为吸收了接收机硬件延迟偏差的接收机钟差；I_{r,L_1} 为电离层延迟改正数；T_r 为对流层延迟改正数。

将式（4-71）进行线性化，并将监测站坐标转换为站心直角坐标系，可以得到方程组

$$v = BX_r - I \qquad (4\text{-}72)$$

式中，v 为验后残差；B 为系数矩阵，

$$B = \begin{pmatrix} -\cos\text{El}_1\sin\text{Az}_1 & -\cos\text{El}_1\cos\text{Az}_1 & -\sin\text{El}_1 & 1 \\ \vdots & \vdots & \vdots & 1 \\ -\cos\text{El}_m\sin\text{Az}_2 & -\cos\text{El}_m\cos\text{Az}_m & -\sin\text{El}_m & 1 \end{pmatrix}$$

El、Az 分别为接收机到卫星的高度角和方位角；X_r 为待求的系数矩阵；I 为验前残差。采用加权最小二乘方法计算监测站坐标及接收机钟差，即

$$X_r = (B^{\mathrm{T}}WB)^{-1}B^{\mathrm{T}}WI \qquad (4\text{-}73)$$

式中，$W = \text{diag}(w_1^{\mathrm{G}} \quad \cdots \quad w_m^{\mathrm{G}})$ 为观测值权距阵，$w_i^{\mathrm{G}} = 1/\sigma_i^2$（$i=1,\cdots,m$）为其对角线元素，其中，$\sigma_i^2 = \sigma_{i,\text{flt}}^2 + \sigma_{i,\text{UIRE}}^2 + \sigma_{i,\text{air}}^2 + \sigma_{i,\text{tropo}}^2$ 为观测值噪声方差，$\sigma_{i,\text{flt}}^2$ 为差分改正数噪声方差，$\sigma_{i,\text{UIRE}}^2$ 为电离层噪声方差，$\sigma_{i,\text{air}}^2$ 为接收机噪声方差，$\sigma_{i,\text{tropo}}^2$ 为对流层噪声方差。

4.3.2 广域精密定位

广域精密定位是在广域差分增强技术基础上，通过对导航卫星实时精密轨道与钟差确定等核心技术方法的革新，实时计算获得高精度的导航卫星轨道与钟差产品，并通过通信链路实时播发给用户使用，用户采用精密单点定位方法实现广域（全球）范围内的实时高精度定位。目前，全球范围内所建

设和提供的广域精密定位服务多采用双频定位，以消除电离层延迟的影响，从而获得分米级、厘米级定位精度。根据技术原理，用户也可使用单频、多频定位模式。

广域精密定位与广域差分增强的实现原理和工作过程类同。广域（或全球）良好分布的 GNSS 跟踪站网络实时采集 GNSS 原始观测数据，并通过卫星 VSAT 网络、地面网络等链路实时传输至数据处理中心。数据处理中心采用相应的算法和软件处理得到广域实时精密定位服务信息（包括导航卫星实时精密星历与钟差信息），并通过地球同步卫星、低轨卫星或地面通信等链路实时播发给用户，用户解算后获得分米级或厘米级的高精度定位结果。广域精密定位关键技术包括导航卫星实时精密定轨技术、导航卫星实时精密钟差确定技术、用户精密单点定位技术等。

1. 导航卫星实时精密定轨技术

精密定轨是将几何和动力信息进行融合处理得到精密轨道参数。卫星精密定轨原理可用如下方程概括描述：

$$\ddot{X}_s(t)=\frac{GM_e}{\left|X_s(t)\right|^3}X_s(t)+\sum_{i=1}^{n}F_i[X_s(t),\dot{X}_s(t),Q(t)]+W_1(t) \qquad (4\text{-}74)$$

$$Y(t) = H[X_s(t),R(x_r+\Delta x),P(t)]+W_2(t) \qquad (4\text{-}75)$$

式（4-74）为卫星运动方程，描述精密定轨中的动力信息。其中，G 为引力常数；M_e 为地球质量；$X_s(t)$ 为地心至卫星的向径；$Q(t)$ 为动力学模型参数；F_i 为导航卫星摄动力模型；$W_1(t)$ 为动力学模型噪声；s、e 分别表示卫星和地球。式（4-75）为观测方程，描述精密定轨中的几何观测信息。其中，H 为几何观测模型；$R(x_r+\Delta x)$ 为监测站位置参数；$P(t)$ 为其他观测模型参数；$W_2(t)$ 为观测模型噪声。卫星运动方程是一个二阶常微分方程组，其解由轨道初值和力模型参数唯一确定。但由于轨道初值和力模型参数并非精确已知且力模型精确建模复杂，因此常先根据卫星轨道初值和力模型的近似值求出卫星运动方程和相应变分方程的近似解，即卫星坐标及卫星坐标对轨道初值和力模型参数的偏导数；然后根据式（4-75），建立相应的线性观测方程，利用状态估计器精确估计轨道初值和力模型参数；最后由轨道初值和力模型参数的精确估值对卫星运动方程进行积分，得到精密轨道参数。

导航卫星实时精密定轨技术思路为：先利用一段较短时间的观测数据快速修正卫星动力学模型参数；再利用修正后的动力学模型参数进行轨道数值积分生成较短时间预报轨道，以获取实时精密卫星轨道产品。因此，导航卫星实时精密定轨在导航卫星事后精密定轨模型算法基础上，重点考虑动力学模型参数快速修正及轨道快速精确预报与修正。

1）卫星动力学模型参数快速修正

对于高度在 20000 km 以上的导航卫星，在非机动及无故障的正常情况下，卫星轨道变化是平滑的，因此在一般情况下不需要对力模型参数进行逐历元修正，只需进行短弧段更新，弧段的长度选取基于对各类导航卫星动力学模型准确性与动力学参数变化程度的综合分析。在确定更新弧段长度后，采用基于滑动数据窗口内短弧法方程的方法进行实时定轨，简称滑动窗口短弧综合（实时）定轨方法[31]。

滑动窗口短弧综合（实时）定轨方法的主要思想，是将实时定轨通过建立短弧法方程和短弧法方程合并两个并行进程来实现。为了叙述方便又不失一般性，假定短弧长度为 1 小时，滑动数据窗口长度为 N 小时。短弧法方程进程处理当前短弧时间段上可获得的实时数据，在弧段上的数据结束后生成包括卫星初始状态、力模型参数、地球自转参数、大气参数、监测站坐标和模糊度参数等的短弧法方程。由于处理的数据很短，可以采用验后残差编辑的方法进行数据清理，以保证结果的高质量。在当前短弧法方程生成之后，短弧法方程综合进程将之与由前 $N-1$ 个弧段法方程合并成的一个法方程合并，由整个滑动窗口中的数据求出的卫星轨道初值和力模型参数，通过轨道积分得到下一时段的预报轨道，作为实时轨道发送给用户。其后，将当前弧段的法方程与由前 $N-2, N-3, \cdots, 1$ 个弧段法方程合并成的法方程分别合并，得到相对于下一个弧段由前 $N-1, N-2, \cdots, 2$ 个弧段法方程合并成的法方程。这样，每次只需要合并 $N-1$ 个法方程，并且只有第一个需要尽快完成，以提供实时轨道结果。由前 $N-1$ 个弧段法方程合并的法方程作为先验法方程信息，等待下一实时弧段法方程，进行再一次实时轨道更新。由此，实现了如图 4-5 所示的可往前推进的实时定轨的技术流程。

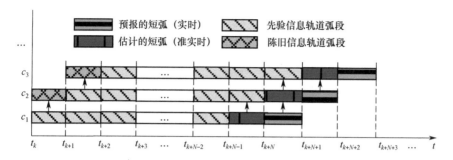

图 4-5 导航卫星动力学模型参数快速修正示意图（c_1, c_2, …，为单个实时定轨进程）

2）轨道快速精确预报与修正

通过短弧段观测数据快速修正卫星力模型参数后，可利用更新后的初始轨道参数及力模型参数的设置信息进行数值积分得到短时间预报轨道，因而高精度的精密定轨需要精确的力模型和稳定高效的数值积分器。数值积分的基本思想为通过离散化方法来处理连续性问题。已知 t_i 时刻的状态向量 $\boldsymbol{x}(t_i)$，求 t_{i+1} 时刻的 $\boldsymbol{x}(t_{i+1})$ 时，如果 $\boldsymbol{x}(t_i)$ 和 $\boldsymbol{x}(t_{i+1})$ 之间的距离 h 足够小，则最直接的方法是利用泰勒级数展开，即

$$\boldsymbol{x}(t_{i+1}) = \boldsymbol{x}(t_i) + h\left(\frac{\mathrm{d}\boldsymbol{x}}{\mathrm{d}t}\right)_{t_i} + \frac{h^2}{2!}\left(\frac{\mathrm{d}^2\boldsymbol{x}}{\mathrm{d}t^2}\right)_{t_i} + \frac{h^3}{3!}\left(\frac{\mathrm{d}^3\boldsymbol{x}}{\mathrm{d}t^3}\right)_{t_i} + \cdots + \frac{h^p}{p!}\left(\frac{\mathrm{d}^p\boldsymbol{x}}{\mathrm{d}t^p}\right)_{t_i} \quad (4\text{-}76)$$

式中，p 为一正整数，表示泰勒展开的最高阶。

在精密定轨数值解法中，对卫星运动方程需要求解常微分方程，往往通过用若干个右函数值来代替低阶导数值，使计算简化，这就是微分方程数值解法的基本思想。常微分方程的数值解法包括两类基本方法：一类是单步法，每一步积分仅与上一步结果相关，但是需要计算对应不同阶数的不同个数的右函数值；另一类是多步法，虽然仅需要计算一次右函数值，但同时需要前 k（阶数）个状态值。针对卫星运动方程的特点，精密定轨程序通常选择龙格-库塔（Runge-Kutta，RK）单步法、阿达姆斯（Adams）多步法等积分方法。RK 单步法最重要的性质就是可以自起步积分，这是多步法积分器所不具有的特性，因此常常为多步法积分器提供起步值。Adams 多步法作为解一阶微分方程的多步法，必须利用 RK 单步法起步，计算一定阶数对应个数的初始值。对于更高精度的积分，需将显式公式和隐式公式联合使用，先由显式公式计算近似值 X_{n+1}^0，再用隐式公式计算所需要的精确值 X_{n+1}。在数学上，该过程称为 PECE 算法，即预报-校正算法，其处理流程如图 4-6 所示。

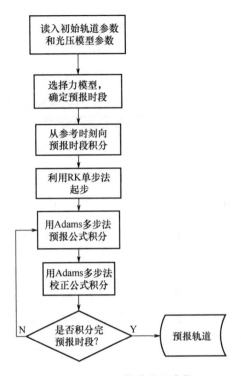

图 4-6　PECE 算法处理流程

2. 导航卫星实时精密钟差确定技术

导航卫星实时精密钟差与卫星轨道不同，卫星钟的不稳定部分变化很快，为满足高精度要求，必须提高卫星钟差更新频率。实时精密钟差的更新间隔一般为 1~2 s，卫星钟差参数的精度主要取决于其载波数据处理的水平，一般采用卡尔曼滤波方法估计。函数模型与随机模型如下。

1）函数模型

在精密卫星钟差估计中，通常采用消电离层影响的非差相位组合和伪距组合观测值，两者对应的观测值误差方程分别为

$$v_{r,\phi}^s(i) = c[dt_r(i) - dt^s(i)] + \rho_r^j(i) + T_r^s(i) + \\ \lambda N_r^s + \varepsilon_{r,\phi}^s(i) - \lambda\phi_r^s(i) \tag{4-77}$$

$$v_{r,p}^s(i) = c[dt_r(i) - dt^s(i)] + \rho_r^s(i) + T_r^s(i) + \varepsilon_{r,p}^s(i) - P_r^s(i) \tag{4-78}$$

式中，r 为监测站号；s 为卫星号；i 为相应的观测历元；c 为真空中的光速；$dt_r(i)$

为接收机钟差；$dt^s(i)$ 为卫星钟差；$T_r^s(i)$ 为对流层延迟影响；$\varepsilon_{r,p}^s(i)$、$\varepsilon_{r,\phi}^s(i)$ 分别为未模型化的伪距和相位残余误差影响；$P_r^s(i)$、$\phi_r^s(i)$ 分别为无电离层延迟影响的伪距与相位组合观测值；λ 为无电离层组合观测值的波长；$\rho_r^s(i)$ 为信号发射时刻的卫星位置到信号接收时刻接收机位置的几何距离；N_r^s 为无电离层延迟相位组合观测值的模糊度参数。

2）随机模型

在精密卫星钟差估计中，钟差变化可以用多项式描述，多项式的系数为待确定的钟偏、钟速及钟漂等，多项式的阶数取决于卫星钟的稳定程度。考虑到钟差的随机变化较大，一种更为常用的方法是采用随机过程模拟钟差变化。此方法比多项式更能真实表示卫星钟的变化，在卫星钟欠稳定时显得更为优越。在最简单的情况下，钟差的随机过程可取为白噪声过程，即假设每个历元的钟差值与其他历元值不相关，将钟差与其他参数一起进行解算。

在实际应用中，一般采用一阶高斯–马尔可夫过程描述钟差随时间的变化，即

$$\dot{p}(t) = -\frac{1}{\tau}p(t) + u(t) \tag{4-79}$$

式中，$u(t)$ 为零均值高斯白噪声，即

$$\begin{cases} E(u) = 0 \\ E[u(t_i)u(t_j)] = \sigma^2 \delta(t_i - t_j) \end{cases} \tag{4-80}$$

式中，σ^2 为高斯白噪声 $u(t)$ 的方差。

解上述微分方程，可以得到

$$p(t) = p(t_0)e^{-\beta(t-t_0)} + \int_{t_0}^{t} e^{-\beta(t-\tau)}u(\tau)\mathrm{d}\tau \tag{4-81}$$

式中，τ 为相关时间；$\beta = 1/\tau$。

式（4-81）中，等号右边随机积分项的期望为 0，方差为 $\dfrac{\sigma^2}{2\beta}[1 - e^{-2\beta(t_j - t_i)}]$。

由于上述随机积分项为一高斯过程，可由期望与方差唯一确定，因此可以构建与随机积分项具有相同的期望与方差的离散过程：

$$L_k = u_k \sqrt{\frac{\sigma^2}{2\beta} \left(1 - e^{-2\beta(t_j - t_i)}\right)} \tag{4-82}$$

式中，u_k 是离散的高斯随机序列，并有

$$\begin{cases} E(u_k) = 0 \\ E(u_{ki} u_{kj}) = \delta_{ij} \end{cases} \tag{4-83}$$

显然，L_k 与式（4-81）中随机积分项具有相同的期望与方差。由此，式（4-81）可以表示为离散形式：

$$p(t_j) = p(t_i)e^{-\beta(t_j - t_i)} + u_k(t_i)\sqrt{\frac{\sigma^2}{2\beta}\left(1 - e^{-2\beta(t_j - t_i)}\right)} \tag{4-84}$$

当 β 趋于 0 时，一阶高斯–马尔可夫过程为随机游走过程，即

$$p(t_j) = p(t_i) + u_k(t_i)\sigma\sqrt{(t_j - t_i)} \tag{4-85}$$

当 β 趋于无穷时，一阶高斯–马尔可夫过程为白噪声过程，即

$$P(t_j) = \bar{u}_k \tag{4-86}$$

$$\bar{u}_k = u_k(t_i)\sqrt{\frac{\sigma^2}{2\beta}} \tag{4-87}$$

在实际应用中，过程噪声参数的先验协方差在每批过程结束时都被完全重置，即非对角线项元素置零，对角线项元素置为先验方差。先验方差可根据经验给出，每批过程都是独立的，与其他批过程不相关，过程中的噪声的方差与卫星钟的稳定性有关。

3）参数估计方法

导航卫星钟差的实时估计一般采用卡尔曼滤波方法。在给定一个初始值 $\hat{X}_0^-$ 和 P_0^- 的情况下，可以通过以下步骤利用观测值对待估参数进行更新。

（1）根据已知状态、观测值及参数先验信息估计状态参数增益矩阵 K_k：

$$K_k = P_k^- H_k^{\mathrm{T}}(H_k P_k^- H_k^{\mathrm{T}} + R_k)^{-1} \tag{4-88}$$

（2）利用增益矩阵 K_k 对状态参数进行更新（测量更新）：

$$\hat{X}_k = \hat{X}_k^- + K_k(Z_k - H_k \hat{X}_k^-) \tag{4-89}$$

$$P_k = (I - K_k H_k)P_k^-$$ (4-90)

（3）利用状态参数模型进行状态更新（时间更新）：

$$\hat{X}_{k+1}^- = \boldsymbol{\Phi}_k \times \hat{X}_k$$ (4-91)

$$P_{k+1}^- = \boldsymbol{\Phi}_k P_k \boldsymbol{\Phi}_k + Q_k$$ (4-92)

在卡尔曼滤波方法的基础上，发展了很多种数值稳定性更高的滤波方法。其中，平方根信息滤波方法是应用较为广泛的一种，该方法是卡尔曼滤波方法采用矩阵变换方式的一种解法。最早在阿波罗登月时期就采用过平方根信息滤波方法，后经 JPL 的 GIPSY 等软件的实践证明，该方法是一种有效而稳定的滤波算法。

3. 用户精密单点定位技术

广域精密定位用户采用非差精密单点定位方法，利用载波相位观测值，以及服务系统提供的高精度卫星星历和卫星钟差产品来进行高精度的单点定位[32]。精密单点定位对各项误差改正模型的精度要求很高，利用服务系统提供的高精度卫星星历和卫星钟差产品消除钟差和卫星轨道误差的影响，采用双频观测值消除电离层延迟的影响，其伪距和相位观测值误差方程可分别参照式（4-77）、式（4-78），将对流层延迟 $\delta\rho_{k,\text{trop}}^j(i)$ 表示为天顶对流层延迟 $T_{r,\text{zd}}(i)$ 与投影函数 $M[\theta_k^j(i)]$ 的积，$\theta_r^s(i)$ 为 j 卫星的高度角，误差方程表示为

$$v_{r,\phi}^s(i) = c\mathrm{d}t_r(i) + \rho_r^s(i) + T_{r,\text{zd}}(i)M[\theta_r^s(i)] + \lambda N_r^s + \varepsilon_{r,\phi}^s(i) - \lambda\phi_k^s(i)$$ (4-93)

$$v_{r,p}^s(i) = c\mathrm{d}t_r(i) + \rho_r^s(i) + T_{r,\text{zd}}(i)M[\theta_r^s(i)] + \varepsilon_{r,p}^s(i) - P_r^s(i)$$ (4-94)

将式（4-93）和式（4-94）进行线性化整理，可得

$$v(i) = Ax(i) + l(i)$$ (4-95)

式中，A 为相应的设计矩阵，有

$$A = \begin{bmatrix} \dfrac{\partial f(P)}{\partial X} & \dfrac{\partial f(P)}{\partial Y} & \dfrac{\partial f(P)}{\partial Z} & \dfrac{\partial f(P)}{\partial \mathrm{d}t_r} & \dfrac{\partial f(P)}{\partial T_{r,\text{zd}}} & \dfrac{\partial f(P)}{\partial N_{(j=1,\text{nsat})}^j} \\ \dfrac{\partial f(\Phi)}{\partial X} & \dfrac{\partial f(\Phi)}{\partial Y} & \dfrac{\partial f(\Phi)}{\partial Z} & \dfrac{\partial f(\Phi)}{\partial \mathrm{d}t_r} & \dfrac{\partial f(\Phi)}{\partial T_{r,\text{zd}}} & \dfrac{\partial f(\Phi)}{\partial N_{(j=1,\text{nsat})}^j} \end{bmatrix}$$ (4-96)

式中，$\dfrac{\partial f}{\partial X}=\dfrac{X_r-X^s}{\rho}$；$\dfrac{\partial f}{\partial Y}=\dfrac{Y_r-Y^s}{\rho}$；$\dfrac{\partial f}{\partial Z}=\dfrac{Z_r-Z^s}{\rho}$；$\dfrac{\partial f}{\partial \mathrm{d}t_r}=C$；$\dfrac{\partial f}{\partial T_{r,zd}}=M[\theta_r^s(i)]$；

$\dfrac{\partial f}{\partial X_{N^s(s=1,\mathrm{nsat})}}=0$或$1$。$\boldsymbol{x}(i)$为待估计参数，$\boldsymbol{x}(i)=[X_r\ Y_r\ Z_r\ \mathrm{d}t_r\ T_{r,zd}\ N^s(s=1,\mathrm{nsat})]^T$，其中，$X_r$、$Y_r$、$Z_r$为三维位置参数，$\mathrm{d}t_r$为接收机钟差参数，$T_{r,zd}$为天顶对流层延迟参数，$N^s(s=1,\mathrm{nsat})$为模糊度参数。

式（4-95）中的$l(i)$为相应的观测值减去概略理论计算值得到的常数项。在进行参数解算时，位置参数在静态情况下可以作为常未知数处理；在未发生周跳或修复周跳的情况下，模糊度参数当作常未知数处理；在发生周跳的情况下，整周未知数当作一个新的常未知数进行处理；接收机钟差参数通常作为白噪声处理；而对流层延迟的影响变化较为平缓，可以先利用模型改正，再利用随机游走过程噪声估计其残余影响。

4.4　局域完好性增强原理与方法

局域完好性增强系统最早由美国联邦航空管理局（FAA）提出和建设，最初被称为局域增强系统（LAAS），目的是在机场附近的局域范围内提供 SBAS 无法满足的 CAT-Ⅱ、CAT-Ⅲ精密进近服务，服务于空港局部地区（半径为 32～48 km）的精确进场、离港流程和航空终点站运行，垂直和水平方向的精度都在 1 m 以内[1]。目前，ICAO 已停止使用 "LAAS" 这一术语，而统一规范使用 "地基增强系统（GBAS）"。

GBAS 的基本原理是：在机场范围内布设一定数量（通常为 3 台以上）的基准站，独立进行 GNSS 卫星伪距和载波相位观测，并生成载波平滑伪距改正数，通过甚高频（VHF）数据播发给用户。播发数据中同时包含安全和卫星几何强度相关信息，这些信息可保证 45 km 范围内的用户获得 0.5 m 左右的精度（95%），可以满足 CAT-Ⅰ精密进近需求。此外，系统还可以通过增加伪卫星的数量进一步增强用户的星座几何结构。

相比于 SBAS，GBAS 成本更低、精度更高、完好性更优，其目标是取代仪表着陆系统（ILS），支持所有进近和着陆服务（CAT-Ⅰ/Ⅱ/Ⅲa/Ⅲb 精密进近）。

4.4.1　完好性监测方法

完好性监测平台（IMT）是完好性监测算法和执行监测组合而成的体系结构，用于应对来自卫星导航系统的各种故障和异常的威胁。为确保 IMT 满足 GBAS 高水平的完好性需求，在 IMT 中集成了各种有效的异常监测算法和一套异常处理的执行监测（EXM），它们共同对系统异常进行探测、定位和隔离，并确保消除故障后的观测量用于 GBAS 差分数据的解算。

IMT 的核心体系由三部分组成：常规 GBAS 处理、完好性监测和执行监测。IMT 原理图如图 4-7 所示。

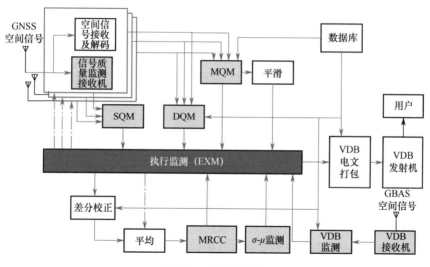

图 4-7　IMT 原理图

常规 GBAS 处理包括平滑模块、差分校正模块和平均模块，分别输出相位平滑伪距观测值、伪距差分改正数和差分改正数均值。

完好性监测包括信号质量监测（SQM）、数据质量监测（DQM）、测量质量监测（MQM）、多参考站一致性检测（MRCC）和标准差与均值（σ-μ）监测。SQM 的功能是监测导航信号是否存在异常；DQM 的功能是监测解调后的导航电文数据中卫星星历和钟差改正数是否正常；MQM 的功能是监测伪距和载波相位测量值是否存在突变；MRCC 的功能是检验每个接收机提供的卫星改正数的一致性；σ-μ 监测的功能是确认修正误差是否符合高斯分布。

执行监测（EXM）用来处理监测过程中的一系列告警，排除异常数据，

给出最终完好性信息，并将正常的差分改正数进行 VDB 电文打包，通过 VDB 发射机播发给用户。

1. SQM

SQM 主要用于监测 GNSS 信号的伪随机码信号的畸变，该监测功能通过特殊的信号质量接收机实现[33]。SQM 还监测接收机接收到的卫星信号功率是否符合要求，计算接收机的平均载噪比 C/N_0 并与规定的门限值比较，若前者超过后者，则表明通过信号功率监测；反之，则设置告警标识。第 k 个历元的接收机通道 m 跟踪某颗卫星 n 的平均载噪比计算公式为

$$C/N_{0\_Avg,m,n}(k) = \frac{1}{2}[C/N_{0,m,n}(k-1) + C/N_{0,m,n}(k)] \qquad (4\text{-}97)$$

式中，k 为历元；$C/N_{0\_Avg,m,n}$ 为平均载噪比。

SQM 除监测信号功率外，还对测距码、载波相位测量值发散性进行监测，其目的是监测接收机接收的卫星信号是否经历了电离层风暴。判断卫星信号经历电离层风暴的方法可参考 Lee 等人的文献[34]。

2. DQM

DQM 主要监测接收机解调后的卫星导航星历数据可靠性，用户可通过导航星历的开普勒轨道参数及钟差参数计算卫星位置与钟差。某颗卫星发生故障，会影响其广播星历数据，导致计算的卫星位置与实际位置有偏差，因此需要对导航星历数据进行完好性监测。DQM 的方法根据不同情况可分为以下三种：星历–星历监测算法、星历–历书监测算法和 YE-YE 监测算法[35]。上述方法可归纳为将当前接收到的卫星星历信息与最近更新的导航星历或历书信息进行对比，判断卫星信息是否完好，不同方法所设置的阈值有所不同。

3. MQM

MQM 主要对卫星信号连续性及观测值是否异常进行监测，经过 MQM 确认正常的观测数据，再进行载波平滑伪距及差分处理。MQM 包括以下三个内容：接收机锁定时间监测、通过载波加速–斜坡–步长检测（CARST）监测观测数据中的误差、载波相位平滑伪距测量更新检测（CSCIT）。

1）接收机锁定时间监测

接收机锁定时间监测用于判断接收机对卫星的观测是否发生失锁，通过

对伪距观测值的锁定时间数据进行微分处理，根据得到微分结果判断卫星是正常连续锁定，还是失锁状态。

2）CARST

CARST 用于监测载波相位观测值可能存在的阶跃、斜坡、加速度等引起的快变误差，这些误差可能导致 GBAS 发给用户的改正数存在偏差。CARST 方法如下。

在历元 k 时刻，接收机通道 m 跟踪某颗卫星 n，最近的 10 个历元的相位改正数 $\phi_{m,n}^*$ 为

$$\phi_{m,n}^*(k) = \phi_{c,m,n}(k) - \frac{1}{N_m} \sum_{j \in S_m(k)} \phi_{c,m,n}(k) \tag{4-98}$$

式中，$\phi_{c,m,n}(k)$ 为相位的差分改正数；$S_m(k)$ 是 m 个接收机与 N_m 颗卫星的集合。利用式（4-98）得到的多个历元数据进行最小二乘拟合，即

$$\phi_{m,n}^*(k,t) = \phi_{0,m,n}^*(k) + \frac{\mathrm{d}\phi_{m,n}^*(k,t)}{\mathrm{d}t} \Delta t + \frac{\mathrm{d}^2 \phi_{m,n}^*(k,t)}{\mathrm{d}t^2} \times \frac{\Delta t^2}{2} \tag{4-99}$$

由式（4-99）可得加速度、斜坡、阶跃分别为

$$A_{m,n}(k) = \frac{\mathrm{d}^2 \phi_{m,n}^*(k,t)}{\mathrm{d}t^2} \tag{4-100}$$

$$R_{m,n}(k) = \frac{\mathrm{d}\phi_{m,n}^*(k,t)}{\mathrm{d}t} \tag{4-101}$$

$$\mathrm{Step}_{m,n}(k) = \phi_{\mathrm{meas},m,n}^*(k) - \phi_{\mathrm{pred},m,n}^*(k) \tag{4-102}$$

式中，$\phi_{\mathrm{meas},m,n}^*(k)$ 为历元 k 的实际测量值；$\phi_{\mathrm{pred},m,n}^*(k)$ 为式（4-98）计算的估计值。

在对斜率、加速度和步长进行监测的过程中，只要有一个或多个超过门限值，就对相应的通道设置告警标识。

3）CSCIT

CSCIT 用于探测接收机的伪距测量值的脉冲和步长误差。令新息检测统计量[36]为 $\mathrm{Innovation}_{m,n}(k)$，有

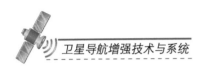

$$\text{Innovation}_{m,n}(k) = P_{m,n}(k) - [P_{S,m,n}(k-1) + L_{m,n}(k) - L_{m,n}(k-1)] \quad (4\text{-}103)$$

式中，$P_{m,n}$ 为当前历元 k 的伪距测量值；$P_{S,m,n}$ 为载波相位平滑的伪距测量值；$L_{m,n}$ 为载波相位测量值。若连续 3 个历元计算的 $\text{Innovation}_{m,n}(k)$ 超过门限值，则说明伪距观测值存在异常，要对接收机通道 m 跟踪某颗卫星 n 的信道产生 1 个异常标识；若只有当前 1 个历元计算的 $\text{Innovation}_{m,n}(k)$ 超过门限值，则不产生异常标识，只将当前历元伪距观测值剔除。

4. EXM-I

每种监测算法都对应一个故障点或异常因素，并在探测到异常后产生异常标识，表明该"星站"信道的测量值处于"不可用"状态。IMT 的 EXM 会对异常标识进行多步分析与判定，可分为两个阶段，第一阶段 EXM-I 主要针对 SQM、DQM 和 MQM 算法产生的异常标识进行分析与定位，排除异常观测值，输出各通道的可用性排除结果；通过 EXM-I 的观测值可进入第二阶段 EXM-II 进行检验。

EXM-I 的输入为跟踪矩阵 $\boldsymbol{T}$ 和决策矩阵 $\boldsymbol{D}$。$\boldsymbol{T}$ 的元素对应所有接收机和卫星的信道，$\boldsymbol{D}$ 的元素为 SQM、DQM 和 MQM 的逻辑或的运算结果，通过匹配 $\boldsymbol{T}$ 和 $\boldsymbol{D}$ 可以判断不可用观测值，并将其从后续计算差分改正数流程中排除。具体的故障情况可分为以下三类：

（1）单颗卫星对单个接收机出现异常标识；

（2）单颗卫星对多个接收机出现异常标识；

（3）多颗卫星对单个接收机出现异常标识。

当情况（1）发生时，只需将有异常标识的观测值设为"不可用"；当情况（2）或（3）发生时，则将故障卫星对应的全部接收机观测值或故障接收机对应的全部卫星观测值排除；当情况（2）和（3）同时发生时，则无法判定故障点在卫星上还是接收机上，因而需将全部观测值排除。一旦 EXM-I 判定哪些观测值"不可用"，IMT 就需要选择其他可用的卫星观测值。

5. MRCC

通过 EXM-I 的所有可用通道的测量值均可用于计算改正数。MRCC 主要用于探测和隔离接收机故障，以避免将故障接收机的观测信息输入差分改正数的计算流程。MRCC 计算和监测的 B 值是 GBAS 完好性监测的核心数据，B 值是多个接收机输出的观测量的偏差，反映了差分改正数的一致性。MRCC 的方法是对参考站接收机的伪距改正数进行对比，计算得到 B 值，再将 B 值与阈值进行比较，若前者大于后者，则表明该接收机出现故障[37]。B 值计算方法如下：

$$B_{\rho,m,n}(k) = \rho_{\mathrm{corr},n}(k) - \frac{1}{M_n(k)-1}\sum_{\substack{i=1\\i\neq m}}^{S_n(k)} \rho_{\mathrm{sca},i,n}(k) \quad (4\text{-}104)$$

$$B_{\phi,m,n}(k) = \phi_{\mathrm{corr},n}(k) - \frac{1}{M_n(k)-1}\sum_{\substack{i=1\\i\neq m}}^{S_n(k)} [\phi_{\mathrm{ca},i,n}(k) - \phi_{\mathrm{ca},i,n}(0)] \quad (4\text{-}105)$$

式中，k 为历元时刻；$\rho_{\mathrm{corr},n}$ 为最终向用户广播的第 n 颗卫星的伪距改正数；$M_n(k)$ 为跟踪第 n 颗卫星的接收机个数；$S_n(k)$ 为参考站接收机的集合；$\rho_{\mathrm{sca},i,n}$ 为第 n 颗卫星和第 i 个接收机组合的消除接收机钟差后的伪距改正数；$\phi_{\mathrm{corr},n}$ 为最终向用户广播的第 n 颗卫星的载波相位改正数；$\phi_{\mathrm{ca},i,n}$ 为第 n 颗卫星和第 i 个接收机组合的消除接收机钟差后的载波相位改正数；$\phi_{\mathrm{ca},i,n}(0)$ 为第 n 颗卫星和第 i 个接收机组合的初始时刻载波相位改正数。

　　计算出参考站最大伪距和载波相位 B 值后，将其与阈值进行比较，当发现 B 值超过阈值时，再判断 B_ρ 和 B_ϕ 是否都大于阈值；若都大于阈值，则进一步判断这两个最大 B 值是否对应同一个信道；最终返回状态。

6. σ-μ 监测

　　σ-μ 监测用于监测伪距改正数的误差分布特征是否产生较大偏移，即确保伪距改正数的误差分布均值等于零，标准差 $\sigma_{\mathrm{pr\_gnd}}$ 在高斯分布范围内。MRCC 输出的 B 值为 σ-μ 监测的输入参数。σ-μ 监测可概述为变点监测，常用的两种用于监测标准差和均值的算法为 Shewhart 控制图和 CUSUM 控制图，详细算法推导可参考文献[38]。

7. MFRT

　　MFRT 用于监测播发的伪距改正数与改正数变化率是否在可信范围内，通过与门限值进行比较，确定两者是否可用。伪距改正数与变化率的门限值计算公式可参考文献[39]。该监测是 GBAS 数据处理中心将差分改正数播发给用户前 EXM-II 中的最后一项。伪距改正数和改正数变化率分别为

$$\rho_{\text{corr},n}(k) = \frac{1}{M_n(k)} \sum_{i=1}^{S_n(k)} \rho_{\text{sca},i,n}(k) \qquad (4\text{-}106)$$

$$R_{\text{corr},n}(k) = \frac{1}{T_s}[\rho_{\text{corr},n}(k) - \rho_{\text{corr},n}(k-1)] \qquad (4\text{-}107)$$

式中，T_s 为历元时刻间隔；其余变量的含义同式（4-104）。

8. EXM-II

EXM-II 是在 EXM-I 的基础上，应对 EXM-I 无法处理的复杂情况的综合排除逻辑。EXM-II 的逻辑是将监测数据依次通过 MRCC、σ-μ 监测和 MFRT，进一步分析、判定故障点位置并将其排除。

EXM-II 的流程图如图 4-8 所示，具体步骤如下。

（1）进行 EXM-II 预处理状态判断，若状态为 0，则继续执行，否则执行第（8）步。

（2）进行 σ-μ 监测标记判断，若 σ-μ 已被标记，则继续执行，否则执行第（5）步。

（3）进行 EXM-II 隔离。

（4）进行 MRCC 状态判断，若状态为 0，则继续执行，否则执行第（8）步。

（5）进行 MFRT 标记判断，若已被标记，则继续执行，否则结束 EXM-II。

（6）进行 EXM-II 隔离。

（7）进行 MRCC 状态判断，若状态为 0，则执行第（5）步，否则继续执行。

（8）初始化循环计数，令 i=0。

（9）判断 i 是否小于 4，如果小于 4，则继续执行，否则移除所有信道并中断。

（10）进行 EXM-II 隔离。

（11）进行 MRCC 状态判断，若状态为 0，则执行第（2）步，否则继续执行。

（12）循环计数加 1，即令 i=i+1，返回第（9）步。

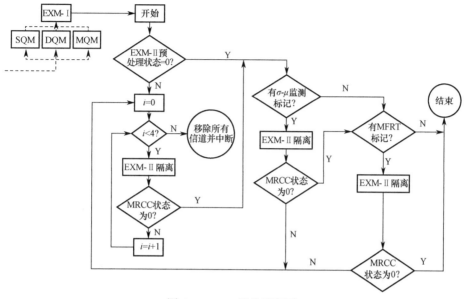

图 4-8　EXM-Ⅱ的流程图

4.4.2　完好性信息处理方法

1. 地面参考站伪距改正数及其误差的形成

对于参考站 r 和卫星 s，令伪距观测量为 P_r^s，参考站到卫星的几何距离 ρ_r^s 可由已知坐标计算得到。将两者相减并去除接收机钟差估值 $\mathrm{d}\hat{t}_r$，得到伪距观测量误差

$$\mathrm{d}P_r^s = P_r^s - \rho_r^s - \mathrm{d}\hat{t}_r \tag{4-108}$$

式中，接收机钟差估值可由该接收机得到的 N 颗卫星的伪距差值取平均得到，即

$$\mathrm{d}\hat{t}_r = \frac{1}{N}\sum_{s=1}^{N}(P_r^s - \rho_r^s) \tag{4-109}$$

在正常情况下，伪距观测量误差包含系统误差 $\delta\rho$，如卫星星历、卫星钟、电离层延迟及对流层延迟；也包含不相同的误差 ε，如多路径延迟、接收机噪声等。可将 $\mathrm{d}P_r^s$ 表示为

$$\mathrm{d}P_r^s = \delta\rho^s + \varepsilon_r^s \tag{4-110}$$

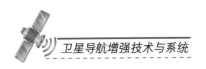

对于相距很近的参考站，可将系统误差部分看作相同量，也可通过归一化计算将各参考站投影到一个点上。对任一卫星 s，将 M 个参考站的伪距误差取平均值，得

$$dP_{\text{ave}}^s = \frac{1}{M}\sum_{r=1}^{M}dP_r^s = \delta\rho^s + \frac{1}{M}\sum_{r=1}^{M}\varepsilon_r^s \qquad (4\text{-}111)$$

通过取平均值，系统误差保持不变，偶然误差变小，则 dP_{ave}^s 主要包含系统误差影响的部分，即为伪距误差改正数。

参考站可能受到异常多路径、接收机通道故障、外部干扰等因素的影响，在得到伪距改正数 dP_{ave}^s 的同时，应针对各站给出其偏差量。令参考站 m 有故障，则将包括此站的伪距误差平均值与不包括此站的伪距误差平均值相减，可得故障影响对应的偏差量为

$$B_m^s = dP_{\text{ave}}^s - \frac{1}{M-1}\sum_{\substack{r=1 \\ r\neq m}}^{M}dP_r^s \qquad (4\text{-}112)$$

具体到各参考站，分别有

$$
\begin{aligned}
B_1^s &= \frac{dP_1^s}{3} - \frac{dP_2^s}{6} - \frac{dP_3^s}{6} \\
B_2^s &= \frac{dP_2^s}{3} - \frac{dP_1^s}{6} - \frac{dP_3^s}{6} \\
B_3^s &= \frac{dP_3^s}{3} - \frac{dP_1^s}{6} - \frac{dP_2^s}{6}
\end{aligned}
\qquad (4\text{-}113)
$$

B_1^s、B_2^s、B_3^s 具有关系 $B_1^s + B_2^s + B_3^s = 0$，即三个量中只有两个是独立的。

若将伪距观测量随机误差 ε_r^s 看作零均值的高斯噪声，则其标准差为

$$\sigma_{\text{ref}}(\theta_r^s) = a_0 + a_1 e^{-\theta_r^s/\theta_0} \qquad (4\text{-}114)$$

式中，a_0、a_1、θ_0 可按接收机的性能事先给定；θ_r^s 为实时观测量相应的高度角，由于参考站相距很近，可以认为各站的 θ_r^s 相等，统一以 θ^s 表示。由 M 个站得到的伪距改正数 dP_r^s 对应的方差为

$$\sigma_{\text{gnd}}^2(s) = \frac{1}{M}\sigma_{\text{ref}}^2(\theta^s) \qquad (4\text{-}115)$$

B_m^s 相应的方差为

$$\sigma_B^2(s) = \frac{1}{M-1}\sigma_{\mathrm{gnd}}^2(s) \tag{4-116}$$

若顾及伪距改正数残差的影响，则伪距改正数的标准差可按下式计算：

$$\sigma_{\mathrm{gnd}}(\theta^s) = \sqrt{\frac{(a_0 + a_1 e^{-\theta^s/\theta_0})^2}{M} + a_2^2 + \left(\frac{a_3}{\sin\theta^s}\right)^2} \tag{4-117}$$

式中，θ^s、θ_0、a_0、a_1、a_2、a_3 的含义详见 RTCA 参考站 GNSS 接收机性能参数说明。

2. 用户定位误差保护限值的确定

参考站所形成的伪距改正数、改正数误差及相应方差播发给用户后，用户依据这些数据及自身的伪距观测值和方差估计，可得到导航定位解，同时得到解的误差置信限值。依据最小二乘方法，用户加权定位解可表示为[40]

$$\hat{\boldsymbol{x}} = (\boldsymbol{H}^{\mathrm{T}}\boldsymbol{W}^{-1}\boldsymbol{H})^{-1}\boldsymbol{H}^{\mathrm{T}}\boldsymbol{W}^{-1}\boldsymbol{\rho} = \boldsymbol{S}\boldsymbol{\rho} \tag{4-118}$$

式中，$\boldsymbol{H}$ 为几何矩阵；$\boldsymbol{\rho}$ 为经改正的伪距观测量；$\boldsymbol{S}$ 为伪距域到定位域的转换矩阵；$\boldsymbol{W}^{-1}$ 为权矩阵，其定义为

$$\boldsymbol{W} = \begin{pmatrix} \sigma_{\mathrm{tot}}^2(s) & & \\ & \ddots & \\ & & \sigma_{\mathrm{tot}}^2(N) \end{pmatrix} \sigma_{\mathrm{tot}}^2(s) \tag{4-119}$$

依据定位解，用户可按方差传递的方法，将伪距域完好性信息转换到定位域。转换计算时做如下假设：

H_0：参考站无故障影响；

H_1：参考站存在一个故障影响。

如 H_0 成立，则参考站提供的伪距改正数误差可用零均值的高斯分布表示，用户垂直方向定位误差限值为

$$\mathrm{VPL}_{H_0} = K_{\mathrm{MD}|H_0}\sqrt{\sum_{s=1}^{N} S_{3s}^2\,\sigma_{\mathrm{tot}}^2(s)} \tag{4-120}$$

式中，$K_{\mathrm{MD}|H_0}$ 为无故障时漏检概率对应的分位数；S_{3s} 为伪距域到定位域的转换矩阵 $\boldsymbol{S}$ 的第 3 行第 s 列元素。

如 H_1 成立，则参考站提供的伪距改正数误差分布可表示为

$N\left[B_m^s, \dfrac{M}{M-1}\sigma_{\text{gnd}}^2(s)\right]$，用户垂直方向定位误差限值为

$$\text{VPL}[m] = \left|\sum_{j=1}^{N} S_{3s} B_m^s\right| + K_{\text{MD}|H_1}\sqrt{\sum_{j=1}^{N} S_{3s}\left[\frac{M}{M-1}\sigma_{\text{gnd}}^2(s) + \sigma_{\text{u}}^2(\theta^s)\right]} \tag{4-121}$$

式中，$K_{\text{MD}|H_1}$ 为存在一个故障时漏检概率对应的分位数。取 $\text{VPL}[m]$ 的最大值为

$$\text{VPL}_{H_1} = \max\left\{\text{VPL}[m]\right\} \tag{4-122}$$

由于 VPL_{H_1} 为一随机量，在假设 H_1 成立时，还需给出垂直方向定位误差限值的预测值，其计算式为

$$\text{VPL}_P = K_{\text{FD}/M}\sqrt{\sum_{s=1}^{N} S_{3s}^2 \frac{\sigma_{\text{gnd}}^2(s)}{M-1} +}$$
$$K_{\text{MD}|H_1}\sqrt{\sum_{s=1}^{N} S_{3s}^2\left[\frac{M}{M-1}\sigma_{\text{gnd}}^2(s) + \sigma_{\text{u}}^2(\theta^s)\right]} \tag{4-123}$$

式中，$K_{\text{FD}/M}$ 为 M 个参考站漏检概率的分位数。

4.5 广域完好性增强原理与方法

广域完好性增强是指在实现广域差分定位的同时，利用所布设监测站的观测数据进行卫星星历、钟差及格网电离层延迟改正数的完好性分析处理，得到相应的用户差分距离误差（UDRE）、格网电离层垂直误差（GIVE）及补偿参数等完好性信息，随广域差分改正数一起播发给用户[41-42]。现代化 GPS 在导航电文中定义了与卫星星历和钟差差分改正数对应的完好性信息，即用户差分距离精度（UDRA）及其变化率。图 4-9 所示是满足 ICAO CAT-I 等级服务的 SBAS 原理示意图。地面监测站网络接收和预处理监测数据，并传送至主控站；主控站处理生成星历改正数、米级时钟改正数、厘米级时钟改正数、格网电离层延迟改正数、UDRE、GIVE 等产品，通过上行注入站注入 GEO 卫星；GEO 卫星将 SBAS 产品播发给用户，实现完好性增强服务。

广域差分完好性监测分为五步：观测数据合理性检验、内符合检验、平行一致性检验、交叉正确性验证和广播有效性验证。第一步，每个参考站都采用独立的 3 台接收机同时观测和采集 GNSS 卫星、GEO 卫星的数据，通过合理性检验与一致性检验，从中选择通过一致性检验的两台接收机的数据上报；第二步，基于最小二乘方法，对参考站采集数据的正确性和由软件计算得到的各改正数的正确性进行内符合检验；第三步，每个主控站都对参考站上报的两路观测数据进行独立处理，检验二者的处理结果是否一致，处理结果通过平行一致性检验后才可输出至上行注入站；第四步，将由一路观测数据处理得到的差分改正数应用于另一路经预处理的观测数据，通过比较及对残差信息进行统计，确定差分改正数的完好性信息；第五步，对于播发的信息，主控站应能同时接收并做相应处理，以验证信息的有效性。

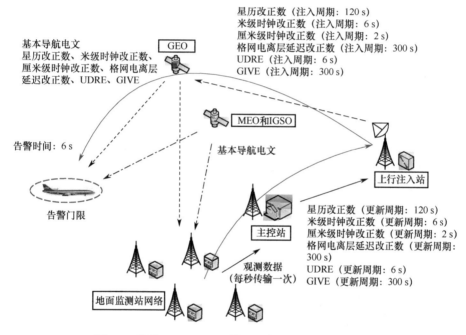

图 4-9　满足 ICAO CAT- I 等级服务的 SBAS 原理示意图

为进一步提高全球地面监测站的完好性监测性能，可采用卫星自主完好性监测（SAIM）。SAIM 是指导航卫星自身对所播发的导航信号通过多路直接反馈处理，进行发射功率异常、伪码信号畸变、载波和伪码相位一致性检验，以及额外的时钟加速度、导航数据错误等完好性监测处理，形成相应的完好性信息，并随导航电文播发给用户（通常通过 SIF 标识或切换伪码的方式）。用户在定位解算处理的同时，利用所接收的完好性信息进行相应的完好性处理。SAIM 目前仍处于不断研究与发展的阶段，由于在星上直接进行故障监测，因此 SAIM 的告警延迟相对较小，一般小于 2 s，相应的完好性风险概率则可达 $10^{-7} h^{-1}$。

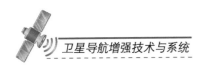

4.5.1 改正数计算方法

1. UDRE 计算方法

用户差分距离误差（UDRE）表示卫星星历和钟差差分改正数对用户定位的不确定性。UDRE 对导航系统的性能有重要影响，它直接与系统的完好性、连续性、可用性相关。一方面，为保证完好性，UDRE 以一定置信度限定最大的卫星改正数误差，为服务区内的所有用户提供安全保障，并对卫星星历及钟差所受到的异常影响及时做出反应；另一方面，为了保证连续性、可用性，UDRE 不能估计得太大。广域差分系统 UDRE 的计算方法是：假设在观测历元 i 共有 k 个监测站观测到卫星 S，则其对于卫星星历和钟差差分改正数总体估计方差的计算公式为

$$P_{\text{UDRE}} = \begin{pmatrix} P_{\text{o}} & \mathbf{0} \\ \mathbf{0} & P_{\text{c}} \end{pmatrix}_{4\times4} \tag{4-124}$$

式中，P_{o} 为星历差分改正数噪声方差矩阵；P_{c} 为钟差差分改正数噪声方差矩阵。

在卫星信号覆盖范围内，由于卫星钟差在任一信号传播方向的误差相同，因此不同用户点的空间信号距离误差的差异主要由轨道误差及用户位置决定。为了保证卫星星历和钟差差分改正数在整个信号覆盖范围内的可用性，需要确定使卫星轨道投影误差最大的用户位置，即最差用户位置（WUL），得到卫星空间信号误差在 WUL 处的 UDRE[43]，也即

$$\sigma_{\text{UDRE}}^2 = (g_{\text{WUL}}^{\text{S}})^{\text{T}} P_{\text{UDRE}} g_{\text{WUL}}^{\text{S}} \tag{4-125}$$

式中，$g_{\text{WUL}}^{\text{S}}$ 为卫星星历和钟差在最坏用户点的单位投影向量，$g_{\text{WUL}}^{\text{S}} = u_{\text{WUL}}^{\text{S}} / |u_{\text{WUL}}^{\text{S}}|$；$u_{\text{WUL}}^{\text{S}}$ 为卫星星历和钟差在最坏用户点的投影向量，$u_{\text{WUL}}^{\text{S}} = (l_{\text{WUL}}^{\text{S}} \quad I)$；$l_{\text{WUL}}^{\text{S}}$ 为卫星到最坏用户点的投影向量。

2. GIVE 计算方法

格网电离层改正误差处理包括给出格网电离层延迟改正精度，即 GIVE。处理的输入数据包括格网电离层垂直延迟，以及经硬件延迟改正后采用双频观测计算得到的穿刺点电离层延迟。

格网电离层改正误差处理将格网电离层内插得到穿刺点电离层延迟与双频观测计算得到的电离层延迟相减，得到某穿刺点处的格网电离层延迟时间序列。格网点周围的每个穿刺点均构成一个误差时间序列，对全部穿刺点序列进

行统计，将所获得的最大误差序列统计值作为格网点误差限值，从而得到 GIVE。值得注意的是，按照完好性要求，GIVE 是由参考站中的一路观测值数据形成的格网电离层延迟估计值与另一路观测值数据的残差统计得到的，即利用参考站的一路数据计算格网电离层延迟改正数，利用另一路数据进行改正误差的验证，从而得到更加准确的 GIVE。下面介绍计算过程。

（1）利用穿刺点周围相邻格网点处的垂直延迟，内插计算穿刺点处的电离层延迟 $\hat{I}_{\mathrm{IPP}}(t)$：

$$\hat{I}_{\mathrm{IPP}}(t) = \frac{\sum_{i=1}^{4} W_i(x_{\mathrm{pp}}, y_{\mathrm{pp}}) \cdot \mathrm{IGP}_{\mathrm{iono}}^{i}}{F(z)} \tag{4-126}$$

式中，x_{pp}、y_{pp} 分别为穿刺点相对于左下角格网点的相对经度和相对纬度；$\mathrm{IGP}_{\mathrm{iono}}^{i}$ 为第 i 个格网点处的电离层垂直延迟；$F(z)$ 为倾斜因子；$W_i(x_{\mathrm{pp}}, y_{\mathrm{pp}})$ 为穿刺点周围 4 个格网点的加权值，有

$$\begin{cases} W_1(x,y) = xy \\ W_2(x,y) = (1-x)y \\ W_3(x,y) = (1-x)(1-y) \\ W_4(x,y) = x(1-y) \end{cases} \tag{4-127}$$

（2）设穿刺点处的双频电离层延迟为 $I_{\mathrm{IPP}}(t)$，可得到该穿刺点处的格网电离层内插延迟与双频电离层延迟的差 $e_{\mathrm{IPP}}(t)$：

$$e_{\mathrm{IPP}}(t) = I_{\mathrm{IPP}}(t) - \hat{I}_{\mathrm{IPP}}(t) \tag{4-128}$$

在一个更新时间间隔内，利用 m 个 $e_{\mathrm{IPP}}(t)$ 构成一个误差序列，统计得到其误差限值 E_{IPP}：

$$E_{\mathrm{IPP}} = \left| \bar{e}_{\mathrm{IPP}} \right| + \kappa(\mathrm{Pr})\sigma_e \tag{4-129}$$

式中，$\left| \bar{e}_{\mathrm{IPP}} \right| = \dfrac{1}{m}\sum_{k=1}^{m} e_{\mathrm{IPP}}(t_k)$；$\sigma_e = \sqrt{\dfrac{1}{m-1}\sum_{k=1}^{m}[e_{\mathrm{IPP}}(t_k) - \bar{e}_{\mathrm{IPP}}]^2}$；$\kappa(\mathrm{Pr})$ 为概率 99.9% 所对应的置信分位数。

（3）计算格网点电离层延迟的绝对误差 $\hat{e}_{\mathrm{IGP}}$：

$$\hat{e}_{\mathrm{IGP}} = \frac{\sum_{j=1}^{n} W_j \left| e_{\mathrm{IPP}} \right|}{\sum_{i=1}^{n} W_i} \tag{4-130}$$

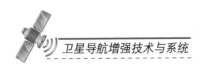

设每个格网点周围都有若干个穿刺点电离层误差时间序列，对这些误差时间序列进行统计并选取最大的误差，可得到该格网点垂直延迟改正精度 GIVE：

$$GIVE = \max\{E_{IPP,i}\} + \hat{e}_{IGP} \qquad (4\text{-}131)$$

式中，$\max\{E_{IPP,i}\}$ 为所有穿刺点误差的最大值；$\hat{e}_{IGP}$ 为格网电离层延迟绝对误差。

4.5.2 卫星自主完好性计算方法

1. 星上时频稳定性监测

星上时频稳定性监测利用了频综系统的无故障相位数据符合无偏高斯估计，以及有故障相位数据符合有偏高斯分布的特点。当选取合适的参数时，两个概率密度函数有明显区别。星上时频稳定性监测的参数包括虚警率、检测门限、漏警率、检测概率、保护级和告警门限。检测门限的取值对完好性监测具有重要影响。检测门限过大会导致一些较小的误差无法被监测到，过小则会导致误判。

2. 导航信号畸变检测

导航信号畸变检测主要是对伪码测距信号健康状态进行检测。伪码信号的任何畸变都会影响测距性能。当卫星由于某种原因发生异常时，卫星发播信号失真会影响伪距测量准确度。通过对自相关峰特性的监测，可以判断卫星信号是否失真或卫星是否发生了故障，从而及时告警以降低因卫星故障导致的定位误差所带来的危险性。目前，卫星信号故障模型可分为数字、模拟和混合三类[44-45]。

1）数字故障模型

数字故障模型与模拟子系统无关，并使相关峰出现平顶效应，相当于使相关峰发生了移动或延迟。该模型的超前延迟值建议为 C/A 码片宽度的±12%，因为更大值所产生的波形很容易被相关器信号质量检测器检测到。

2）模拟故障模型

模拟故障模型使用两个参数将振荡信号描述为二阶阻尼响应，该二阶阻尼响应在左半平面存在一对复共轭极点 $\sigma \pm j2\pi f_d$，其中，f_d 为阻尼振荡频率（单

位：MHz），σ 为衰减因子。码片的转换点可以认为是这种二阶系统的单位步进响应，即

$$e(t) = \begin{cases} 0, & t \leqslant 0 \\ 1 - \exp(-\sigma t)\left[\cos(2\pi f_d t) + \dfrac{\sigma}{2\pi f_d}\sin(2\pi f_d t)\right], & t > 0 \end{cases} \quad (4\text{-}132)$$

3）混合故障模型

混合故障模型是基于数字和模拟两种故障模型进行设计的，可反映平顶效应、不对称现象和伪相关峰现象。混合故障模型为

$$e(t - \Delta) = 1 - \exp[-\sigma(t - \Delta)]\left\{\cos[\omega_d(t - \Delta)] + \frac{\sigma}{\omega_d}\sin[\omega_d(t - \Delta)]\right\} \quad (4\text{-}133)$$

对于信号畸变，需要利用多种卫星信号质量监测（SQM）方法进行检测，主要有基于伪距差的 SQM 算法和基于相关值的 SQM 算法。基于伪距差的 SQM 算法主要利用多个相关器对（具有不同的相关器间隔 D）独立地进行跟踪，则一个接收机会产生多个伪值测量值，通过伪距差来进行相关峰的对称性校验。对于基于相关值的 SQM 算法，当一个通道内有多个相关器对时，每个通道中只有一个相关器对进行 0 相位跟踪，其他相关器对固定地排在该相关器对两边，它们只进行相关值计算，而不实现跟踪功能。

3. 功率异常检测

测量射频功率异常可利用数字基带检波方法进行检测，其输入量为射频耦合信号，中间量为信噪比，输出量为功率异常检测结果。

星载监测接收机采集卫星导航信号，通过 A/D 变换转化成数字信号，在 FPGA 或 DSP 中通过数字信号处理计算出接收导航信号的信号功率。

在信息解调时，样本取自相关器的即时支路。在比特同步后，将一个比特内的所有样本累加，然后做出判决。

4. 载波与伪码相位一致性检测

载波与伪码相位一致性检测有载波与伪码滑动检测方法和伪码与载波相位差检测方法。

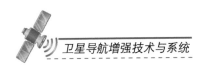

1）载波与伪码滑动检测方法

利用星载监测接收机自主监测导航卫星的信号质量，需要解决的关键问题是能够对星载接收机钟的频率进行准确的建模。星载监测接收机钟的频率为

$$f_{\text{Rcvr}} = f_{\text{Des}} + \Delta f_{\text{Rcvr}} \qquad (4\text{-}134)$$

式中，Δf_{Rcvr} 为星载监测接收机的频率偏移；f_{Des} 为星载监测接收机期望的钟频率。

接收机估计的系统时间可以表示为

$$T_{\text{Rcvr}}(t) = \frac{f_{\text{Rcvr}}}{f_{\text{Des}}} t + T_{\text{Start}} = \left(1 + \frac{\Delta f_{\text{Rcvr}}}{f_{\text{Des}}}\right) t + T_{\text{Start}} \qquad (4\text{-}135)$$

式中，T_{Start} 为初始的系统时间（s）；Δf_{Rcvr} 相当于一个常量。

接收机钟的估计误差为

$$T_{\text{err}}(t) = T_{\text{Sys}} - T_{\text{Rcvr}} = \frac{\Delta f_{\text{Rcvr}}}{f_{\text{Des}}} t + T_{\text{init}} \qquad (4\text{-}136)$$

式中，T_{init} 为包含导航电文路径时的时间。

接收端伪距误差为

$$D(t) = \frac{\Delta f_{\text{Rcvr}}}{f_{\text{Des}}} tc + T_{\text{init}} c \qquad (4\text{-}137)$$

式中，$\dfrac{\Delta f_{\text{Rcvr}}}{f_{\text{Des}}} tc$ 和 $T_{\text{init}} c$ 随时间的变化量都不大，而且前者在伪距测量中起主要作用。

因为对于固定的用户，伪距是一个常量，因此可以通过校正计算来去除用户钟偏移。可利用最小二乘方法计算接收机钟的偏移量，然后去除偏移量，实现接收机钟的校正。求出载波相位和伪码相位的差，在正常情况下应该很小；如果较大，则判断伪码相位和载波相位出现滑变。

2）伪码与载波相位差检测方法

伪码与载波相位差检测通过检测伪码相位和载波相位来实现。伪码相位的测量可以利用导航信号质量检测中延迟畸变检测得到的值减去通道延迟值，即为伪码相位。载波相位是指本地载波相位与发射载波相位的差，载波相位的测量可以利用乘法器提取相位差来实现。

记接收信号为

$$u_i(t) = D(t)\sin(\omega_i t + \varphi_i) \tag{4-138}$$

记本地载波为（假定振幅为 1）

$$u_{os} = \sin(\omega_o t + \varphi_o)$$
$$u_{oc} = \cos(\omega_o t + \varphi_o) \tag{4-139}$$

经混频后得到

$$\begin{cases} u_1(t) = D(t)\sin(\omega_i t + \varphi_i)\sin(\omega_o t + \varphi_o) \\ \quad = \dfrac{1}{2}D(t)[\cos(\omega_i t - \omega_o t + \varphi_i - \varphi_o) - \cos(\omega_i t + \omega_o t + \varphi_i + \varphi_o)] \\ u_2(t) = D(t)\sin(\omega_i t + \varphi_i)\cos(\omega_o t + \varphi_o) \\ \quad = \dfrac{1}{2}D(t)[\sin(\omega_i t + \omega_o t + \varphi_i + \varphi_o) + \sin(\omega_i t - \omega_o t + \varphi_i - \varphi_o)] \end{cases} \tag{4-140}$$

经低通滤波后得到

$$\begin{cases} u_3 = \dfrac{1}{2}D(t)\cos\varphi \\ u_4 = \dfrac{1}{2}D(t)\sin\varphi \end{cases} \tag{4-141}$$

经伪码剥离后得到

$$\begin{cases} u_5 = \dfrac{1}{2}\cos\varphi \\ u_6 = \dfrac{1}{2}\sin\varphi \end{cases} \tag{4-142}$$

式中，$\varphi = (\omega_i - \omega_o)t + \varphi_i - \varphi_o$。

求出的载波相位和伪码相位的差，应在很小的范围内；如果较大，则判断伪码相位和载波相位出现滑变。

5. 导航数据正确性检测

星载监测接收机首先对卫星导航信号原始数据进行解调，然后进行电文完

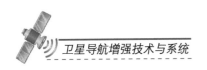

好性监测，主要包括两种方式：一是利用电文自身的冗余校验码进行检测；二是通过将监测接收机接收解调的数据和卫星导航处理模块送来的原始导航数据进行比对，实现电文数据的正确性检测。

当系统采用星间链路时，也可基于星间链路数据进行卫星轨道和卫星钟慢漂累积误差的完好性监测。其中，星间链路监测所用的数据包括星间测距信息、前期估计 SISA、广播星历（包括各待监测卫星，以及与各待监测卫星有星间测距关系的卫星的广播星历）。星间链路监测得到的输出数据为电文的告警标识。

假定 A 星为待监测卫星，B 星与 A 星具有星间链路测距关系，则在卫星链路测距周期中，A 星利用星间链路可获得 B 星的星间测距信息，同时还可获得 B 星的广播星历，即

$$\rho_{AB} = r_{AB} + \eta_{AB} + \Delta t_{AB} + \varepsilon_{AB} \tag{4-143}$$

式中，ρ_{AB} 为星间测距信息；r_{AB} 为星历距离；η_{AB} 为轨道误差；Δt_{AB} 为星间钟差；ε_{AB} 为测距噪声。则测距残差为

$$\rho_{AB} - r_{AB} = \eta_{AB} + \Delta t_{AB} + \varepsilon_{AB} \tag{4-144}$$

在每个循环检测的周期中，由于 A 星可以与多颗卫星建立星间测距关系，因此 A 星与这些卫星重复进行上述处理，可得到多个测距残差。先利用前期 20 个测距残差进行周期平滑（平滑周期为 90 s），然后利用平滑结果对最新测矩残差进行检测。当发现某个残差超限时，由于无法确定是 A 星，还是 B 星的故障，理论上至少需要再进行两次星间测距，才能辨别出故障卫星。最后，进行对 A 星的卫星轨道和卫星钟慢漂累积误差的监测，并与前期估计 SISA 进行比较，形成电文的告警标识。

本章参考文献

[1] 郭树人, 刘成, 高为广, 等. 卫星导航增强系统建设与发展 [J]. 全球定位系统, 2019, 44(2): 1-12.

[2] HATCH R. The synergism of GPS code and carrier measurements[C]// Proceedings of the International geodetic symposium on satellite doppler positioning, 1983.

[3] TEUNISSEN P. The GPS phase-adjusted pseudorange[C]// Proceedings of the 2nd international workshop on high precision navigation Stuttgart/Freudenstadt, 1991: 115-125.

[4] LANDAU H, VOLLATH U, CHEN X. Virtual reference stations versus broadcast solutions in network RTK-advantages and limitations[C]// Proceedings of GNSS, 2003: 22-25.

[5] WüBBENA G, BAGGE A. RTCM Message Type 59-FKP for transmission of FKP [EB/OL]. (1999-01)[2022-07-03]. 来源于 Geo++官网.

[6] WüBBENA G, BAGGE A. RTCM Message Type 59-FKP for transmission of FKP(Version 1.1) [EB/OL]. (1999-01)[2022-07-03]. 来源于 Geo++官网.

[7] EULER H J, KEENAN R, ZEBHAUSER B, et al. Study of a simplified approach in utilizing information from permanent reference station arrays [C]// Proceedings of the 14th International Technical Meeting of the Satellite Devision of the Institute of Navigation(ION GPS), 2001: 379-391.

[8] GEOSYSTEMS L. Take it to the MAX! — an introduction to the philosophy and technology behind Leica Geosystems' Spider NET revolutionary Network RTK software and algorithms [EB/OL]. (2005-06)[2022-07-03]. 来源于 Leica 官网.

[9] SPILKER JR J J, AXELRAD P, PARKINSON B W, et al. Global positioning system: theory and applications, volume I [M]. USA: American Institute of Aeronautics and Astronautics, 1996.

[10] KEE C, PARKINSON B W, AXELRAD P. Wide area differential GPS [J]. Navigation, 1991, 38(2): 123-145.

[11] KEE C. Wide Area Differential GPS (WADGPS) [D]. Palo Alto: Stanford University, 1993.

[12] ENGE P, WALTER, et al. Wide area augmentation of the Global Positioning System [J]. IEEE, 1996, 84(8): 1063-1088.

[13] TSAI Y-J. Wide-area differential operation of the Global Positioning System: Ephemeris and clock algorithms [D]. Palo Alto: Stanford University, 1999.

[14] KLOBUCHAR J A. Ionospheric time-delay algorithm for single-frequency GPS users [J]. IEEE Transactions on aerospace and electronic systems, 1987(3): 325-331.

[15] WILD U. Ionosphere and geodetic satellite systems: permanent GPS tracking data for modelling and monitoring [J]. Geodatisch-geophysikalische Arbeiten in der Schweiz, 1994: 48.

[16] KOMJATHY A. Global ionospheric total electron content mapping using the Global Positioning System [D]. Fredericton: Univercity of New Brunswick, 1997.

[17] 常青, 张东和, 肖佐, 等. GPS 系统硬件延迟修正方法 [J]. 科学通报, 2000(15): 1676-1680.

[18] 章红平. 基于地基 GPS 的中国区域电离层监测与延迟改正研究 [D]. 上海：中国科学院研究生院（上海天文台）, 2006.

[19] 袁运斌. 基于 GPS 的电离层监测及延迟改正理论与方法的研究 [D]. 北京：中国科学院

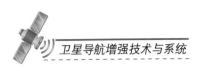
研究生院（测量与地球物理研究所），2002.

[20] SCHAER S, BEUTLER G, MERVART L, et al. Global and regional ionosphere models using the GPS double difference phase observable[C]// Proceedings of the IGS Workshop, 1996 .

[21] CHAO Y-C. Real time implementation of the Wide Area Augmentation System for the Global Positioning System with an emphasis on ionospheric modeling[D]. Pato Alto: Stand ford University, 1997.

[22] WILSON B D, MANNUCCI A J. Instrumental biases in ionospheric measurement derived from GPS data [C]// Proceedings of IONGPS, 1993.

[23] KOMJATHY A, SPARKS L, MANNUCCI A J, et al. An assessment of the current WAAS ionospheric correction algorithm in the south American region [J]. Navigation, 2003, 50(3): 193-204.

[24] 耿长江. 利用地基 GNSS 数据实时监测电离层延迟理论与方法研究[D]. 武汉：武汉大学, 2011.

[25] AMERIAN Y, HOSSAINALI M M, VOOSOGHI B. Regional improvement of IRI extracted ionospheric electron density by compactly supported base functions using GPS observations [J]. Journal of Atmospheric and Solar-Terrestrial Physics, 2013(92): 23-30.

[26] KONG J, YAO Y, LIU L, et al. A new computerized ionosphere tomography model using the mapping function and an application to the study of seismic-ionosphere disturbance [J]. Journal of Geodesy, 2016, 90(8): 741-755.

[27] RIUS A, RUFFINI G, CUCURULL L. Improving the vertical resolution of ionospheric tomography with GPS occultations [J]. Geophysical Research Letters, 1997, 24(18): 2291-2294.

[28] MA X, MARUYAMA T, MA G, et al. Three‐dimensional ionospheric tomography using observation data of GPS ground receivers and ionosonde by neural network [J]. Journal of Geophysical Research: Space Physics, 2005 (110) : A05308.

[29] WEN D, YUAN Y, OU J, et al. Three-dimensional ionospheric tomography by an improved algebraic reconstruction technique [J]. Gps Solutions, 2007, 11(4): 251-258.

[30] 李慧. 基于 GNSS 的三维电离层层析反演算法研究[D]. 北京：中国科学院大学, 2012.

[31] 楼益栋. 导航卫星实时精密轨道与钟差确定[D]. 武汉：武汉大学, 2008.

[32] ZUMBERGE J, HEFLIN M, JEFFERSON D, et al. Precise point positioning for the efficient and robust analysis of GPS data from large networks [J]. Journal of geophysical research: solid earth, 1997, 102(B3): 5005-5017.

[33] XIE G, PULLEN S, LUO M, et al. Integrity design and updated test results for the Stanford LAAS integrity monitor testbed[C]// Proceedings of the 57th Annual Meeting of The Institute of Navigation, 2001: 681-693.

[34] LEE J, PULLEN S, DATTA-BARUA S, et al. Real-time ionospheric threat adaptation using a space weather prediction for GNSS-based aircraft landing systems [J]. IEEE Transactions on Intelligent Transportation Systems, 2016, 18(7): 1752-1761.

[35] 冯杰. 地基增强系统质量监测算法的设计与应用[D]. 西安：西北大学, 2019.

[36] XIE G. Optimal on-airport monitoring of the integrity of GPS-based landing systems [D]. Palo Alto: Stanford University, 2004.

[37] HU J, SUN Q, SHI X. Multiple reference consistency check algorithm in GBAS based on S-values auxiliary[C]// the 37th Chinese Control Conference (CCC), 2018.

[38] LEE J, PULLEN S, ENGE P. Sigma-mean monitoring for the local area augmentation of GPS [J]. IEEE transactions on aerospace and electronic systems, 2006, 42(2): 625-635.

[39] PULLEN S, LUO M, GLEASON S, et al. GBAS validation methodology and test results from the Stanford LAAS integrity monitor testbed[C]// Proceedings of the 13th International Technical Meeting of the Satellite Division of The Institute of Navigation, 2000.

[40] 牛飞. GNSS 完好性增强理论与方法研究[D]. 郑州：解放军战略支援部队信息工程大学, 2008.

[41] 张也. 论 GBAS 技术在中国民航的应用[J]. 数字技术与应用, 2019, 37(9): 63-65,67.

[42] PANEL G. GNSS Evolutionary Architecture Study (GEAS) Phase Ⅱ Panel Report [J]. US: FAA, 2010: 10-12.

[43] 邵博. 混合星座导航系统的用户差分距离误差完好性关键技术研究[D]. 北京：北京航空航天大学, 2012.

[44] HANSEN A J. Real-time ionospheric tomography using terrestrial GPS sensors[C]// Proceedings of the 11th international technical meeting of the satellite division of the institute of navigation, 1998.

[45] HERNáNDEZ-PAJARES M, JUAN J, SANZ J. New approaches in global ionospheric determination using ground GPS data [J]. Journal of Atmospheric and Solar-Terrestrial Physics, 1999, 61(16): 1237-1247.

第5章 卫星导航增强系统关键技术

卫星导航增强系统通过精度和完好性增强技术等提升卫星导航系统的性能，保障导航、定位、授时服务性能。精度增强采用差分技术，减少各类误差的影响，提高导航、定位、授时结果的精确程度。完好性增强采用完好性监测方法实时监测，当卫星导航系统出现异常、故障或精度不能满足要求时，及时向用户告警。依据精度、完好性增强技术和用户需求，卫星导航增强系统一般由 GNSS 卫星和 GEO 卫星、地面监测站、数据处理中心和数据链路组成，形成对卫星导航定位基本系统的增强能力。本章围绕卫星导航增强系统研制和建设中的关键问题与技术体系，首先梳理卫星导航增强系统的需求分析与指标体系，以此为牵引，详细阐述增强系统的组成与功能，讨论监测站建设、增强系统信息处理、播发链路、电文格式与协议，以及信号与电文认证等关键技术。

5.1 需求分析与指标体系

高精度和高完好性已成为卫星导航增强技术发展的两大主要方向。其中，精度增强的主要目的是在卫星导航系统提供的米级基本导航定位授时服务的基础上，进一步满足分米、厘米，甚至毫米级的高精度用户需求，主要面向国土测绘、精准农业、海洋勘探等领域；完好性增强的主要目的则是在系统出现故障或异常时及时向用户告警，主要面向民航、海事、铁路等领域，如图 5-1 所示。

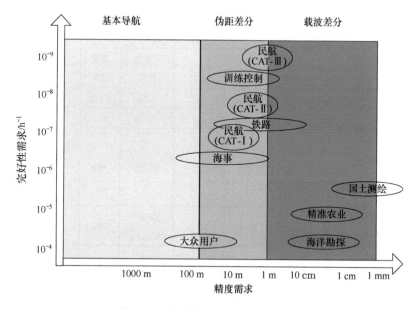

图 5-1　卫星导航精度与完好性需求

在精度增强方面，用户对卫星导航服务精度呈现不同层次的需求。其中，第一层次的需求为 10～20 m（10 米级），主要应用领域为远洋航行、海上运输等，一般利用现有基本导航系统即可满足，不需要进行外部增强。第二层次的需求为 1～10 m（米级），主要应用于交通运输领域，如航空导航进近阶段、车辆导航与监测等，是目前所占比重最大的应用领域，占用户终端总数的 50% 以上。这一层次的应用一般需要基于伪距观测值的广域差分与完好性增强或局域差分与完好性增强的支持。第三层次的需求为 0.1～1 m（分米级），主要应用领域是地理信息采集、数字化城市规划等，导航定位的精度可采用基于载波相位观测值的高精度广域差分增强来实现。第四层次的需求为 0.01～0.1 m（厘米级），主要应用领域是精密工程测量、航空摄影测量、地形监测等，需采用基于载波相位观测值的局域差分增强技术来实现。

在完好性方面，基于安全性要求高的特点，民航应用是导航完好性概念发展过程中的主要推动力，使完好性增强技术得以迅速发展。在长期发展和实践过程中，国际民航组织（ICAO）对卫星导航系统的性能提出了细致全面的指标体系和严格规范的量化要求，主要包括精度、完好性、连续性风险和可用性等四个方面，见表 5-1。

表 5-1　ICAO 对卫星导航的性能需求

飞行阶段	精度（95%）		完好性				连续性风险	可用性
			告警门限		完好性风险	告警时间		
	水平	垂直	水平	垂直				
航路	3.7 km	无	7.4 km	无	10^{-7}/h	5 min	$10^{-4}\sim10^{-8}$/h	0.99~0.99999
航路、终端	0.74 km	无	3.7 km	无	10^{-7}/h	15 s		
初始进近、中段进近、非精密进近（NPA）、离场	220 m	无	556 m	无	10^{-7}/h	10 s		
I 类垂直引导进近（APV-I）	16 m	20 m	40 m	50 m	2×10^{-7}每次进近	10 s	8×10^{-6}/(15 s)	
II 类垂直引导进近（APV-II）	16 m	8 m	40 m	20 m	2×10^{-7}每次进近	6 s		
I 类精密进近（CAT-I）	16 m	6~4 m	40 m	15~10 m	2×10^{-7}每次进近	6 s		
II 类精密进近（CAT-II）、III 类精密进近 a 阶段（CAT-IIIa）	5 m	2.9 m	17 m	10 m	垂直：10^{-9}/(15 s)	2 s	4×10^{-6}/(15 s)	
III 类精密进近 b 阶段（CAT-IIIb）	5 m	2.9 m	17 m	10 m	水平：10^{-9}/(30 s)		垂直：2×10^{-6}/(15 s) 水平：2×10^{-6}/(30 s)	

　　需求分析和指标体系论证是增强系统建设的前提工作。在设计和建设一个增强系统之前，首先要明确它究竟需要满足哪些用户、哪些功能和性能的需求，以需求为牵引，确定设计的增强系统性能目标。在此基础上，提出、分解和论证其主要性能指标体系，指导和约束增强系统建设工作。

5.1.1　增强系统需求分析

　　需求分析是增强系统建设最基础的输入，决定了增强系统指标体系如何构建、增强系统如何建设。从总体上讲，需求分析就是对接用户要求、相关技术现状及发展趋势、初步验证、需求确认等迭代闭环确认的过程，同时顾及经费投入、人员投入等约束条件，实现需求与技术、投入的综合平衡。增强系统需求分析流程如图 5-2 所示。

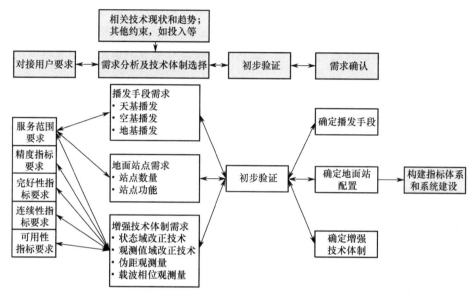

图 5-2 增强系统需求分析流程

（1）对接要求：对接用户关于增强系统建设的考虑和要求，重点关注用户群及其使用条件，服务范围、精度指标、完好性指标、连续性指标、可用性指标等要求。

（2）需求分析及技术体制选择：针对用户要求，结合增强技术和增强系统发展现状和趋势，选择播发手段、地面站点数量和功能、增强技术体制等增强系统建设的重点内容。

（3）初步验证：结合需求和选择的技术体制，进行初步闭环验证，判断是否满足用户需求。

（4）需求确认：经步骤（1）～（3）闭环迭代验证后，最终确认用户需求，确定增强系统建设相关的播发手段、地面站配置和增强技术体制等重点内容，支撑增强系统指标体系构建和系统建设。

5.1.2 精度指标分解

导航系统定位精度可分解为对用户等效测距误差（UERE）的要求。对

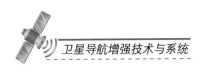

于采用测量域改正的增强系统，一般基于基准站与用户站的几何相关性，通过播发距离测量值误差改正数或由用户构建双差组合观测值的方式，实现对UERE的整体改正。对于采用状态域改正的增强系统，一般通过系统播发的卫星轨道和钟差改正数对 URE 进行改正，通过系统播发的格网电离层改正模型对用户电离层延迟进行改正，或由用户构建双频观测值组合消除电离层延迟影响。

在已知 UERE 均方误差 σ_{UERE}、用户位置精度因子 PDOP 及置信概率 P_{r} 的情况下，用户导航误差 UNE 可进一步分解为水平导航误差 HNE 和垂直导航误差 VNE，UNE、HNE 及 VNE 的计算方法见 2.1.1 节。在给定系统 HNE 和 VNE 指标要求的情况下，水平 UERE 均方误差 $\sigma_{\mathrm{UERE}_{\mathrm{H}}}$ 和垂直 UERE 均方误差 $\sigma_{\mathrm{UERE}_{\mathrm{V}}}$ 分别满足

$$\sigma_{\mathrm{UERE}_{\mathrm{H}}} = \frac{\mathrm{HNE}}{\mathrm{HDOP} \times kP_{\mathrm{r}}} \tag{5-1}$$

$$\sigma_{\mathrm{UERE}_{\mathrm{V}}} = \frac{\mathrm{VNE}}{\mathrm{VDOP} \times kP_{\mathrm{r}}} \tag{5-2}$$

并且，由于 σ_{UERE} 要确保同时满足 $\sigma_{\mathrm{UERE}_{\mathrm{H}}}$ 和 $\sigma_{\mathrm{UERE}_{\mathrm{V}}}$ 的限制要求，因此有

$$\sigma_{\mathrm{UERE}} = \min\{\sigma_{\mathrm{UERE}_{\mathrm{H}}}, \sigma_{\mathrm{UERE}_{\mathrm{V}}}\} \tag{5-3}$$

以北斗三号系统服务为例，对 RNSS、SBAS 和 PPP 服务进行仿真计算和精度指标分解。北斗三号系统标称空间星座由 3 颗 GEO 卫星、3 颗 IGSO 卫星和 24 颗 MEO 卫星组成，取高度截止角为 10°，北斗三号星座 DOP 值的仿真结果见表 5-2。

表 5-2　北斗三号星座 DOP 值的仿真结果

HDOP			VDOP		
最小值	最大值	平均值	最小值	最大值	平均值
0.9	2.6	2.0	1.8	3.2	2.5

根据《北斗卫星导航系统应用服务体系（1.0 版）》，北斗 RNSS 的精度指标为水平≤9 m、垂直≤12 m（均为 95%），PPP 服务的精度指标为水平≤0.3 m、垂直≤0.6 m（均为 95%）。另外，假定北斗 SBAS（BDSBAS）单频服务（SF）的精度指标为水平≤2.5 m、垂直≤4 m（均为 95%），则根据式（5-1）～

式（5-3），可分别计算得到三类服务的 UERE 指标，进一步分解为 SISRE、UIE 和 UEE 的指标，见表 5-3。其中，对 SBAS 和 PPP 服务而言，是指经卫星轨道改正数、卫星钟差改正数、格网电离层改正数（SF SBAS 具有）等修正后的 UERE 指标。

表 5-3　北斗三号不同服务的 UERE 指标　　　　单位：m

指　标	RNSS	SF SBAS	PPP
σ_{UERE_H}（95%）	2.56	0.64	0.08
σ_{UERE_V}（95%）	3.28	0.82	0.1
σ_{UERE}（95%）	2.56	0.64	0.08
σ_{SISRE}（95%）	1	0.25	0.05
σ_{UIE}（95%）	2	0.5	—①
σ_{UEE}（95%）	1.2	0.3	0.06

注：①在通常情况下，北斗 PPP 服务使用双频载波组合观测值，可基本消除电离层延迟的影响。

表 5-3 中的 σ_{SISRE} 指标还可进一步分解为卫星轨道改正数和卫星钟差改正数精度要求，见表 5-4。

表 5-4　SISRE 指标分解

指　标	RNSS	SF SBAS	PPP
轨道改正数精度（95%）/m	0.8	0.2	0.03
钟差改正数精度（95%）/ns	1.8	0.45	0.13

5.1.3　完好性指标分解

1. 完好性概念

根据国际民航组织国际标准与建议措施文件（SARPs）中的定义，完好性代表一个系统检测故障和告警的能力。并且，为了能够进行更详细和准确的评估，SARPs 将完好性风险概率进一步细分为卫星服务故障概率（记为 P_{sat}）和星座服务故障概率（记为 P_{const}）。其中，卫星服务故障是指任意一颗卫星的用户距离误差 URE 超过 NTE 值，却不能在承诺时间内实现告警的情况。这种类型的故障只会影响卫星自身，而不会影响其他卫星。星座服务故障是指超过两颗卫星的 URE 同时超过 NTE 值，在承诺时间内无法实现告警的情况，说明系统发生了某种普遍性故障。

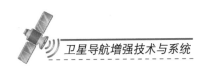

ICAO 允许各 GNSS 根据自身实际情况开发和制定完好性技术内容。SARPs 中各 GNSS 的完好性风险概率指标见表 5-5[1-2]。

表 5-5　SARPs 中各 GNSS 的完好性风险概率指标

指　标		GPS	GNLOASS	GALILEO	BDS
P_{sat}	误差容限	URE > 4.42 IAURA	URE > 70 m	URE > 4.17 URA K = 4.17	B1I: URE > 4.17 URA; B1C/B2a: URE > 4.42 SISA
	告警时间/s	10	10	—	地面监测告警：6; 卫星监测告警：6/300
	风险概率	≤ 10^{-5}	≤ 10^{-4}	≤ 3×10^{-5}	≤ 10^{-5}
P_{const}	误差容限	URE > 4.42 IAURA	URE > 70 m	URE > 4.17 URA K = 4.17	B1I: URE > 4.17 URA; B1C/B2a: URE > 4.42 SISA
	告警时间/s	10	10	—	地面监测告警：6; 卫星监测告警：6/300
	风险概率	10^{-8}	10^{-4}	≤ 2×10^{-5}	≤ 6×10^{-5}

从表 5-5 中可以看出，各 GNSS 的完好性功能设计具有差异性。GPS 具有全球地面监测和注入能力，出现服务异常时可以实时告警。具体来说，GPS 的告警方式有几种，包括使用消息中的健康状态指示器，将卫星伪随机噪声（PRN）码设置为 "37"，或者广播非标准的 PRN 码。GLONASS 通过消息中的健康状态指示器向用户指示系统的运行状态。GALILEO 通过电文消息中的 HS、DVS、SISA 等参数为用户提供完好性信息。此外，当消息的数据龄期（IOD）超过 4 h 时，也表明卫星广播电文处于不健康状态。BDS 具有地面完好性监测和卫星自主完好性监测（SAIM）两种途径。其中，地面完好性监测方式通过广播电文中的 HS、SIF、DIF、SISA 等参数为用户提供完好性信息；SAIM 可以通过消息参数或非标准的 PRN 码为用户提供完好性信息。此外，GPS、GALILEO、BDS 的 NTE 值作为消息参数向用户动态广播，而 GLONASS 的 NTE 值则固定为 70 m。

2. 完好性风险概率分解

风险树是表达特定故障条件与导致该条件的原因或故障之间的逻辑关系的图形模型，它是航空航天工业中故障树分析的一种方法[2]。

北斗卫星 SIS 完好性故障可能来自空间段或地面段，如图 5-3 所示[3]。空间段故障的底部事件包括卫星钟异常、卫星信号和数据异常（具体包括发射功率异常、报文数据异常、码载不一致、信号失真等）。地面段故障的底部事件包括卫星轨道处理异常、卫星钟处理异常、星历拟合异常、数据输入异常、轨道时间同步处理设备异常、监测站（Monitoring Station, MS）数据异常（MS 与 MCS 之间的传输链路故障）、报文上传异常（包括控制指令故障和配置故障导致的上传失败）。

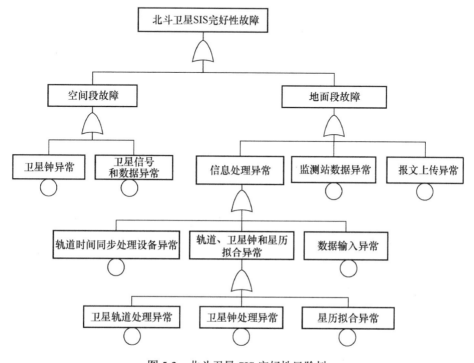

图 5-3 北斗卫星 SIS 完好性风险树

图 5-3 中共有 9 个底部事件，其中空间段 2 个，地面段 7 个。顶部事件的发生概率 P_{sat} 是已知的，每个底部事件的发生都可能导致顶部事件的发生。它们之间的关系是一个简单的概率加法，即

$$P_{sat} = \sum_{i=1}^{9} P_{event_i} \qquad (5\text{-}4)$$

式中，$P_{event_i} (i=1,2,\cdots,9)$ 为完好性风险树中各底部事件的发生概率。

基于上述底部事件，可以构建完好性风险树，系统地分析和评估卫星服务故障概率，包括 P_{sat} 和 P_{const}。

3. 完好性告警方法

这里以北斗三号系统为例，介绍完好性告警方法。北斗三号系统采用基于

地面监测告警和卫星监测告警的混合完好性告警机制，可以有效弥补系统无法部署全球地面监测站的局限性。

1）地面监测告警

地面监测告警通过北斗地面段设施监测卫星 SIS 信号质量和 URE。当检测到故障时，通过广播电文中的完好性参数告知用户卫星 SIS 健康状态。地面监测告警机制设计的 TTA 优于 60 s，延迟主要来自数据传输、信息处理、消息更新等环节。对于 B1I 信号及全球系统 B1C、B2a 信号，BDS 具有不同的完好性参数设计和告警机制。

B1I 信号利用北斗卫星 D1 导航电文中广播的"自主卫星健康标志（SatH1）"参数来指示卫星 SIS 健康状态。其中，SatH1=0 表示卫星 SIS 可用；SatH1=1 表示卫星 SIS 不可用，即 URE > 4.17 URA，如表 5-6 所示[4-5]。

表 5-6　B1I SIS 健康状态标识

卫星 SIS 健康状态	SatH1
可用	0
不可用	1

相比之下，B1C 和 B2a 信号使用"卫星健康状态（HS）"参数指示卫星健康状态，使用"信号完整性标志（SIF）"参数指示卫星 SIS 健康状态。此外，B1C 和 B2a 信号使用"数据完整性标志（DIF）"参数指示卫星 SIS 精度（SISA）。这主要是考虑到航空和非航空用户对卫星测距误差的敏感性和容忍度的差异。B1C 和 B2a 信号的完整性参数分别在北斗 B-CNAV1 和 B-CNAV2 导航电文的子帧 3 中广播。由于 B-CNAV2 更新频率较高，因此北斗系统建议 B1C/B2a 双频用户使用 B-CNAV2 广播的完整性参数。

根据上述完好性参数设计，B1C 和 B2a 信号可能处于表 5-7 中的三种不同状态，其含义如下。

（1）健康：卫星 SIS 满足《北斗卫星导航系统公开服务性能规范》中规定的性能要求。

（2）不健康：卫星 SIS 未提供服务或正处于测试状态。

（3）边缘：信号整体状态健康，但测距误差存在超差的可能性；对某些类型的用户来说，这是可以接受和容忍的，但对于其他类型的用户则不然。

表 5-7　B1C/B2a SIS 健康状态标识

卫星 SIS 健康状态	标　识		
	HS	SIF	DIF
健康	0	0	0
边缘	0	0	1
	2/3	0	0
不健康	任意值	1	0/1
	1	0/1	0/1

具体地，B1C 和 B2a 信号的完好性状态判定过程如下。

步骤 1：根据电文消息中的 HS 参数确认卫星是否健康。如果 HS=1，则表明卫星当前不健康，用户应停止使用该卫星；如果 HS = 0，则表明卫星当前是健康的，转入步骤 2。

步骤 2：根据电文消息中的 SIF 参数，确认卫星 SIS 是否异常。如果 SIF=1，则说明卫星 SIS 有影响伪距的异常，用户应停止使用该卫星；如果 SIF=0，则说明卫星信号正常，转入步骤 3。

步骤 3：访问消息中的 DIF 参数。如果 DIF=1，则说明卫星的 SISA 超过了 NTE 值，不推荐用于生命安全领域的用户，如航空用户。但是，对卫星来说，此时只是它的 SISA 超过了极限，并不是故障。其他对安全要求不那么严格的用户（如大众消费领域的用户）仍然可以选择使用该卫星。如果 DIF=0，则说明卫星的 SISA 没有超过 NTE 值，所有用户都可以放心使用。

2）卫星监测告警

北斗系统卫星监测告警包括两种机制。一种机制是卫星向地面回传 SIS 质量监测信息，地面段确认故障后，通过星间链路（ISL）向卫星发送告警信息。根据北斗 ISL 拓扑结构和 ICAO 航路运行性能要求，告警时间（TTA）设计为 300 s。

另一种机制是卫星使用星载 SAIM 设备实时监测卫星钟、SIS 质量和 SISRE，无须地面确认。这种机制可以实现非常快的告警速度，预期的 TTA 为 6 s。采用卫星监测告警方式主要是为了弥补北斗系统无法在全球部署监测站的局限性。北斗卫星在中国定位时，系统采用地面监测告警方式；当北斗卫星位于中国境外时，主要依靠卫星监测告警方式来保证卫星的完好性。

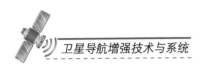

4. 完好性风险计算方法

1）B1I 信号卫星服务故障计算

对于任意时刻 t 的任意卫星，B1I SIS 的健康状态确定为

$$\text{SatH1} = 0 \ (\text{Health}) \tag{5-5}$$

式中，SatH1 是 B1I 信号的完好性状态参数。

利用精密卫星轨道产品可计算得到广播电文消息中卫星轨道切向误差（记为 ΔT）、法向误差（记为 ΔN）和径向误差（记为 ΔR），利用精密卫星钟产品可计算广播电文消息中的卫星钟差（记为 Δclk）。它们对最差用户位置（WUL）的投影可表示为[6-7]

$$\text{SISURE} = \left| (\Delta R - \Delta \text{clk}) + c_1 \text{sign}(\Delta R - \Delta \text{clk}) \sqrt{(\Delta T^2 + \Delta N^2)} \right| \tag{5-6}$$

式中，c_1 为 WUL 处的投影因子，由比值 $R_{\text{earth}} / a_{\text{satellite}}$ 近似得出，其中，R_{earth} 是地球的平均半径，$a_{\text{satellite}}$ 是 BDS 卫星轨道的半长轴。表 5-8 给出了 MEO 和 GEO/IGSO 卫星的 c_1 值。

表 5-8　不同轨道类型卫星的 c_1 值

卫 星 类 型	c_1 值
MEO	0.2285
GEO/IGSO	0.1512

B1I 信号的卫星服务故障条件由以下逻辑函数在每小时间隔内确定：

$$F_{P_{\text{sat}}, \text{B1I}} = \begin{cases} 1, & (\text{SISURE} \geqslant 4.42 \ \text{URA}, \text{无及时告警}) \ \text{和} \ (\text{SatH1} = 0) \\ 0, & \text{其他} \end{cases} \tag{5-7}$$

其中，B1I 信号的 URA 可以通过 B1I 信号的 D1 导航电文中广播的用户测距精度标识（URAI）获得。

故障需要一定的时间才能恢复和通知用户，平均通知时间（Mean Time to Notify，MTTN）（以小时为单位）可以用来表示预期的平均故障持续时间[6]。因此，一年的 P_{sat} 定义为卫星故障条件的 MTTN 持续时间与星座内所有卫星总小时数的比值，可表示为

$$P_{sat} = \frac{\sum N_{sat} \sum MTTN(F_{P_{sat},SV})}{N_{hours}N_{SV}}$$ (5-8)

式中，N_{sat} 是一年故障卫星的总数；N_{hours} 是一年的总小时数；N_{SV} 是星座中的标称卫星数（对于 BDS，在 ICAO SAPRs 中的定义为 27）。

2）B1C/B2a 信号卫星服务故障计算

对于任意时刻 t 的任意卫星，B1C/B2a SIS 健康状态为

$$HS = 0, SIF = 0, DIF = 0(Health)$$ (5-9)

式中，HS、SIF 和 DIF 为 B1C/B2a 信号的完好性状态参数。

B1C/B2a 信号的 SISRE 计算方法与 B1I 信号相同，卫星服务故障条件为

$$F_{P_{sat},B1C/B2a} = \begin{cases} 1, & SISURE \geqslant 4.42 \ SISA, 无及时告警；HS、SIF、DIF = 0 \\ 0, & 其他 \end{cases}$$ (5-10)

其中，B1C 和 B2a 信号的 SISA 可分别通过 B-CNAV1[8]和 B-CNAV2[9]导航电文中广播的 SIS 精度指数（SISAI）获得。

更具体地，SISA 可通过以下函数计算得到[8-10]：

$$SISA = \sqrt{(SISA_{oe} \times \sin 14°)^2 + SISA_{oc}^2}$$ (5-11)

式中，$SISA_{oe}$ 为与卫星高度角相关的分量；$SISA_{oc}$ 为与卫星高度角不相关的分量。类似地，B1C 和 B2a 信号的 P_{sat} 也可以利用式（5-8）计算得到。

3）星座服务故障计算

星座服务故障概率 P_{const} 通过统计得到，可表示为

$$P_{const} = \frac{N_{const}MTTN}{N_{hours}}$$ (5-12)

式中，N_{const} 表示一年中有两颗以上卫星同时发生故障的总时长。

5.1.4 连续性、可用性指标分解

1. 空间信号连续性

空间信号连续性是指健康的空间信号在指定时间段内正常工作而没有任

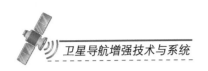

何计划外中断情况的发生。卫星空间信号服务的中断可以分为计划中断和非计划中断两类。其中，计划中断是指当卫星信号不符合服务规定的性能时，提前发出空间信号中断通知；非计划中断是指由系统故障或其他非计划操作所引起的卫星信号中断。系统发出的计划中断不会影响服务的连续性；服务中断发生后，系统应尽快告知用户。

以北斗三号系统为例，其空间信号（SIS）连续性规范见表 5-9[4-5]。由于 BDS-3 GEO 卫星不属于 ICAO SARPs 中定义的标称星座，其 B1C 和 B2a 信号用于提供星基增强系统（SBAS）服务，因此其连续性规范未在表 5-9 中定义和给出。

表 5-9　BDS-3 空间信号连续性规范

卫星类型	信　　号	SIS 连续性规范/h^{-1}	约　　束
IGSO	B1I, B3I	≥ 0.998	假设 SIS 在每小时开始的时刻都可用；通过统计单颗卫星的年度运行数据得到
	B1C, B2a	≥ 0.998	
MEO	B1I, B3I	≥ 0.998	
	B1C, B2a	≥ 0.998	

2. 空间信号可用性

SIS 可用性是指北斗系统星座中指定轨位的卫星提供健康 SIS 的概率，包括单星可用性和星座可用性。不同频段的空间信号都具有单星可用性和星座可用性。

1）单星可用性

单星可用性指标为星座中指定的单颗卫星提供健康空间信号的概率。为确定导航卫星广播的空间信号可用性状态，用户需要正确接收和解析导航电文信息。

对于 GNSS，通常的做法是统计并呈现一年内所有卫星不同信号的可用性平均值，并将其作为单星可用性指标。北斗星座不同于其他 GNSS，它由不同类型的卫星组成，可根据卫星轨道类型进一步细分[4]，见表 5-10。

表 5-10　BDS-3 单星 SIS 可用性规范

卫星类型	信　　号	SIS 可用性规范/h^{-1}	约　　束
IGSO	B1I, B3I	≥ 0.98	通过统计单颗卫星的年度运行数据得到
	B1C, B2a	≥ 0.98	
MEO	B1I, B3I	≥ 0.98	
	B1C, B2a	≥ 0.98	

2）星座可用性

星座可用性是指标称星座中指定轨道上指定数量的卫星提供健康 SIS 的概率[4]。BDS-3 标称星座由 24 颗 MEO 卫星和 3 颗 IGSO 卫星组成，可用性规范见表 5-11。BDS-3 星座可用性可以利用具有每时隙可用性概率的二项式概率模型[11]来计算，即

$$P_{(N-k)/N} = \sum_{i=0}^{k} c_N^i p^{N-i} (1-p)^i \qquad （5-13）$$

式中，N 为北斗基线星座中的卫星数；k 为最大故障卫星数；p 为单颗卫星的 SIS 可用性概率；$P_{(N-k)/N}$ 为 N 颗卫星中有 k 颗故障的概率。

表 5-11　BDS-3 星座可用性规范

指　　标	规　　范	约　　束
27 颗卫星中至少有 21 颗可用的概率	≥ 0.99999	
27 颗卫星中至少有 22 颗可用的概率	≥ 0.99998	
27 颗卫星中至少有 23 颗可用的概率	≥ 0.9998	
27 颗卫星中至少有 24 颗可用的概率	≥ 0.998	计算 27 颗卫星的年度平均值，并进行归一化
27 颗卫星中至少有 25 颗可用的概率	≥ 0.98	
27 颗卫星中至少有 26 颗可用的概率	≥ 0.8989	
27 颗卫星中至少有 27 颗可用的概率	≥ 0.5796	

3）服务可靠性

服务可靠性是指在指定时间间隔内，对于任意给定定位点，空间信号瞬时 SISRE 保持在一定误差范围内，适用于所有健康的导航卫星[4]。BDS-3 服务可靠性规范见表 5-12。

表 5-12　BDS-3 服务可靠性规范

指　　标	规　　范	约　　束
全球平均值	≥ 0.9994	（1）空间信号 SISRE NTE：15 m；
最差用户位置平均值	≥ 0.9979	（2）在服务覆盖范围内统计每日数据，进而得到年度统计数据； （3）统计标准基于每年 3 次服务故障，每次不超过 6 h

3.风险树与概率分析

卫星导航系统空间信号的连续性和可用性概率可以通过风险树进行分解分析，如图 5-4 所示，从而帮助技术人员更好地进行性能设计和风险控制。

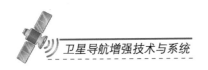

图 5-4 中，$P_{F,SIS}$ 是北斗卫星 SIS 故障概率；P_{MD} 和 P_{FA} 分别是 SIS 故障条件下的漏检概率和虚警概率；P_{FFMD} 是 SIS 无故障条件下的漏检概率。这里，P_{FFMD} 主要是针对卫星 SIS 没有故障，但卫星测距误差超过 NTE 值的情况设计的。如果这种情况没有被系统检测到，就会影响 SIS 的完好性性能；如果被系统检测到，则 SIS 可能会被标记为不健康，从而降低可用性。

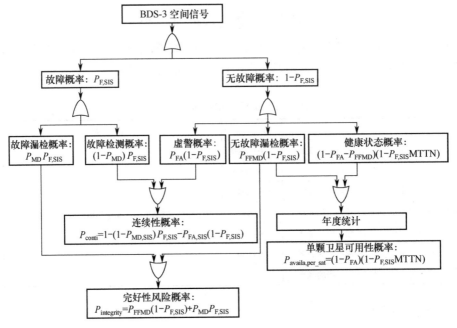

图 5-4　北斗三号系统 SIS 服务性能风险树

由图 5-4 可知，影响 SIS 连续性和可用性的主要因素是三类底部事件——SIS 故障漏检、SIS 故障虚警、SIS 无故障漏检。不难理解，SIS 的连续性、可用性和完好性是相互关联的，尤其是连续性和完好性。SIS 的连续性、可用性和完好性在设计上需要达到一定的平衡。为保证服务的完好性，即更高的故障检测概率，往往会导致虚警概率增大，从而在一定程度上降低服务的连续性和可用性。利用风险树，从北斗三号卫星 SIS 的连续性、可用性和完好性设计要求出发，可以分解和推导出各概率事件的设计值。

4．计算和统计方法

1）空间信号连续性

以北斗卫星为例，对于任意时刻 t 的任何卫星，其空间信号健康状态（标

识为 H_{flag} ）为

$$H_{\text{flag}} = 0 \text{ (Health)} \tag{5-14}$$

根据不同的 OS 信号，BDS OS SIS 可用性指标见表 5-6 和表 5-7。用户可以使用"北斗用户通知（BDS User Notice，BDUN）"判断系统是否会提前 48 h 发出卫星计划中断的通知（标识为 $\text{BDUN}_{\text{flag}}$），表示为

$$\text{BDUN}_{\text{flag}} = 1 \tag{5-15}$$

式（5-15）表示系统已经及时发出通知。

在任意时刻 t，任意健康卫星没有发出中断通知而变为不健康状态，用下列函数表示：

$$F_{P_{\text{sat}},\text{B1I}} = \begin{cases} 1, & H_{\text{flag}} = 1 \text{ 和 } \text{BDUN}_{\text{flag}} = 0 \\ 0, & \text{其他} \end{cases} \tag{5-16}$$

在此基础上，对于任意卫星以固定步长（$t_{\text{hour}} \leqslant 1\,\text{h}$）每小时连续性损失的函数表示为（在某小时的起始时刻卫星健康，未提前 48 h 收到中断通知而卫星变为不健康状态）

$$F_{\text{conti,hour}} = \begin{cases} 1, & H_{\text{flag}}(t_{\text{hour}}) = 0\,\text{和}\,\exists t_i \in (t_{\text{hour}}, t_{\text{hour}} + 1\,\text{h}), F_{\text{conti,sat}}(t_i) = 0 \\ 0, & \text{其他} \end{cases} \tag{5-17}$$

这意味着如果在没有提前 48 h 通知的情况下，卫星状态在 t_i 时刻从健康变为不健康，则 t_i 所在的整个小时都会被记为连续性损失。式（5-17）还表明，在计算空间信号的连续性时，以小时（h）为单位。

最后，一年的卫星空间信号连续性平均值（记为 P_{conti}）定义为所有卫星无连续性损失的小时数与该星座所有卫星运行总小时数的比值[12-15]，即

$$P_{\text{conti}} = \frac{\sum N_{\text{sv}} \sum t_{\text{hour}}(1 - F_{\text{conti,hour}})}{N_{\text{hours}} N_{\text{SV}}} \tag{5-18}$$

式中，下标 hour 表示连续性指标的单位为小时；N_{hours} 为星座标称卫星数。

2）空间信号可用性

（1）单星可用性：各北斗卫星的可用性平均值（记为 $P_{\text{availa,per\_sat}}$）为

$$P_{\text{availa,per\_sat}} = \frac{\sum N_t \sum t (1 - H_{\text{flag}})}{N_t N_{\text{SV}}} \tag{5-19}$$

式中，下标 t 表示采样时刻的数量；N_t 为采样点数量；N_{SV} 为星座标称卫星数。

（2）星座可用性：对于任意时刻 t，星座中健康的卫星数记为 $N_{\text{SV\_health}}$，有

$$N_{\text{SV\_health}} = \sum N_{\text{SV}} (1 - H_{\text{flag}}) \tag{5-20}$$

在任意时刻 t，星座中少于 21 颗卫星可用的函数为

$$F_{\text{SV\_health}<21} = \begin{cases} 1, & N_{\text{SV\_health}} < 21 \\ 0, & \text{其他} \end{cases} \tag{5-21}$$

这意味着一旦在轨健康卫星数少于 21 颗，该星座就被视为不可用。

最后，星座可用性的平均可用性为一年中星座中有不少于 21 颗健康卫星的统计数量与全年统计数量的比值，即

$$P_{\text{availa,const}} = \frac{\sum t (1 - F_{\text{SV\_health}<21})}{N_t} \tag{5-22}$$

3）服务可靠性

系统服务可靠性是根据卫星 SISRE 的累计统计数据计算得出的。对于任意时刻 t 的健康 BDS 卫星，一旦 SISRE 瞬时值确定，其服务可靠性可表示为如下逻辑函数：

$$F_{\text{MSF,sat}} = \begin{cases} 1, & H_{\text{flag}} = 0 \text{和} \text{SISRE} > 15 \text{ m} \\ 0, & \text{其他} \end{cases} \tag{5-23}$$

其中，15 m 是北斗 MEO 卫星和 IGSO 卫星的距离测量 NTE 值。

在此基础上，使用固定步长（$t_{\text{hour}} \leqslant 1\text{ h}$），任意健康卫星在该小时间隔内发生服务故障的情况可使用以下逻辑函数确定：

$$F_{\text{MSF,hour}} = \begin{cases} 1, & \exists t_i \in (t_{\text{hour}}, t_{\text{hour}} + 1\text{ h}), F_{\text{MSF,sat}}(t_i) = 1 \\ 0, & \text{其他} \end{cases} \tag{5-24}$$

这意味着如果健康卫星的测距误差超过 NTE 值，则 t_i 内的整个小时都将被计为可靠性损失。式（5-24）还表明，在计算系统服务可靠性时以小时为单位。

全星座的年度主要服务故障概率的平均值（记为 P_{MSF}）定义为故障小时数

与该星座所有卫星运行总小时数的比值[12-15]，即

$$P_{\text{MSF}} = \frac{\sum N_{\text{SV}} \sum t_{\text{hour}} F_{\text{MSF,hour}}}{N_{\text{hours}} N_{\text{SV}}}$$ （5-25）

最后，系统服务的可靠性 P_{service} 为

$$P_{\text{service}} = 1 - P_{\text{MSF}}$$ （5-26）

5.2 增强系统的组成与功能

卫星导航增强系统地面段一般由监测站、数据处理中心（主控站）、注入站及配套的通信网络等部分组成。

5.2.1 监测站

监测站主要利用高性能监测接收机对 GNSS 卫星信号进行连续观测，实时获取伪距、多普勒、载波相位等原始观测量，同时利用高性能气象传感设备采集当地湿度、温度、气压等气象信息，通过通信网络将各类观测数据传送至数据处理中心。监测站的主要功能包括但不限于以下方面。

（1）导航信号观测：对 GNSS 卫星信号进行连续观测。

（2）站间数传：向数据处理中心（主控站）发送设备工作状态和观测数据，并接收控制指令。

（3）时间同步：利用原子钟设备生成时间和频率基准信号，保持监测站内部设备的时间同步、各监测站及监测站与系统的时间同步。

（4）数据预处理与监控：对监测站内部设备运行状态进行监视和控制，对观测数据进行必要的预处理。

（5）其他功能：通过网络数据交互，实现数据流实时传输和数据文件定时传输等，并具备入侵检测、防火墙等安全防护能力。

5.2.2 数据处理中心

数据处理中心主要负责接收和管理监测站观测数据，并进行观测数据预处

理、增强信息处理、产品生成和编排等工作；对监测站进行管理控制，对公开服务平台内部设备状态和性能进行监视与评估。数据处理中心可以独立存在，也可以与增强系统主控站一体化建设。数据处理中心在与主控站分开建设的情况下，还需要按照事先约定的信息接口协议将计算生成的增强信息产品发送至主控站。数据处理中心的主要功能包括但不限于以下方面。

（1）数据接收与原始数据处理：接收监测站发送的实时数据流，处理导航电文、增强电文和原始观测数据，进行格式转换、数据质量分析、数据编目、数据整理和数据压缩等处理。

（2）增强信息处理：生成卫星轨道改正数、钟差改正数、格网电离层改正数等；对于 SBAS 等完好性增强系统，还需生成差分改正数（星历改正数、钟差差分改正数、电离层延迟改正数等）和完好性信息（用户差分距离误差、格网电离层垂直误差、双频距离误差、降效参数等）。

（3）时间同步：保持统一的时间基准，为监测站提供统一的标准时间和参考频率，具备与协调世界时（UTC）、北斗时（BDT）、GPS 时（GPST）等所需时间基准的同步功能。

（4）数据异常监视：对数据质量进行监视，在数据出现异常时进行通知或告警。

（5）管理与控制：对监测站运行状态进行集中监控和故障告警，对数据收发、增强服务信息进行编排和编辑，对监测站开展网络管理等。

5.2.3　注入站

对于由卫星进行广域增强信息播发的卫星导航增强系统，一般还需要设置专门的注入站，负责跟踪播发卫星，接收数据处理中心发送的增强电文，按照星地接口信息约定，完成增强电文的上行注入。注入站的主要功能包括以下方面。

（1）增强信息接收：接收数据处理中心发送的上行注入信息、控制指令等，对数据处理中心、注入站时间同步信号进行测量，向数据处理中心发送各系统观测数据和设备工作状态信息，向卫星发送站间时间同步信号。

（2）增强信息注入：向注入范围内的广播卫星发射上行注入信息和上行测距信号。

（3）数据处理与监控：对整个注入站运行状态进行监视和控制，对各个分系统业务数据进行处理和分析。

5.2.4　通信网络

配套通信网络为公开服务平台提供各站点及数据中心之间数据传输的保障，并确保数据传输的实时性、可靠性、连续性和保密性等。在保证安全和性能要求的前提下，可采用光纤、互联网专网、商业通信卫星或其他手段。

通信网络的主要功能包括但不限于以下方面。

（1）数据传输：能够实现从监测站到数据处理中心（主控站）的可控互联与信息传输。

（2）网络配置与监控：能够根据需要在不同地面站点之间建立连接，对相关设备进行配置，并监控相关线路、应用进程的使用状况。

（3）数据安全防护：所有监测站接入设备具备必要的数据安全防护能力。

5.3　监测站

5.3.1　监测站分布与覆盖

监测站是增强系统重要的地面基础设施，监测站的分布与覆盖对保障增强系统的服务性能至关重要，其设计原则主要包括：①保证关键技术指标的可靠性；②在满足系统指标要求前提下，尽可能利用现有站；③考虑监测站周边的政治、外交环境等因素。

在监测站布设优化设计技术方面，国内许多学者做过相关分析。采用位置精度因子（PDOP）分析监测站地理分布对精密定轨精度的影响，在保证卫星可见性和监测站数据质量的前提下，监测站之间的基线越长，地理分布越均匀，定轨精度越高，可利用格网均匀划分方法及随机优化方法，根据最大使用监测站数合理划分经纬度格网，自动选取最优的监测站集合[16-17]。一些学者采用不规则三角网（TIN）建立 IGS 全球跟踪站拓扑结构网的方法，可快速完成任意数量监测站的选取工作[18-19]。文援兰等人[20]利用网格计算方法分析了监测网络对星座观测几何强度的影响，并用轨道改进原理定性分析了监测站位置分布对

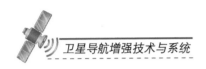

轨道确定精度的影响。胡松杰[21]对影响监测站分布的约束条件进行分类,提出了基于遗传算法的监测站设计算法。传统的监测站优化设计方法是对轨道、钟差、电离层等精度指标、卫星覆盖性指标及监测站建造成本等主要指标建模,用加权平均方法将多项指标函数合并为一项最优目标函数,用单目标优化理论解决地面站优化设计问题。除单目标优化方法外,还可采用多目标规划方法将每项主要指标均作为优化设计目标函数,这种处理方式在理论上更加严格[22],必须对多目标规划最优解的存在性、唯一性及稳定性进行证明。

1. 监测站布设优化设计流程

监测站布设优化设计首先要对系统设计边界条件进行搜集、分析、整理。边界条件包括全球卫星导航系统星座设计方案、精度及可靠性指标等;其次结合系统设计要求对上述边界条件进行数学建模,区分目标函数及约束函数;然后采用多目标优化方法获取符合设计要求的监测站数量及布局,用性能分析仿真软件对上述监测站设计方案的合理性进行验证。监测站布设优化设计过程是一个迭代改进过程,如果约束条件不兼容,则可能不存在最优解,这时需要调整约束条件;如果有多个解,则需要用精密定轨仿真分析进一步筛选。监测站布设优化设计流程图如图 5-5 所示。

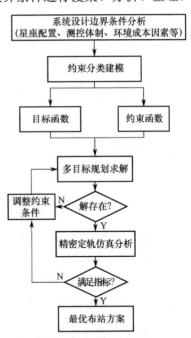

图 5-5 监测站布设优化设计流程图

对于广域增强系统,需要利用少量地面监测站(通常是数十个)覆盖一片较大的广域范围,因此需要对监测站数量、分布进行论证分析,以为系统的监测站网布设和实施提供依据。需要通过对卫星轨道和钟差处理、区域电离层格网处理,以及空间信号监测与完好性参数计算等方面进行综合分析,全面研究监测站布设方案的性能及合理性,有以下几种常用的分析方法。

2. 多目标规划搜索算法

监测站布设需要顾及许多限制因素,利用数学建模可将各种限制因素用与卫星位置和监测站位置相关的数学函数来表示。例如,单历元定轨精度可用精度衰减因子（DOP）表示，多历元定轨精度可用卫星动力学状态转移矩阵归化到单历元模式，卫星覆盖性可用卫星模糊隶属度函数表示，监测站建设成本可用单站设备配置线性函数表示，等等。通过对多种约束条件简化并进行建模，可将地面监测站布设优化问题转化为严格的数学规划问题。由于卫星相对于监测站位置的关系是时间的函数，因此地面监测站建模应引入时域平均等处理方法，从时域总体平均效果评价监测站的贡献。

对多种约束条件进行建模后，监测站布设优化问题可作为多目标规划问题。由于监测站布设涉及的目标函数基本为非线性函数，因此上述规划问题很难用传统线性规划方法解决。国内有些学者提出采用遗传算法来解决多目标规划问题数值解法[23-24]。遗传算法是一种全局优化自适应概率搜索算法，它通过使用群体搜索技术，对当前群体施加选择、交叉、变异等一系列遗传操作，从而产生新一代群体，并逐步使群体进化到包含或接近最优解的状态。

监测站布设设计中取监测站位置为优化目标，以性能作为遗传算法的适应度函数，选取一组随机布局的几组监测站布设方式作为样本群体，分别计算其对导航星座观测的 PDOP 等性能参数，再将这些性能参数通过适当的加权组合，计算出各个个体的适应度，然后通过遗传操作产生一组新群体，并重复计算其适应度。在遗传算法的迭代搜索过程中，通常用下面两个准则来判定是否得到了迭代过程的最优或近似最优解：①在迭代过程中得到了能满足指标的样本；②搜索迭代到终止的进化代数。

3. 监测站分布对精密定轨与钟差的影响的分析方法

定轨和钟差精度指标可用反向 PDOP 来评价。PDOP 是用户等效测距误差（UERE）到最终位置精度因子，反向 PDOP 反映了监测站的几何位置分布与定轨和钟差处理误差的影响关系，依据监测站网与卫星之间的几何关系计算 PDOP，与具体观测值无关。韩德强等人[17]引入了反向 PDOP 指标评价监测站构型的优劣，采用基于格网控制概率的全球监测站随机优选方法，通过对全球监测站分配一定的概率，进而随机抽样和筛选得到全球监测站的均匀分布构型。使用该方法，在全球范围内选取 30 个监测站时，GPS 精密定轨精度能达到 2.15 cm；选取 60 个监测站时，定轨精度优于 1.26 cm；选取 90 个监测站时，定轨精度可达到 1 cm 以内。楼益栋等人[25]分析了监测站距离对 GPS 卫星钟差估计的影响，分析可知监测站间距小于 200 km 时，卫星钟差与对流层参数的

相关性较强；监测站间距超过 500 km 时，监测站网的几何构型可满足卫星钟差与对流层参数去相关，钟差估计精度不受对流层参数的影响。李平力等人[26]分析了中国区域范围内监测站数量对 BDS 实时卫星钟差估计精度的影响，当监测站达到 16 个时，中国区域内可观测的 BDS 卫星弧长覆盖饱和；当监测站达到 17 个及以上时，实时钟差精度达到 0.15 ns，且钟差精度随着监测站数量的增加提高得不明显。

4. 监测站分布对电离层格网监测的影响的分析方法

在电离层格网建模中，穿刺点的数量及分布对电离层建模精度具有重要影响。监测站的分布与电离层穿刺点（IPP）的有效数量、密度及分布位置直接相关。在监测站分布设计时需考虑导航增强系统服务范围，分析不同尺度的网格内监测站上方的电离层穿刺点数量是否满足一个及以上的要求。为确保每个电离层格网点（IGP）的精度，理想情况是每个格网点周围都有若干个穿刺点，而且能够至少分布在 3 个象限内，可采用理论分析和仿真试验的方法，分析电离层格网监测对布站的要求。统计分析方法为：统计格网点周围 4 个象限内的穿刺点数量，求取一天内的平均值，并统计一天内每个格网点周围穿刺点数量小于 3 的概率。

5. 监测站分布对完好性参数计算的影响

1）空间信号精度影响的分析

可采用简单分析和仿真试验的方法分析完好性监测对监测站布设的要求。从空间信号监测的需要来看，要获得可靠的空间信号监测结果，就必须对每颗卫星都有足够的覆盖深度，通常要求大于 4。以 30 颗卫星的星座为例，每个监测站可跟踪 8 颗卫星，如果要求全球覆盖深度为 5，则最理想的情况是有 19 个监测站。对于广域差分系统的服务区域，如果可见卫星数为 20 颗，在同样情况下，至少需要 13 个监测站。相比于电离层监测和定轨及钟差解算精度的要求，空间信号监测对监测站布设的要求并不太高。

2）用户差分距离误差（UDRE）及补偿参数性能影响的分析

通过各监测站的观测量及已知坐标，对监测站的观测量进行地球自转改正数、广域差分格网电离层延迟改正数、对流层延迟改正数等各改正数及载波相位平滑后，可得到监测站的观测伪距观测值 R_m，由监测站自身的已知坐标，以及通过广播星历得到的卫星三维坐标，可获取监测站的计算伪距 R_c，将两

者相减可得到各改正数的综合误差 dR，即

$$dR = R_m - R_c \qquad (5-27)$$

对各监测站的观测量进行数据处理，可得到同一时刻不同监测站与相同卫星的 $d\overline{R}$。通过对 dR 在一定置信度下进行分析，可得到该时刻相应卫星的 UDRE，即

$$UDRE = d\overline{R} + kP_r\sigma_{dR} \qquad (5-28)$$

用户通过计算 UDRE 可得到当前伪距的误差限值，并根据 UDRE 对解算的位置信息进行完好性判断。在 UDRE 的计算过程中，各改正数及一些偶然误差无法彻底消除，这导致 UDRE 的估计出现部分偏差，无法和理论真值保持一致。此偏差同时会影响 UDRE，以及导致相关导航性能的降低。对于局部误差，可采取平滑伪距及限制高度角等方法进行改正。计算伪距差时，可加入以下限制条件。

（1）保证观测到相同卫星的监测站数量在 1 个以上，否则认为 UDRE 为"未被监测"。

（2）如果观测到相同卫星且高度角大于 15°的监测站数量为 2 个及以上，则只使用大于 15°的观测值。

（3）如果观测到相同卫星且高度角大于 15°的监测站数量不足 2 个，则只使用观测到卫星高度角最大的 2 个观测值。

5.3.2 监测站建设与维护

卫星导航增强系统监测站通过通信网络将各类观测数据、导航电文及预处理结果传送至数据处理中心进行增强信息和产品处理，同时根据数据处理中心的控制和调度，完成监测站的自动运行和监控管理。对于精度增强系统，这些增强信息和产品主要为卫星轨道、钟差、格网电离层、码间偏差等状态域的改正数；对于完好性增强系统，还应包括信号质量监测等功能，并对各类降效参数和完好性标识参数等进行计算和生成。

1. 精度增强系统监测站

1）监测站选址与分布

监测站选址与分布应遵循以下原则。

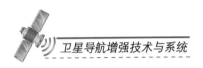

（1）满足用地、电力、防护、通信等方面的需求。

（2）相邻监测站平均间距满足增强系统设计要求，监测站在服务区域内尽可能实现均匀分布。

（3）应有10°以上的地平高度角卫星通视条件。

（4）避开铁路、公路等易产生振动的地点。

（5）监测站应避开地质构造不稳定区域（特殊应用除外），包括断层破碎带，易于发生滑坡、沉陷等局部变形的地点（如采矿区、油气开采区、地下水漏斗沉降区等），易受水淹或地下水位变化较大的地点。

（6）有适合安放监测站接收机等设备的房屋。

（7）便于接入公共通信网络。

（8）具有稳定、安全、可靠的交流电电源。

（9）交通便利，便于人员往来和车辆运输。

2）监测站建设

常规监测站系统由室外设备和室内设备两部分组成。监测站系统组成示意图如图5-6所示，室外设备主要包括观测墩、GNSS天线、避雷针等。

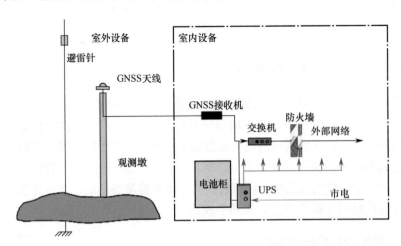

图5-6　监测站系统组成示意图

观测墩的设计原则如下。

（1）观测墩用于安装 GNSS 天线、自动气象仪等设备。

（2）观测墩一般为钢筋混凝土结构，可分为地面观测墩、屋顶观测墩两类。

（3）观测墩位于地面时，应高于地面 3～5 m；位于屋顶时，应高于屋顶平面 1.5 m；与地面接合时，四周应做不低于 5 cm 左右的隔振槽，内填粗沙，以避免振动带来的影响。

（4）观测墩安装强制对中装置，并严格整平，墩外壁应加装（或预埋）适合线缆进出的硬制管道（钢制或塑料），起保护线路的作用。

（5）屋顶观测墩与屋顶面接合处应做防水处理。

（6）观测墩上应避免直接安置避雷针。

室内设备置于机房内，包括 GNSS 接收机、网络设备、UPS 等。基准站利用交换机建立本地局域网，通过路由器等设备与外部通信网络连接，可实时发送数据至数据处理服务中心。监测站机房需满足系统功能要求：各类设备需要一定的安装空间、使用空间、维修空间；各类设备又有各工艺环境要求，如温度、湿度、通风、洁净度，各种供电和照明要求等。机房内的设备布置应有利于操作、管理，有利于各子系统间的技术连接，有利于统一管理和维护。机房的布置和装修需应符合防火、安全警卫、应急状态工作等要求。机房建设必须保证设备能够长期、安全、可靠运行，同时还要为机房工作人员提供美观、舒适的工作环境。

对监测站而言，GNSS 接收机是实现功能的核心设备，一般可从以下方面进行考虑。

（1）监测对象及信号：明确增强系统需要监测几个 GNSS 星座，以及哪些频段和支路的信号。

（2）输出信号数量：明确监测站是否需要具有多路独立观测数据，以具备冗余备份和校验检核的能力。

（3）最低接收信号功率：明确 GNSS 接收机天线口面的最低接收信号功率，如−163 dBW。

（4）接收误码率：明确 GNSS 接收机接收处理卫星信号的误码率。

（5）接收链路抗干扰：明确 GNSS 接收机信号接收链路的抗干扰功能和具

体性能指标。

（6）开机捕获时间：从开机到测量数据输出稳定的时间，如 1 min。

（7）失锁重捕时间：监测信号失锁后的重新捕获时间，如 2 s。

（8）采样频率：如 1 Hz 等。

2. 完好性增强系统监测站

完好性增强系统监测站除有上述要求外，主要还包括以下功能。

（1）站间数传：向民用服务平台数据处理中心（主备）发送设备工作状态和观测数据，并接收控制指令。

（2）时间统一：生成时间和频率基准信号，以保持监测站内部设备的时间同步。

（3）数据处理与监控：对监测站内部设备运行状态进行监视和控制，对观测数据进行必要的预处理。

（4）网络数据传输：通过网络数据交互，实现数据流实时传输和数据文件定时传输，并具备入侵检测、防火墙等安全防护能力。

（5）工作环境监视：安装有各种必要的环境监测传感器和摄像头，可满足监测站机房和室外天线场区等关键位置的安全监控需求。

5.3.3 监测站数据预处理

在一般情况下，监测站的功能是采集原始观测数据，将采集到的观测数据传输到数据处理中心/主控站再做处理。对于广域增强系统，地面监测站需要先对原始的观测数据进行预处理，再提供给数据处理中心/主控站所需的伪距或载波观测量。该过程主要通过伪距残差估计实现。伪距残差估计是监测站数据处理的重要功能之一，它为主控站提供了计算差分改正数和完好性信息的基本观测数据。

伪距残差估计主要由载波平滑、导航电文处理、对流层延迟估计和伪距修正等处理流程构成，如图 5-7 所示。

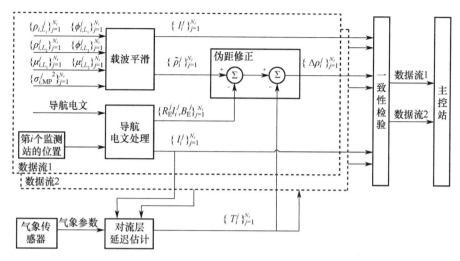

图 5-7　伪距残差估计流程图

载波平滑是监测站数据预处理的重要环节。该过程先对原始相位监测数据进行周跳探测与修复，采用接收机跟踪环信息和双频相位数据组合修复周跳；然后利用 Hatch 滤波或卡尔曼滤波等方法生成载波相位平滑之后的伪距，载波相位平滑相关算法可参考 4.2 节内容。利用导航电文提供的卫星钟差与星历信息，可计算伪距残差及其对应的置信值等。为确保估计结果的准确性和可靠性，可输出多条观测数据流，分别利用广播星历提供的卫星星历与钟差进行独立的数据检测和残差估计，然后对不同数据流的处理结果进行一致性检验。

5.4　增强系统信息处理

信息处理系统是增强系统最重要的组成部分，不同增强系统的差分信息处理算法、生成差分产品类型与播发格式不尽相同。例如，广域差分、广域精密定位系统处理生成状态域改正数产品，利用分布在广域（全球）范围的实时监测站网，计算并分离卫星星历、钟差及大气延迟相关的状态量，并将其播发给用户进行相应的误差改正，改正数与监测站地理位置空间弱相关，适用于广域差分改正；局域差分、局域精密定位系统处理生成观测值域改正数产品，不对误差源进行细化细分，主要对伪距或载波相位观测值进行综合误差改正，这些改正数与地面站地理位置空间强相关，适用于局域差分改正。

5.4.1 广域差分增强信息处理

在广域差分增强信息处理系统中，主控站利用收集的监测站观测数据，得到差分改正数和完好性信息，经格式编排后，利用 GEO 卫星等通信链路播发给服务范围内的用户，用户使用差分增强信息电文改进导航定位性能。该系统工作流程如图 5-8 所示，主要包括以下三部分：①同步所有监测站的伪距残差；②计算星历误差、钟差及电离层延迟的差分改正数和完好性信息；③电文信息的编排与播发。

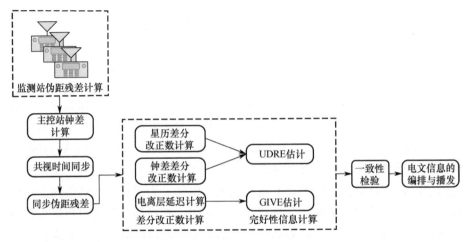

图 5-8　广域差分增强信息处理系统工作流程

1. 同步伪距残差处理

首先，对监测站与主控站的载波相位观测值进行周跳探测，利用接收机的双频载波相位观测值平滑伪距观测值获得相位平滑伪距观测值，基于双频伪距和相位观测值计算电离层延迟。然后，根据监测站的气象设备参数（如温度、压力和相对湿度等）计算天顶对流层延迟，选择合适的映射函数计算观测路径的对流层延迟。使用广播星历计算卫星到监测站的几何距离及卫星时钟差。最后，将平滑伪距观测值去除上述计算得到的电离层延迟、对流层延迟、几何距离及卫星钟差，得到监测站和主控站的平滑伪距观测值的残差，再进行主钟滤波和共视时间同步处理，得到同步伪距残差。具体处理流程如图 5-9 所示。

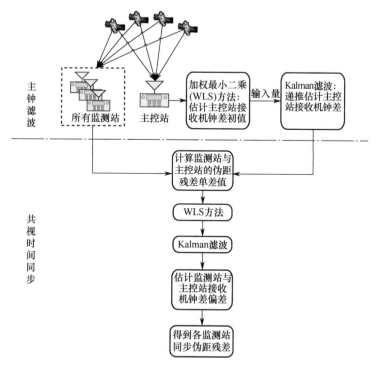

图 5-9　同步伪距残差处理流程

1）主钟滤波

主钟滤波的观测值是主控站观测到的所有卫星的平滑伪距残差及协方差信息，采用加权最小二乘方法估计主控站原子钟时间偏差，即钟差初值，作为卡尔曼滤波的输入量，通过滤波获得平滑连续的估计量。

2）共视时间转换

采用共视时间转换方法将主控站与监测站共视卫星的伪距残差相减，得到监测站与主控站的伪距残差单差值；再通过加权最小二乘方法与卡尔曼滤波算法估计监测站与主控站的接收机钟差偏差估计值；最终得到各监测站只含有星历误差、卫星钟差和随机噪声的同步伪距残差。

上述主钟滤波及共视时间转换的相关计算公式参见 4.3.1 节相关内容。

2. 差分信息处理

主控站信息处理的主要功能是计算生成差分改正数和完好性信息，差分改

正数为星历差分改正数、钟差差分改正数和网格电离层垂直延迟改正数；完好性信息包括用户差分距离误差（UDRE）和网格电离层垂直误差（GIVE）等。差分改正数产品的算法及计算公式详见 4.3.1 节相关内容。

1）差分改正数计算

（1）星历差分改正数计算：选择某参考站作为基准站，对参考站与基准站的同步伪距残差观测值求差，以消除钟差，采用最小差估计法解算星历差分改正数估计值及其方差。基于先验信息的最小方差无偏估计输出，作为星历误差和卫星钟差卡尔曼滤波模型的观测值，采用卡尔曼滤波来平滑星历误差和星历误差速率。

（2）钟差差分改正数计算：利用星历差分改正数修正各监测站同步后的伪距残差，采用加权最小二乘方法解算钟差慢变改正数，并进行实时异常值探测，将加权最小二乘方法的结果作为卡尔曼滤波算法的测量值，采用卡尔曼滤波实时解算钟差。考虑到广域差分增强系统的带宽有限，钟差差分改正数分为快变与慢变两类。假设在历元 i 已解算得到钟差慢变差分改正数，则钟差快变差分改正数可表示为快变播发历元的钟差差分改正数减去慢变播发历元的钟差差分改正数的差。

（3）电离层延迟值计算：采用监测站多频接收机的伪距、相位无几何距离组合观测值，利用球谐函数等模型对广域范围的实时电离层延迟建模估计，获取服务范围内划分的格网电离层延迟值。用户通过内插方法获取本地电离层延迟结果。

2）完好性信息计算

（1）用户差分距离误差（UDRE）：计算 UDRE 的输入数据，包括同步伪距残差的测量协方差矩阵，星历误差估计和钟差估计的协方差之和、监测站网络到卫星的单位视线矢量和卫星钟组成的设计矩阵。UDRE 表示伪距改正的不确定性，可利用加权最小二乘方法来计算 UDRE 的估计值。

（2）网格电离层垂直误差（GIVE）：计算 GIVE 的输入数据，包括格网电离层垂直延迟及经硬件延迟改正后的穿刺点双频电离层延迟。利用格网电离层内插得到每个穿刺点的电离层延迟，并与双频电离层延迟相减得到全部穿刺点的误差时间序列，将所获得的最大误差序列统计值作为格网点误差限值，从而得到反映格网电离层改正精度的 GIVE 值。

3）一致性检验

主控站利用自身的冗余接收设备（一般均配备 2～3 台接收机），对外部数据异常进行及时判断和排除，以确保向主控站提供的观测数据可靠性和连续性。

3. 电文信息编排与播发

广域差分增强电文信息包括测距信号、差分改正数及系统完好性信息。测距码信号与导航系统伪距信号类似，可以改善用户的导航可用性；差分改正数包括卫星的轨道和钟差改正数及电离层延迟改正数等；系统完好性信息包括时间标志、系统可用性信息、UDRE、GIVE、对流层延迟模型等。差分增强电文信息通常采用标准的 RTCA 电文格式与协议，详见 5.6.1 节。

5.4.2 广域精密定位信息处理

广域精密定位是指在广域差分和精密单点定位技术的基础上，集成先进的基准站观测数据实时采集、数据信息处理技术来实现大范围高精度定位服务的技术。广域精密定位信息处理系统实时接收广域或全球范围内监测站的观测数据、导航系统播发的广播星历数据，生成广域精密定位服务产品，并对服务产品质量进行完好性监测，提供广域实时米级/分米级定位服务。广域精密定位信息处理主要包括：①实时数据接收与管理；②实时精密卫星轨道确定、实时钟差、电离层延迟等估计；③产品监测与质量评估；④差分信息编排与播发。广域精密定位信息处理系统工作流程如图 5-10 所示。

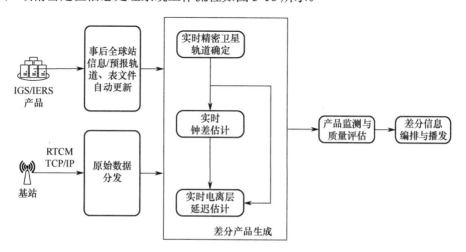

图 5-10 广域精密定位信息处理系统工作流程

1. 实时数据接收与管理

广域精密定位数据接收与管理系统采用 TCP/IP、NTRIP 等协议连接全球（广域）分布的监测站接收机，实时获取监测站观测数据（含气象数据），对其进行解码和质量检查、分类存储并备份，按照一定数据格式将时间同步后的观测数据传输给数据处理系统；另外，通过 FTP 下载相关表文件供卫星轨道、钟差产品处理使用。导航卫星实时数据接收与管理流程如图 5-11 所示。

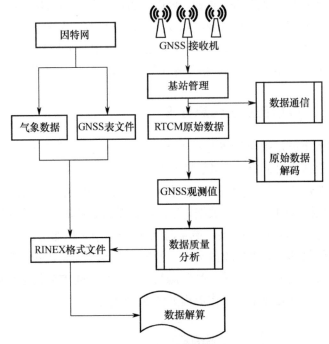

图 5-11 导航卫星实时数据接收与管理流程

2. 精密定位信息处理产品

广域精密定位信息处理产品主要包括实时精密轨道、钟差和实时精密电离层延迟等产品，相关的数据处理算法及计算公式参见 4.3.2 节相关内容。

1）实时精密轨道产品

导航卫星实时精密轨道产品一般采用非差无电离层伪距/相位组合观测值，采用最小二乘批处理方法或实时滤波方法计算健康卫星的实时三维位置信息，具体处理流程如图 5-12 所示。

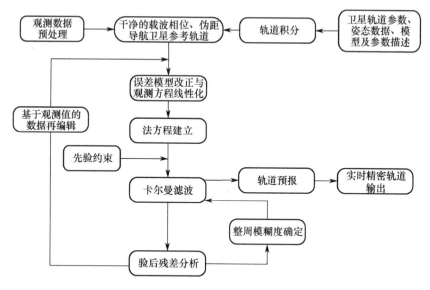

图 5-12　实时精密轨道产品处理流程

　　实时精密轨道产品处理流程包括：①基于广域（全球）实时监测站的非差无电离层伪距/相位组合观测值，采用分段批处理或滤波方法解算初始轨道及动力学参数的改正数；②统计分析参数估计器生成的验后残差，形成新的观测数据编辑信息；③根据非差模糊度信息与选取的监测站间独立基线，获得双差模糊度的约束方程，叠加到定轨计算法方程中；④联合模糊度固定信息进行状态参数估计，求解更新卫星轨道参数，再利用轨道数值积分器生成预报轨道并获得实时轨道产品。

　　2）实时精密钟差产品

　　导航卫星实时精密钟差产品采用非差无电离层伪距/相位组合观测值，通过实时滤波估计实时精密钟差。为满足实时钟差秒级更新的需求，可采用双线程并行处理方式，快更新线程估计钟差历元间变化，慢更新线程估计初始钟差偏差，两者之和即为非差实时钟差。具体处理流程如图 5-13 所示。

　　采用广域（全球）实时监测站的非差无电离层伪距/相位组合观测值，输入实时精密卫星轨道产品固定卫星轨道位置，对实时精密钟差进行滤波估计，在初始钟差偏差收敛前，通过快更新与慢更新双线程同时估计初始钟差偏差和历元间钟差变化，在初始钟差偏差收敛后，仅需逐历元估计历元间钟差变化，初始钟差偏差及历元间钟差变化之和即为实时精密钟差产品。

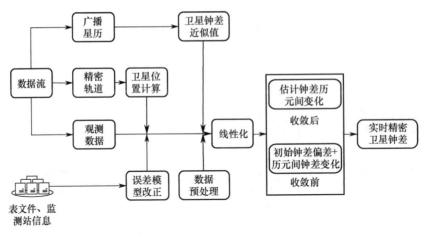

图 5-13　实时精密钟差产品处理流程

3）实时精密电离层延迟产品

广域实时精密电离层延迟产品基于电离层单层假设和球谐函数模型，采用载波相位平滑伪距方法或精密单点定位方法估计广域（全球）实时精密电离层延迟，并获得卫星和监测站的伪距码间偏差，具体处理流程如图 5-14 所示。

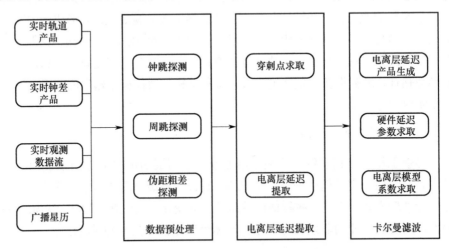

图 5-14　广域实时精密电离层延迟产品处理流程

估计实时精密电离层延迟与 DCB 产品的方法包括 PPP 方法和相位平滑伪距方法，PPP 方法利用双频伪距/相位组合观测值及实时精密卫星轨道/钟差产品，估计单站电离层延迟；相位平滑伪距方法采用无几何距离组合观测值，结合 Hatch 滤波实现高精度的载波相位平滑伪距观测值，进行电离层延迟计算。

上述两种方法对观测数据进行实时预处理,通过引入 IGS 等机构提供的卫星端 DCB 先验信息或将卫星端 DCB 作为参数估计,利用实时卡尔曼滤波和球谐函数模型,实现电离层延迟模型参数和接收机端 DCB 实时估计。实时广域电离层延迟产品可以同时采用球谐模型参数、格网点垂直电离层延迟等不同模式和格式播发给用户。

3. 实时产品监测与质量评估

实时产品监测与质量评估主要包括四个部分:评估精度、产品延迟、输出 UDRE、定位结果评估,处理流程如图 5-15 所示。采用与实时产品估计独立的监测站观测数据,对实时产品精度进行监测,以提高实时产品的可靠性。

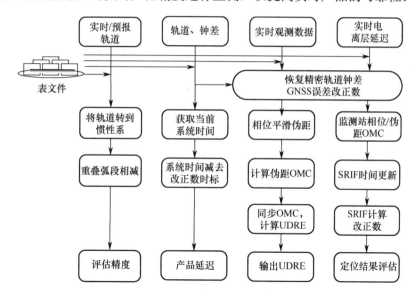

图 5-15 实时产品监测与质量评估处理流程

4. 差分信息编排与播发

广域精密定位电文信息包括实时精密轨道和钟差改正数、电离层延迟等,通常采用 RTCM 协议中的状态空间差分(SSR)表示。RTCM 产品格式与协议参见 5.6.2 节相关内容。精密轨道和钟差改正数电文提供历元时间信息、IODE 信息、卫星改正数;电离层延迟电文提供历元时间信息及球谐参数、格网电离层延迟改正数。其中,精密轨道和钟差改正数是精密星历与广播星历的差值,需利用 IODE 与广播星历匹配恢复为精密轨道与钟差产品,此方法可以减小播发带宽,降低成本。

5.4.3 局域精密定位信息处理

局域精密定位信息处理由数据处理中心采集各监测站的实时观测数据,处理后生成不同形式的局域精密定位增强信息,通过数据处理中心与流动站用户间的通信链路,一般采用蜂窝移动通信方式向流动站用户播发增强信息。局域精密定位信息处理流程如图 5-16 所示,主要包括监测站模糊度固定、大气误差解算、误差改正数处理、差分改正数的编排与播发。产品生成算法参见 4.2.2 节相关内容。

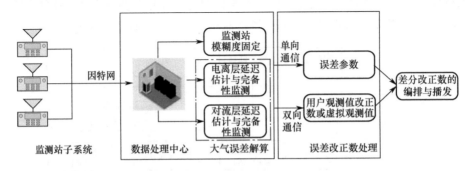

图 5-16　局域精密定位信息处理流程

1. 监测站模糊度固定

首先对各监测站的观测数据进行预处理和质量分析,然后通过 MW 组合观测值固定宽巷模糊度、无电离层组合观测值解算模糊度实数解,利用 LAMBDA 等方法固定载波相位观测值的整周模糊度。目前已有的基准站双差模糊度的确定方法有长距离静态双差模糊度确定方法、加权观测值模糊度确定方法、序贯最小二乘平差算法、监测站单历元整周模糊度算法[27-30]。

2. 大气误差解算

当各监测站的双差模糊度固定后,需计算监测站与流动站的大气误差。根据流动站的大气误差解算方式,目前广泛应用的方法主要有两种。一种是将各种误差不进行分开处理,直接根据流动站与监测站的位置关系,进行内插处理,得到综合改正数。基于监测站间的双差模糊度固定解计算,得到监测站间的双差电离层延迟和对流层延迟。电离层与对流层在一定空间范围内具有较强的相关性,不对两者进行分开处理,内插计算流动站处综合的大气延迟。

另一种方法是数据处理中心把监测站网内的各种误差分开建模,实时估计网内的电离层延迟、对流层延迟等误差，然后根据流动站的位置计算出相应的误差。基于监测站间双差模糊度固定解，将宽巷整周模糊度引入无电离层组合观测方程，采用动态卡尔曼滤波，估计各监测站 L1 和 L2 等频段的整周模糊度、电离层延迟和对流层延迟改正数；然后对所有监测站的大气延迟进行建模估计，或者采用内插方法得到用户的大气误差改正数进行改正。

3．误差改正数处理

局域精密定位技术的关键是区域误差改正数处理方法，对应于数据处理中心与流动站的通信方式（分为单向数据通信和双向数据通信），采用不同的误差改正数处理方法。

在单向数据通信中，数据处理中心通过单向广播方式将改正数发送给用户，用户收到这些误差改正数后，根据自己的位置和相应的误差改正模型计算出用户处的误差改正数，代表性技术有主辅站技术、区域改正数技术。主辅站技术是将所有相关参考站的代表整周模糊度的观测数据归算到一个公共水平，然后计算弥散性的和非弥散性的差分改正数，最后将改正数以高度压缩的形式播发给流动站进行改正。区域改正数技术同样将区域误差分为弥散性和非弥散性误差，采用卡尔曼滤波方法估计所有误差改正数，并将这些误差转换成与距离有关的模型。

在双向数据通信中，数据处理中心实时侦听流动站的服务请求和接收流动站发来的近似坐标，根据流动站的近似坐标和误差模型，求出流动站处的误差后，直接给用户播发改正数或虚拟观测值，代表性技术有虚拟参考站技术。虚拟参考站技术是指数据处理和控制中心将区域内误差源模型化，流动站将自身概略坐标发送给处理中心，收到虚拟参考站观测值后进行差分定位，得到高精度定位结果。相关算法参见 4.2.2 节。

4．差分改正数的编排与播发

局域精密定位电文产品常见格式有 RTCM 协议格式和 Trimble 公司制定的 CMR 格式等。其中 RTCM 协议中用于表示局域精密定位的电文的包括：①监测站坐标；②未加改正的载波相位观测值，包括观测时间、载波识别、码识别、卫星识别及原始载波相位观测值等，未加改正的伪距观测值与相位观测值格式完全相同，长度相等，内容稍有差别；③载波相位和伪距差分改正数，包括电离层延迟差分改正数与距离差分改正数。RTCM 协议与格式详见 5.6.2 节相关内容。CMR 格式的主要电文有：①原始载波相位、伪距观测值；②监测站坐标信

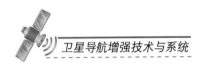

息；③电文长度信息、监测站的简称、监测站的特征信息及监测站详细名称等。

5.4.4 局域差分定位信息处理

局域差分定位信息处理流程如图 5-17 所示。数据处理中心接收各监测站实时观测数据，经信号质量监测、数据质量监测和测量值质量检测处理后，进行 EXM 处理。其中，载波相位和伪距观测值经测量值质量检测处理后，进行载波相位平滑伪距观测值计算，并对计算结果进行 EXM 处理。观测数据进行 EXM 处理后，经过校正和平均处理，生成每颗卫星的伪距和载波相位的平均差分改正数，然后进行多接收机一致性校验、均值和方差监测，并对校验和监测结果进行 EXM 处理，最后进行 VDB 电文的编排与播发。VDB 电文监测接收播发的 VDB 电文，并对监测结果进行 EXM 处理。

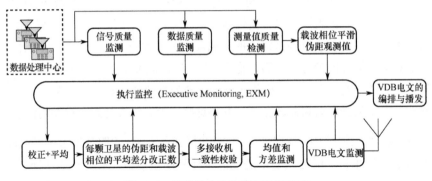

图 5-17　局域差分定位信息处理流程

1. 差分改正数处理

监测站观测数据经过信号质量检测后，进行伪距和相位观测值改正数计算，处理流程如图 5-18 所示，主要包括以下内容。

（1）差分改正数生成：采用 Hatch 滤波算法计算各监测站所有可用卫星的载波相位平滑伪距观测值，将监测站精确位置和广播星历的卫星位置计算的几何距离与相位平滑伪距观测值相减，得到差分改正数。

（2）差分改正数校正：为了使不同接收机的改正数具有可比性，需消除接收机钟差的影响。

（3）平均差分改正数生成：对相同卫星的多个监测站接收机的校正后差分改正数取平均值，得到平均差分改正数。

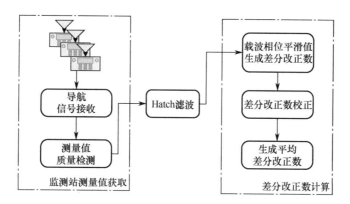

图 5-18　差分改正数处理流程

2. 完好性监测

完好性监测是对导航信号及地面设备本身可能出现的异常情况进行监测，以保证导航系统的完好性，采用多监测站的数据，依据统计假设检验的原理，监测系统计算出改正数的可靠性。不同的监测算法针对不同的故障模式设计，主要包括以下内容。

（1）信号质量监测：监视导航信号相关峰、导航信号功率和测距码载波相位一致性，监测和识别导航信号的异常状态，保证导航信号没有发生畸变，以及信号功率处于正常水平。

（2）数据质量监测：在有新的卫星出现在视界中和接收到新的导航电文时，检查卫星星历和时间数据，保证接收到的导航数据足够可靠。

（3）测量值质量监测：监测由卫星钟异常或参考接收机故障引起的瞬时跳变和其他快变误差，包括接收机锁定时间，载波信号上的脉冲、阶跃或加速度等快变信号，载波平滑码更新，以确定伪距和载波相位观测量在最近几个历元内的一致性。

（4）多接收机一致性校验：检查每颗卫星校正值在多接收机间的一致性，排除可能引起较大差分改正数误差的单接收机异常。

（5）均值和方差监测：监测改正数的平均值和标准差变化。执行监控（EXM）是一系列复杂故障处理逻辑。每个完好性监视算法都可能针对一个通道或一颗卫星生成一个故障告警，EXM 对所有告警信息进行综合，然后隔离

故障测量值。EXM 第一阶段将有告警的测量值排除，未被排除的测量值用于计算差分改正数。EXM 第二阶段基于多接收机一致性校验、均值和方差监测进行一系列故障排除。

3. 电文的编排与播发

局域差分定位电文信息为差分改正数和完好性信息，包括三种类型：①可用卫星的差分改正数：电文信息（有效时间、附加电文标记、测量个数和测量类型）、低频改正数（星历去相关参数、测距源星历 CRC 和测距源可用性持续时间信息）和测距源等；②监测站精确坐标和对流层延迟改正数；③机场精密进近相关信息，如机场标识、进近性能标志符、进近 TCH 单位选择、进近穿越跑道入口高度、航线等。局域差分定位电文数据格式为 RTCA 协议格式，协议与格式参见 5.6.2 节内容。

5.5 播发链路

在增强系统中，通信链路的功能是连接监测站、数据处理中心（或主控站）和用户，传输数据和增强信息。增强系统数据处理中心（或主控站）通过合适的播发链路向用户提供信息服务、数据服务。播发链路的选择和设计与增强系统的服务范围、增强信息的播发量和播发频率、用户接收设备需求等密切相关。在通常情况下，广域范围的增强定位多采用卫星链路，局域增强定位系统多采用地面通信网络播发。

5.5.1 卫星链路

当采用卫星链路进行星基广播播发时，需要开展链路预算计算，并考虑链路的传输能力。传统卫星系统的链路预算，是指卫星通信系统中对发送端、通信链路、传播环境和接收端中所有增益和衰减的核算，通常需要考虑自由空间损耗、大气衰减等因素。在传统的卫星系统链路预算计算方法中，卫星位于天顶方向时传输路径最短，接收信号功率最大；卫星位于最低可视角方向时，传输路径最长，自由空间损耗最大，接收信号功率最小。

链路预算可从天（卫星段）、地（用户段）两个起点进行计算。对于前者，根据卫星信号的发射功率、星地距离等传播条件，计算获得用户接收机的解调余量。对于后者，则根据用户接收机的天线增益、噪声系数等参数，反推卫星发射功率。选用何种计算方法，主要取决于应用场景和设计边界条件。RNSS无线传输链路构成示意图如图 5-19 所示。

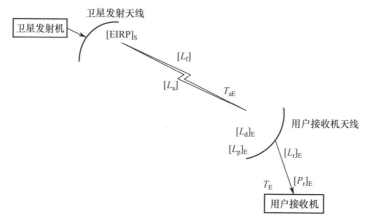

图 5-19　RNSS 无线传输链路构成示意图

1. 计算卫星发射的等效全向辐射功率

卫星发射的等效全向辐射功率（EIRP）可用下式计算：

$$[EIRP]_S = [P_t]_S - [L_t]_S + [G_t]_S \qquad (5\text{-}29)$$

式中，$[P_t]_S$ 为卫星发射机功率放大器或转发器输出功率（dBW）；$[L_t]_S$ 为卫星发射天线网络损耗（dB）；$[G_t]_S$ 为卫星发射天线增益（dB）。

在实际计算过程中，卫星天线的中心轴指向地心，因此在卫星、接收机与地心组成的三角形中，根据正弦定理可以得到卫星观测仰角 e 与天线偏轴角 α 的换算关系为

$$\frac{\sin\left(e+\dfrac{\pi}{2}\right)}{R_{\text{Orbit}}} = \frac{\sin\alpha}{R_{\text{Earth}}} \qquad (5\text{-}30)$$

根据偏轴角可获得对应的天线增益 $[G_t]_S$。

2. 计算自由空间损耗

自由空间损耗按下式计算：

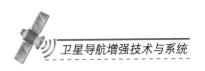

$$[L_{\mathrm{f}}] = 32.45 + 20\lg d + 20\lg f \qquad (5\text{-}31)$$

公式中，$[L_{\mathrm{f}}]$为自由空间传播损耗（dB）；d为发射机天线到接收机天线之间的无线电传播距离（km）；f为 RNSS 信号载波中心频率（MHz）。

3. 计算全链路的所有损耗

无线信号由卫星发射机天线经自由空间、接收机天线到达用户接收机入口，整个链路的所有损耗按下式计算：

$$[L_{\mathrm{all}}] = [L_{\mathrm{f}}] + [L_{\mathrm{a}}] + [L_{\mathrm{d}}]_{\mathrm{E}} + [L_{\mathrm{p}}]_{\mathrm{E}} + [L_{\mathrm{r}}]_{\mathrm{E}} \qquad (5\text{-}32)$$

式中，$[L_{\mathrm{a}}]$为下行链路无线信号的大气吸收、雨衰等综合损耗（dB）；$[L_{\mathrm{d}}]_{\mathrm{E}}$为用户接收机天线指向损耗（dB）；$[L_{\mathrm{p}}]_{\mathrm{E}}$为用户接收机天线极化损耗（dB）；$[L_{\mathrm{r}}]_{\mathrm{E}}$为用户接收机天线到接收机的馈线损耗（dB）。

4. 计算用户接收机入口接收功率

用户接收机入口接收功率按下式计算：

$$[P_{\mathrm{r}}]_{\mathrm{E}} = [\mathrm{EIRP}]_{\mathrm{S}} - [L_{\mathrm{all}}] + [G_{\mathrm{r}}]_{\mathrm{S}} \qquad (5\text{-}33)$$

式中，$[G_{\mathrm{r}}]_{\mathrm{S}}$为卫星发射机天线增益（dB）。

5. 计算用户接收机入口等效噪声温度

按下式计算：

$$T_{\mathrm{E}} = \frac{T_{\mathrm{aE}}}{[L_{\mathrm{r}}]_{\mathrm{E}}} + T_{\mathrm{cE}}\left(1 - \frac{1}{[L_{\mathrm{r}}]_{\mathrm{E}}}\right) + 290(N_{\mathrm{fE}} - 1) \qquad (5\text{-}34)$$

式中，T_{aE}为用户接收机天线噪声温度（K）；$[L_{\mathrm{r}}]_{\mathrm{E}}$为用户接收机天线馈线损耗；$T_{\mathrm{cE}}$为用户接收机天线馈线环境温度（K）；$N_{\mathrm{fE}}$为用户接收机噪声系数。

6. 计算用户接收机入口载噪比

用户接收机入口载噪比按下式计算：

$$[C/N_0]_{\mathrm{E}} = [P_{\mathrm{r}}]_{\mathrm{E}} - T_{\mathrm{E}} + 228.6 \qquad (5\text{-}35)$$

7. 计算用户接收机入口多址干扰谱密度

在同时存在多颗卫星同频发射信号的情况下，用户接收机入口的多址干扰谱密度按下式计算：

$$I_0 = \frac{2}{3R_C} \sum_{i=1}^{n} C_i \tag{5-36}$$

式中，C_i 为用户接收机入口的第 i 个多址干扰信号功率（W）；R_C 为扩频信号的扩频码速率（chip/s）。

8. 计算用户接收机入口载波与多址干扰的谱密度比值

用户接收机入口的载波功率与多址干扰的谱密度比值按下式计算：

$$[C/I_0] = [P_r]_E - [I_0] \tag{5-37}$$

9. 计算用户接收机入口等效载噪比

在多址干扰的情况下，用户接收机入口等效载噪比按下式计算：

$$[C/N_0]_f = -10\lg(10^{-[C/N_0]_E/10} + 10^{-[C/I_0]_E/10}) \tag{5-38}$$

10. 计算满足信号捕获跟踪门限要求的无线链路余量

满足信号捕获跟踪门限要求的无线链路余量按下式计算：

$$[E_C] = [C/N_0]_f - [C/N_0]_c \tag{5-39}$$

式中，$[C/N_0]_c$ 为信号捕获跟踪的载噪比门限（dB）。

11. 计算满足信息解调要求的无线链路余量

满足信息解调要求的无线链路余量按下式计算：

$$[E_b] = [C/N_0]_f - [E_s] - [R_b] + [G_c] - [E_b/N_0]_{th} \tag{5-40}$$

式中，$[E_s]$ 为扩频信号解扩的损失（dB）；$[R_b]$ 为链路中传输的信息比特速率（bps）；$[G_c]$ 为信道纠错编码增益（dB）；$[E_b/N_0]_{th}$ 为达到规定误比特率所要求的比特信噪比门限值（dB）。

5.5.2　地面通信网络

地面通信网络功能主要分为两部分，一部分用于连接监测站和系统控制中心，另一部分用于连接用户数据中心和用户应用系统。

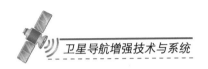

1．地面播发链路

常用的地面通信播发包括无线因特网方式（包括 GSM、GPRS、CDMA、4G、5G 等）、因特网播发方式，以及常规 UHF/VHF、广播电台等播发方式。在 GPRS、CDMA 方式中，用户通过无线拨号上网，播发差分数据给用户；UHF/VHF 方式通过专用设备向局部区域用户发布差分数据。无线因特网采用公众网络向用户发布信息。地面通信播发采用地面通信方式与数据处理中心连接，包括用户名密码验证、手机号码验证、IP 地址验证、GPUID 验证等不同认证手段及其组合的多途径发播手段。

2．数据播发方式

1）实时数据播发

实时数据播发可采用多种方式进行。目前，局域增强系统中较为可行的方式有以下几种。

（1）无线上网：包括 GPRS、CDMA。

（2）GSM 公众移动通信网络：利用 GSM 调制解调器实现增强信息的传输，完成服务范围内的增强定位作业。

（3）其他通信方式：为了便于今后通信方式的扩充，播发界面采用标准 RS-232，利用多功能适配器进行扩展。

2）事后数据播发

对于事后的数据，采用因特网的方式为公众服务，通过 Web 访问、FTP 文件传输功能实现。

3．数据播发协议

地面播发实时服务通常采用 TCP/IP 和 NTRIP，事后数据服务采用 FTP。

4．地面通信播发系统设计

地面通信播发系统的设计原则如下。

（1）监测站与数据处理中心的数据通信首选专网和 DDN 专线，并预留备份通道。

（2）各监测站的专网接入应考察带宽、延迟时间，并进行有关测试。

（3）用户数据与因特网的接入带宽至少应大于 2 MB，如果能够利用高速宽带网则更为理想。

（4）采用 GSM 或透明方式进行通信时，同时工作的最大用户数不应小于150。

增强系统常用的数据流播发流程如下。

（1）实时计算数据流：方向为 RS→编码/解码→数据分流→计算模块（含完备性检验、网络 RTK、RTCM 合成）→发播。

（2）备份数据流：用于对各监测站数据的实时备份，方向为 RS→编码/解码→DBMS。

（3）缺断数据流：此数据流对应于监测站设计中的缺断数据流，是由于通信链路中断后产生的，其方向为计算模块检测出（或操作者）→总控制台→加密模块→RS→RSDBMS 检索→总控制台→DBMS 加入。

（4）控制数据流：发自系统管理中心的控制命令，可分为人工控制和自动控制两类。人工控制方向为操作者→键盘→总控制台→加密→RS。自动控制方向为 RS→编码/解码→数据分流→计算模块（含完备性检验、网络 RTK、RTCM 合成）→总控制台→屏幕。

（5）实时监控数据流：对各监测站工作状态的监控，方向为RS→编码/解码→数据分流→总控制台→屏幕。

（6）播发数据流：在正常工作条件下，系统管理中心的输出数据流，方向为 RS→编码/解码→数据分流→计算模块（含完备性检验、网络 RTK、RTCM 合成）→播发模块→DBMS→播发模块→DTS。

以上数据流不一定同时发生，在正常工作时，（1）（2）（4）（5）（6）同时发生；在通信中断恢复后，自动产生缺断数据流。

5.6 电文格式与协议

电文格式与协议是增强系统提供高效服务的关键内容之一。目前，SBAS

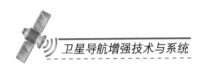

统一按照 RTCA 协议提供服务，RTK 及 CORS 往往采用或参照 RTCM 协议提供服务。目前，PPP 服务一般由各服务供应商自定义设计。这主要是由于各 PPP 服务最先属于商业行为，且卫星链路资源的实际情况各不相同，因此并未由某个非营利组织形成统一的信号体制或标准电文格式协议。通常，各 PPP 系统会在海事无线电技术委员会（RTCM）制定的标准状态空间表示（SSR）格式的基础上，根据自身实际上下行链路资源情况及服务性能要求，进行自定义精简和设计。

5.6.1　RTCA 协议

RTCA 协议是指由航空无线电技术委员会制定的电文格式协议的简称，它定义了 SBAS 提供的服务，即规定了 GEO 卫星传输的测距信号的规格、完好性信息和差分改正数的传输格式。目前，世界上应用最广泛的 RTCA DO—229 是 RTCA 制定的 SBAS 增强 GPS 的机载导航设备二维或三维的最低操作性能标准[31]。RTCA DO—229 仅提供单频机载导航设备的标准，随着 GNSS 不断发展，未来 RTCA 还将发行针对双频设备的标准文档，以进一步满足需求。

RTCA DO—229 规定的电文数据传输率为 250 bps，每个电文数据块由 250 bit 构成，播发时间为 1 s。SBAS 信息数据块结构见表 5-13。SBAS 信息数据块由高有效位到低有效位分别为 8 bit 的同步码、6 bit 的信息类型识别码、212 bit 的改正数和 24 bit 的循环冗余校验码。其中，改正数包含了需要提供给用户的实际有效信息。

表 5-13　SBAS 信息数据块结构

内　　容	比特数/bit	备　　注
同步码	8	共 24 bit，分布于连续 3 个数据块中
信息类型识别码	6	标识信息类型（0～63）
改正数	212	提供给用户的改正数
CRC	24	循环冗余校验码

RTCA DO—229 为 SBAS 信号定义了 17 种信息类型，信息内容及其更新周期见表 5-14。一些信息（如完好性信息）更新得非常频繁（每 6 s 一次），

还有一些信息（如电离层延迟改正数）则慢得多（每 5 min 一次）。不同类型信息组合在一起形成差分 GNSS 改正数，主要分为两类：星历改正数和电离层改正数。为了让不同类型的数据协调，RTCA DO—229 使用了一些数据关联参数（如 IOD 参数），以匹配不同信息，保证系统规定的高完好性。IOD 参数包括用于识别 GNSS 时钟和星历的 IODC 和 IODE（每颗卫星有不同的数值）、用于识别当前 PRN 掩码的 IODP，以及用于识别当前的电离层信息的 IODI。

表 5-14　RTCA DO—229 的信息类型、信息内容及其更新周期

信息类型	信息内容	更新周期 / s
0	不能安全应用（仅用于测试）	6
1	PRN 掩码分配	120
2～5	快变改正数（卫星钟差）	6～60
6	完好性信息	6
7	快变改正数精度衰减因子	120
9	GEO 卫星导航电文	120
10	精度衰减因子	120
12	SBAS 网络时间/UTC 偏移参数	300
17	GEO 卫星星历	300
18	电离层格网点排序信息	300
24	快速/长期卫星误差改正数混合信息	6～60
25	长期卫星误差改正数	120
26	电离层延迟改正数	300
27	SBAS 服务电文	300
28	卫星钟/星历协方差矩阵	120
62	内部测试电文	—
63	空电文	—

当前 RTCA MOPS 标准文件的最新版本为 2020 年发布的 RTCA DO—229F，由 2016 年发布的 RTCA MOPS DO—229E 修订而成。RTCA DO—229F 主要由 5 章主题内容和 21 个附录构成。其中，5 章主题内容主要是针对不同类型、适用于不同飞行阶段的 GPS/SBAS 航空设备的规范；21 个附录（附录 A～附录 U），分别从不同方面细化描述主题内容中的细节，包括 SBAS 接口协议、SBAS 定位和保护级计算、系统故障模型和假设、接收机信号抗干扰、数据输

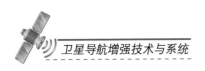
出格式、GPS 与惯导融合等多个方面。RTCA DO—229F 的具体内容见表 5-15。

表 5-15　RTCA DO—229F 的具体内容

章和附录	内　容	说　明	L1 SBAS SARPs 的对应内容
第 1 章	目的和范围	总体描述功能和性能要求；划分航空设备类型，关键术语定义；测试要求；所选项的假设和应用方法	在第 5）部分中，针对 SBAS 数据的使用要求，对应 SARPs 的附录 B 中 SBAS 电文的相关内容
第 2 章	设备性能和测试程序	通用要求，包括对各类型设备和各飞行阶段的要求、对 Gamma 类设备的要求、对 Class Delta-4 类设备的要求，以及航空设备性能的环境因素测试方法和程序	主要集中在设备性能要求部分，以 L1 SBAS 的 SARPs 为输出，在针对 SBAS 电文应用、航空器与非航空器、信号抗干扰等多方面要求的基础上，制定机载接收机的通用规范要求。逐步根据不同飞行阶段的特殊要求，进一步细化
第 3 章	安装设备的性能	参照《AC20—130A 集成多个导航传感器的导航或飞行管理系统的适航批准》和《20—138A 全球卫星导航系统（GNSS）设备适航批准》	—
第 4 章	运行特性	参照航空信息手册（Aeronautical Information Manual, AIM）	—
第 5 章	SC-159 成员名单	—	—
附录 A	SBAS 信号规范	基于 ICAO SARPs 定义的 SBAS 详细技术规范制定，细化了参数使用说明	SARPs 的附录 B 中的 SBAS 详细技术规范要求
附录 B	GPS/WAAS 标准假设	GPS 和 WAAS 星座构成及其卫星故障模型，基于 ICAO SARPs 的 GPS 信号畸变模型	信号畸变模型部分，对应 SARPs 的附录 D 中的 SQM 要求
附录 C	接收机信号和环境干扰标准	基于 ICAO SARPs 的信号抗干扰性能要求，细化并收紧部分指标，对天线给出性能要求	SARPs 的附录 B 中的抗干扰要求

（续表）

章和附录	内　容	说　明	L1 SBAS SARPs 的对应内容
附录 D	支持具备高完好性的直接和高级进近着陆操作的数据格式	详细定义最终进近阶段，航空设备使用的数据结构和格式标准	—
附录 E	SBAS 垂直引导阶段的加权定位导航和系统误差处理算法	给出标准的航空设备 SBAS 定位导航处理算法	SARPs 的附录 B 中的 SBAS 详细技术规范要求
附录 F	支持 ADS-B 的速度数据算法	给出支持 ADS-B 的基于 SBAS 的航空设备速度算法	—
附录 G	气压高度表辅助要求	给出对辅助导航的气压高度表要求	—
附录 H	输出格式标准	GPS/SBAS 的数据输出类型和格式	—
附录 I	Gamma 类设备的模式切换流程图	—	—
附录 J	航路阶段基于 SBAS 的保护级计算	基于 SBAS 导航的实时用户保护级算法	SARPs 的附录 B 中的 SBAS 详细技术规范要求
附录 K	故障探测和排除的参考文献		
附录 L	在大圆航行中的直接和间接的大地测量问题	—	—
附录 M	有关测试的考虑	关于系统测试方法和测试流程的考虑，列举了数据采集和精度测试的统计方法	—
附录 N	由 WGS-84 坐标系确定平均海平面高		
附录 O	词汇与缩略语	—	—
附录 P	选取电离层格网点的流程图	指明接收机使用电离层改正时选取电离层格网点的流程	SARPs 的附录 B 中的 SBAS 详细技术规范要求

（续表）

章和附录	内　容	说　　明	L1 SBAS SARPs 的对应内容
附录 Q	直升机使用 SBAS 的考虑	—	—
附录 R	针对 GPS/惯性导航紧组合系统的要求和测试程序	—	—
附录 S	数据处理流程图	给出标准的 SBAS 接收机实时数据处理流程,规范接收机的数据处理方法,包括轨道钟差改正数使用、电离层延迟改正数使用、GEO 测距信息使用、加权矩阵生成、定位解算等	根据 SARPs 的附录 B 中的 SBAS 详细技术规范要求,确定规范的数据处理流程
附录 T	GEO 偏差分析工具	分析由于 GEO 和 GPS 信号带宽不同引发的测距偏差	—
附录 U	与 ADS-B 接口的指导材料	—	—

可以看出,RTCA DO—229F 的主要内容是针对使用 GPS、SBAS 和 GBAS 的航空接收机的标准和规定,通过接收机等级分类,明确各类接收机的不同功能和性能;同时针对不同飞行阶段的飞行要求,对接收机的设计、实现提出具体的要求,以保证所需导航性能的实现。RTCA DO—229F 也制定了用于航空接收机的 GNSS 标准协议格式。

5.6.2　RTCM 协议

RTCM 为海事无线电技术委员会的简称,随着卫星导航系统及差分定位技术的发展,该委员会制定了用于差分卫星导航系统和实时动态测量应用的电文格式标准。RTCM 协议主要经历了三个版本阶段,即 RTCM V1.X、RTCM V2.X 和 RTCM V3.X。

1985 年,RTCM SC-104 专门委员会发布了 RTCM V1.0 标准格式建议文件,该版本主要描述了 GPS 差分信息;1990 年 1 月,发布了 RTCM V2.0 版本,该版本所设计的差分定位精度由 V1.0 版本的 8～10 m 提高到了 5 m，主要用于基于伪距观测量的差分定位。为兼容载波相位，RTCM SC-104 专门委员会于 1994 年发布了 RTCM V2.1，基本数据格式未变，增加了若干支持 RTK 定位的新信息类型，即信息类型 18～21；1998 年，发布了 RTCM V2.2，增加了支持 GLONASS 的差分导航信息；2001 年，发布了 RTCM V2.3，定义了信息类型 23 和 24（接收天线参考类型），设计定位精度优于 5 cm。RTCM V3.0 于 2004 年发布，该版本提供了包括伪距和载波相位观测值、天线参数和辅助系统参数这些用于支持 GPS 和 GLONASS 进行 RTK 定位的信息；2006 年 10 月发布了 RTCM V3.1，新增了网络差分改正数，主要应用于网络 RTK 系统，是一种更加高效和简洁的数据格式，新出现的内容只需要修改保留位信息而不会影响已经定义的数据字段，因此具有很强的实用性。针对 RTCM V3.1，RTCM SC-104 专门委员会又先后提出了五次修正案，增加了专有信息、网络 RTK 残差信息、真实参考站位置信息（用于虚拟参考站）、接收机与天线描述信息、处理四分之一周相位切换、GPS 与 GLONASS 区域改正数技术、GLONASS 主辅站技术、状态空间表示 SSR 信息等。2013 年 2 月发布的 RTCM V3.2 将 V3.1 及其修正版合并为新的版本，新定义了包含多系统的多信号信息组（MSM），将其作为一种通用格式，并在后续的两次修正案中新增了对 BDS、GALILEO 和 QZSS 的支持。RTCM V3 最初仅支持 GPS 和 GLONASS，其信息有不同的格式。随着 BDS、GALILEO、QZSS 信号的加入，且现代化 GPS 和 GLONASS 卫星提供新的信号，服务提供商及用户对新系统、新信号的信息通用格式的需求变得迫切，因此用 MSM 信息取代传统的 RTCM-3 观测信息有助于适应新的多系统、多信号的 GNSS 服务。2016 年 10 月发布的 RTCM V3.3 在先前采用的 GPS、GLONASS、BDS 等信息中添加了星基增强系统（SBAS）的 MSM 信息，为 BDS 添加了一条新的星历信息（1042），为 GALILEO 添加了一条新的 I/NAV 星历信息（1046）。此外，V3.3 版本还预留了 100 条信息供 SC-104 专门委员会用于新的信息开发定义。目前，RTCM 协议的最新版本为 2020 年 4 月发布的 V3.3 版，包含了 NavIC/IRNSS 信息。

为了推动精密单点定位服务，RTCM 推出了 SSR 信息格式，主要包括三个阶段：①研究精密轨道和钟差播发格式，为双频接收机用户提供精密轨道和钟差产品，并进行精密单点定位，称为 DF-RT-PPP；②研究电离层 VTEC 数据播发格式，供单频接收机用户进行精密单点定位，称为 SF-RT-PPP；③研究倾

斜路径的 TEC（STEC）、对流层延迟、卫星信号延迟的播发格式，从而进一步支持 PPP-RTK 定位功能。对当前的 RTCM SSR 数据播发格式而言，只有 GPS 和 GLONASS 完成了第一阶段 DF-RT-PPP，所制定的信息类型可满足基本的 PPP 服务需求，其他 GNSS 的第一阶段尚未完成，后续阶段仍在筹备中[32-33]，见表 5-16。

表 5-16　RTCM SSR 信息格式

信息内容	GPS	GLONASS	GALILEO	QZSS	BDS	SBAS
轨道改正数	1057	1063	（1240）	（1246）	（1252）	（1258）
钟差改正数	1058	1064	（1241）	（1247）	（1253）	（1259）
综合轨道和钟差改正数	1060	1066	（1243）	（1249）	（1255）	（1261）
高采样率钟差改正数	1062	1068	（1245）	（1251）	（1257）	（1263）
码偏差	1059	1065	（1242）	（1248）	（1254）	（1260）
相位偏差	（1265）	（1266）	（1267）	（1268）	（1269）	（1270）
用户测距精度	1061	1067	（1244）	（1250）	（1256）	（1262）

注：括号中的信息编号是暂定的，以正式版本公布为准。

RTCM SSR 的轨道改正数和钟差改正数分别是相对于广播星历轨道与广播星历钟差的差值，可以减小播发带宽。GNSS 卫星坐标的参考框架可以是 ITRF 或区域坐标框架，支持的坐标框架包括 ETRF89、NAD 和 JGD2000 等。RTCM SSR 有多种数据流：基于全球参考站网络的参考站数据流、IGS 实时计划产生的数据流，以及 BKG NTRIP 广播的数据流等。互操作性测试的 SSR 数据（轨道、钟差改正数和码偏差）由独立的 GNSS 数据处理软件生成，不同机构有独立的 RTCM SSR 数据编码和解码模块，以及独立的 DF-RT-PPP RTCM SSR 客户端软件。

MSM 信息是为不同的卫星系统观测数据提供通用传输格式而定义的，针对各系统以相同的方式生成接收机观测值，包括伪距、相位、载噪比和相位变化率的压缩信息和完整信息，其电文组由电文头、卫星数据和信号数据三部分组成。目前，RTCM V3.3 中对 BDS 定义的 MSM 电文组为 1121～1127。MSM 信息具有通用性好、适应性强、便于编码和解码等优点，对于未来实时数据传输意义重大，它定义了 7 种信息类型，具体设计用途见表 5-17。每种信息类型都被应用到各个独立的 GNSS 中，分配的信息范围见表 5-18。

表 5-17 RTCM V3.X 定义的 MSM 信息类型

信息类型	设计用途
MSM1	传统及改进的 DGNSS
MSM2	传统的 RTK 模式
MSM3	
MSM4	
MSM5	以标准 RINEX 格式保存观测值
MSM6	扩展 RTK 模式，实时网络数据流
MSM7	以扩展模式传输 RINEX 观测值

表 5-18 RTCM V3.X 在各 GNSS 中的 MSM 信息范围

信息范围	GNSS
1071～1077	GPS
1081～1087	GLONASS
1091～1097	GALILEO
1101～1107	SBAS
1111～1117	QZSS
1121～1127	BDS

RTCM V3.X 包含应用层、表示层、传输层、数据链路层及物理层。其中，表示层对整个数据结构做了详细的定义，包含帧结构和数据字段等；传输层则定义了传输的协议。协议中的信息类型规定了每帧数据可变长度的数据信息，是用于播发和传输各种信息的载体。每条 RTCM 信息都由若干数据字段（DF）按照特定格式排列而成，数据字段规定了各条数据的范围、分辨率和数据类型。RTCM V3.1 共定义了 142 个 DF，V3.2 版本在原有基础上增加定义了 285 个 DF，V3.3 版本又增加定义了 88 个 DF。为达到较高的传输完整度，一个标准格式的 RTCM V3.X 协议帧结构由固定的引导字、一个保留字、一个消息的长度定义、一条消息和循环冗余校验组成，具体帧结构见表 5-19。

表 5-19 标准格式的 RTCM V3.X 协议帧结构

内容	比特数 / bit	备注
同步码	8	设为 "11010011"
保留	6	未定义，设为 "000000"
信息长度	10	以字节表示
可变长度的数据信息	可变长度的整字节数	0～1023 Byte，若不是整数字节，则最后一个字节用 0 补足整字节数
CRC	24	QualComm CRC-24 Q

RTCM V3.X 中的信息根据用途被划分为不同的信息组，其内容包括观测数据、监测站坐标、接收机与天线描述、网络 RTK 改正数、辅助观测信息、转换参数信息、状态空间差分参数，以及其他专有信息等。其中，状态空间差分参数是针对全球实时精密单点定位服务设计的协议格式。通过定义新的信息类型，RTCM V3.X 协议能够支持多达 20 种服务，将单一的精密网络 RTK 服务扩展成 6 种网络 RTK 服务，同时还支持 3 种状态空间表示（SSR）服务、1 种码差分操作服务、2 种不同精度的操作服务和 2 种不同精度的数据改正服务，服务商可以按照需求提供用户需要的不同类型的服务。

5.6.3　自定义协议设计

在一般情况下，通过星基播发增强系统改正数时需要进行自定义协议设计，电文协议是影响 PPP 服务性能的重要因素。一方面，电文消息播发间隔决定了改正数产品的精度损失，影响用户首次定位时间（TTFF）及最终定位精度；另一方面，不同的消息播发间隔和数据位宽对电文协议所需字节长度有不同要求，从而影响卫星下行播发速率需求。自定义协议设计需要考虑以下几个方面。

1. 改正数更新周期

与卫星导航系统基本广播电文类似，PPP 服务电文也由多种消息类型组成，卫星精密轨道、钟差等改正数在相应的消息类型中每帧循环播发。因此，根据卫星下行播发速率及各消息类型具体设计的不同，用户将按一定的周期收到导航卫星的更新改正数，这一周期即为改正数更新周期。

记参考时间为 t_0，从 PPP 电文中获取的卫星轨道及其变化率改正数向量分别为 $(\delta O_R, \delta O_A, \delta O_C)^T$ 和 $(\delta \dot{O}_R, \delta \dot{O}_A, \delta \dot{O}_C)^T$，其中，下标 R、A、C 分别代表轨道径向（Radial）、法向（Along）和切向（Cross）；从 PPP 电文中获取的钟差改正数电文多项式系数为 C_i（i=0,1,2）。那么，在当前时刻 t，用户计算得到并使用的完整轨道改正数矢量 $\delta \boldsymbol{O}$ 为

$$\delta \boldsymbol{O} = \begin{pmatrix} \delta O_R \\ \delta O_A \\ \delta O_C \end{pmatrix} + \begin{pmatrix} \delta \dot{O}_R \\ \delta \dot{O}_A \\ \delta \dot{O}_C \end{pmatrix} (t - t_0) \tag{5-41}$$

计算得到并使用的钟差改正数 δC 为

$$\delta C = C_0 + C_1(t - t_0) + C_2(t - t_0)^2 \tag{5-42}$$

从式（5-41）和式（5-42）可以看出，由于在重新接收到新的改正数之前，用户只能使用上一参考时刻的历史改正数外推，因此所使用的改正数实际精度与延时 $t-t_0$ 成反比。改正数更新和播发间隔越短则延迟越小、精度越高；反之，更新和播发间隔越长则延迟越大，由此带来的精度损失也越大。轨道改正数的延迟精度损失主要与卫星轨道运动特性有关，钟差改正数的延迟精度损失主要与卫星钟频率稳定性（主要是短期稳定性）有关。

利用事后精密星历轨道、钟差与系统广播星历轨道、钟差参数的差值，可以评估卫星星历参数精度及卫星空间信号误差，是国内外学者广泛使用的方法[34]。以下用实例说明评估和分析改正数更新周期对精度损失带来的影响。采用 2017 年 1 月共 31 天的多 GNSS 广播星历数据，以德国地学研究中心（GFZ）发布的多 GNSS 精密轨道和钟差产品（GBM）作为标准，与其相减获得 PPP 卫星轨道和钟差改正数样本（1 s 采样）。同时，利用 STK 软件仿真给出相应时段的多 GNSS 星座 PDOP 值，以进一步计算用户定位精度损失。

对于每颗 GNSS 卫星，首先在每个 180s 时段内分别依次计算延迟 1～179 s 时的精度损失；其次，计算各时段的平均值，得到每颗卫星延迟 1～179 s 的平均轨道和钟差精度损失；最后，分别对各 GNSS 卫星进行平均，以获得各自 GNSS 的改正数延迟精度损失情况。表 5-20 是 GNSS 轨道在播发间隔分别为 30 s、60 s 和 120 s 情况下的精度损失统计。表 5-21 是 GNSS 钟差在播发间隔分别为 5 s、10 s 和 20 s 情况下的精度损失统计。可见，轨道改正数播发间隔对 GALILEO 精度损失的影响最小，对 GLONASS 精度损失的影响最大，北斗 MEO 卫星精度损失与 GPS 卫星基本相当，北斗 GEO 和 IGSO 卫星精度损失则略小于 GPS 卫星。

表 5-20　GNSS 轨道在播发间隔分别为 30 s、60 s 和 120 s 情况下的精度损失统计　单位：m

方　向	播发间隔/s	精 度 损 失			
		GPS	GLONASS	GALILEO	BDS
径向（R）	30	0.002	0.014	0.001	0.002
	60	0.004	0.029	0.001	0.004
	120	0.007	0.062	0.002	0.007
切向（C）	30	0.006	0.015	0.001	0.011
	60	0.012	0.030	0.003	0.023
	120	0.025	0.063	0.005	0.046

（续表）

方　　向	播发间隔/s	精 度 损 失			
		GPS	GLONASS	GALILEO	BDS
法向（A）	30	0.004	0.014	0.001	0.012
	60	0.009	0.029	0.002	0.025
	120	0.018	0.062	0.004	0.050

表 5-21　GNSS 钟差在播发间隔分别为 5 s、10 s 和 20 s 情况下的精度损失统计　单位：m

播发间隔/s	精 度 损 失			
	GPS	GLONASS	GALILEO	BDS
5	0.004	0.005	0.000	0.002
10	0.008	0.009	0.001	0.004
20	0.017	0.018	0.001	0.007

2. 改正数位宽

改正数位宽（或称占位）是指增强电文中分配用于表达和传输改正数的字节长度，由数值范围和刻度因子（或称比例因子）共同决定。其中，数值范围决定了表达改正数的上下限，取值过大会造成字节浪费，过小则会造成截断误差；刻度因子决定了描述改正数的分辨率，取值过大会导致描述粗糙、改正数精度降低，过小则会在相同的数值范围要求下占用更多字节资源。

由此可见，改正数位宽的设计需对性能和字节长度两方面进行综合和平衡。记改正数位宽为 n（单位：bit），比例因子为 m（单位：m），则该改正数的有效数据表达范围 R 为

$$-2^{n-1} m \leqslant R \leqslant +2^{n-1} m \qquad (5\text{-}43)$$

同样采用 2017 年 1 月共 31 天的精密星历与广播星历，计算得到不同 GNSS 卫星对应的轨道钟差和钟差改正数，并以标准 SSR 格式及 QZSS CLAS 服务格式作为参考，分别统计卫星轨道改正数和钟差改正数落在两类不同电文限差范围内的概率，见表 5-22。

表 5-22　GNSS 卫星改正数落在两类不同电文限差范围内的概率

GNSS	参考电文格式	轨道改正数/%			钟差改正数/%
		径向	切向	法向	
GPS	标准 SSR	100.0000	99.9882	99.9878	100.0000
	QZSS CLAS	100.0000	99.9874	99.9874	100.0000

（续表）

GNSS	参考电文格式	轨道改正数/%			钟差改正数/%
		径向	切向	法向	
BDS	标准 SSR	100.0000	99.9893	100.0000	100.0000
	QZSS CLAS	99.9382	99.9784	99.9388	99.9340
GLONASS	标准 SSR	099.9866	99.9896	99.9866	100.0000
	QZSS CLAS	099.9866	99.9866	99.9866	100.0000
GALILEO	标准 SSR	100.0000	100.0000	100.0000	100.0000
	QZSS CLAS	100.0000	99.9391	99.9903	99.9909

从表 5-22 可以看出，即使按照数据表达范围显著更小的 QZSS CLAS 服务格式，仍可保证各 GNSS 卫星轨道和钟差改正数落于该区间内的概率大于99.9%，基本不会对 PPP 服务性能产生影响，同时节省了电文字节资源，而毫米级的比例因子也足够满足厘米至分米级 PPP 服务的精度要求。

3. 定位精度影响

卫星轨道和钟差改正数的精度损失决定了用户进行修正后的卫星轨道和钟差残余误差，并体现在用户差分测距误差（UDRE）中，最终影响 PPP 定位精度。

与标准单点定位（SPP）类似，卫星轨道改正残余对 UDRE 的影响同样是在径向方向最大，在法向和切向较小，而卫星钟差改正残余的影响也主要体现在径向方向上。因此，可以使用 SPP 中评估卫星空间信号误差的经验模型，来评估卫星轨道和钟差改正残余误差对 UDRE 的影响。GNSS 卫星轨道和钟差在不同延迟情况下的定位精度（三维）损失分别见表 5-23 和表 5-24。通过仿真结果，可根据 PPP 服务性能的具体设计要求，明确不同 GNSS 卫星轨道和钟差改正数播发间隔。例如，对于我国北斗卫星导航系统，若要保证改正数延时精度损失导致的 PPP 定位误差影响在 1 cm 以内，那么卫星轨道改正数和钟差改正数播发间隔最大应分别不超过 60 s 和 10 s。

表 5-23　GNSS 卫星轨道在延迟 30 s、60 s 和 120 s 情况下的
定位精度（三维）损失　　　　　单位：m

播发间隔/s	定位精度损失			
	GPS	BDS	GLONASS	GALILEO
30	0.001	0.005	0.046	0.003
60	0.017	0.010	0.100	0.007
120	0.036	0.022	0.199	0.014

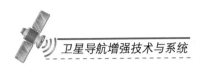

表 5-24　GNSS 卫星钟差在延迟 5 s、10 s 和 20 s 情况下的
定位精度（三维）损失　　　　　　　　　单位：m

播发间隔/s	定位精度损失			
	GPS	BDS	GLONASS	GALILEO
5	0.013	0.004	0.013	0.003
10	0.024	0.009	0.026	0.003
20	0.050	0.020	0.053	0.007

5.7　信号与电文认证

民用导航信号与电文采用公开信号格式，除容易受到复杂环境中的自然干扰和电磁干扰外，还可能遭受恶意欺骗攻击等，从而影响系统服务及用户使用。尤其对于 SBAS 这类面向航空、海事和铁路等高完好性领域提供生命安全服务的导航系统，恶意欺骗攻击会使得接收机在无意识状态下捕获欺骗信号，导致用户完好性告警错误，是 SBAS 及其用户所面临的主要安全隐患[35]。因此，提高系统服务安全性已成为 SBAS 技术发展方向之一。此外，信号认证技术也可以应用于 PPP 等增强系统，从而实现商业授权与付费功能。

5.7.1　信号认证技术发展

信号认证是指在导航信号中加入特殊标记，从而使接收机确认导航信号是否来自真实的导航卫星，以及其中的信号/信息是否被人为伪造或篡改[36-37]。信号认证技术的重点是保障信号/信息的完整性，在不影响非授权用户正常使用的情况下，通过增加信息完整性核验和信号源身份认证等方法，为认证授权用户提供更加安全的导航服务，以对抗欺骗式攻击。

导航信号认证的概念最早由美国于 2003 年提出[38]。2017 年，GALILEO 首次提供信号认证服务，具备了系统级的欺骗防护能力。SBAS 导航信号认证基于 GALILEO 信号认证的技术成果，以满足国际民航应用对导航安全性的更高要求。同时，随着 DFMC 标准的推进，欧美积极推进 SBAS 信号认证进入 DFMC 标准。

1. 欧洲 EGNOS

欧盟于 2016 年提出了"S 信号认证计划"[36]，随后开发了 EGNOS 认证安全测试床（EAST）[37]，初步设计了认证协议、认证信息发播方案及核心指标，并持续开展认证方法评估工作。其信号认证的备选方案包括 ECDSA 数字签名和 TESLA 协议[37, 39]，其中，ECDSA 采用 EC-Schnorr 标准。

目前，EGNOS 已将信号认证写进了 2020—2025 EGNOS 长期规划，成为 3 个主要发展方向之一。

2. 美国 WAAS

美国斯坦福大学团队正在积极推进 SBAS 信号认证标准的制定。美国斯坦福大学于 2003 年开始研究 SBAS 信号认证[38]。美国采用与欧盟一样的备选方案，具体包括 ECDSA 和 TESLA 协议，其中，ECDSA 采用美国 NIST 标准。

3. 中国 BDSBAS

中国民航大学、中国科学院光电研究院等单位开展了 NMA 认证相关研究。欧美提出的 SBAS 信号认证协议基于 WAAS、EGNOS 等透明转发体制，而我国的 BDSBAS 采用卫星生成转发体制，与 WAAS 及 EGNOS 的转发体制不同。

目前，BDSBAS 信号认证研究还处于论证阶段，主要开展了 L5Q ECDSA 设计，电文设计基于 GB/T 32918—2016《信息安全技术 SM2 椭圆曲线公钥密码算法》。

5.7.2　主流认证技术

目前，主流认证技术常采用导航电文认证（NMA）方法。该方法为了保护导航电文数据比特位，通过对导航电文进行数字签名或加入消息认证码，在用户端进行广播卫星身份认证。SBAS 信号认证方法主要包括两类：数字签名和时间效应流丢失容错认证机制（TESLA）。

1. 数字签名

数字签名基于非对称密码（又称公钥密码）实现，发送者利用私钥（又称签名密钥，只能由签名的人持有）对消息进行签名，接收者使用公钥（又称验证密钥，任何需要验证签名的人都可以持有）验证消息的签名[40]，其原理图如图 5-20 所示。

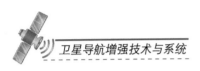
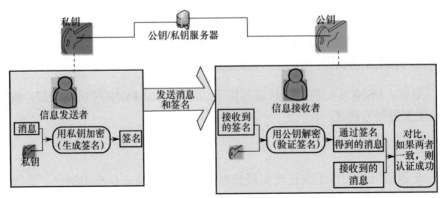

图 5-20　基于数字签名实现认证的原理图

数字签名采用椭圆曲线数字签名算法（ECDSA），利用椭圆曲线密码（ECC）模拟数字签名算法，具有安全性高、算法强度复杂的特点，加密、解密速度较慢。

2. TESLA

TESLA 协议是由 Perring 等人设计的一种基于消息认证码（MAC）的广播认证协议[41]。该协议利用对称密码机制实现消息的广播认证，通过延迟公布单向密钥链中的认证密钥实现广播认证中的非对称性，提供了一种防止消息伪造的机制，保障了消息的安全性。TESLA 协议工作原理图如图 5-21 所示。

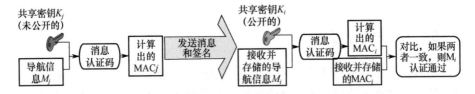

图 5-21　TESLA 协议工作原理图

3. 安全等级

密钥长度取决于认证服务安全等级（SL）。安全等级指密码算法被暴力破解的难度[40]。例如，128 bit 的安全等级表示利用暴力破解的方式攻击签名时，需要进行 2^{128} 次才能突破。在对称密码中，安全等级一般等于密钥长度；在非对称密码中,安全等级一般小于密钥长度。例如,安全等级为 128 bit 的 ECDSA，私钥长度为 256 bit，公钥长度为 512 bit。考虑到 SBAS 服务的预期寿命，一般选择 128 bit 的目标安全级别。

4．主要特点对比

TESLA 与数字签名方法的比较见表 5-25。TESLA 的计算负载和通信负载较低，适用于导航预留电文有限的卫星导航系统；TESLA 的单向密钥链产生及传输提高了认证服务稳定性；TESLA 可提高用户由高动态通道失锁、遮挡等导致密钥丢失时的认证可用性，但没有国际标准。数字签名是一种单向函数，特点是具有多种国际标准，且实现过程简单，但占用的数据位较多，接收机的首次认证时间较长。

表 5-25　TESLA 与数字签名方法的比较

认证技术	密码算法	计算量	同样安全等级下的密钥长度	密钥配送问题	消息完整性验证	身份认证	防止否认	国际标准
TESLA	对称密码算法	小	短	存在	支持	支持，仅限通信双方	不支持	无
数字签名	非对称密码算法	大	长	不存在	支持	支持，可用于证明第三方	支持	有

5.7.3　SBAS 认证案例

1．I/Q 信号选择

现有 SBAS 信号采用 L1 频段和 L5 频段，其中，L1 频段已提供服务，L5 频段的 DFMC 标准正在持续推进，其信号结构及现有使用情况见表 5-26[42]。

表 5-26　L1 和 L5 频段的信号结构及现有使用情况

频　　段	调 制 方 式	I 支路	Q 支路	现有使用情况
L1	BPSK	L1 C/A 码及电文	无	WAAS、EGNOS 已应用
L5	QPSK	I5 伪码及电文	Q5 伪码	DFMC 标准正在推进

根据现有 L1 频段和 L5 频段信号结构，由于 L1-Q 支路未调制信号，SBAS 信号认证备选方案可选择在 I 支路（L1-I 和 L5-I）及 Q 支路（L5）播发导航增强电文[36-37]，具体如下所述。

1）I 支路认证方法

I 支路认证方法是在 L1-I 支路或 L5-I 支路上增加认证电文，如图 5-22 所示。

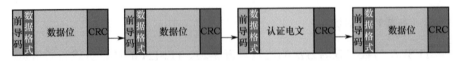

图 5-22　I 支路认证方法示意图

由于现有 L1 和 L5 电文都调制在 I 支路上，在 I 支路上增加认证电文将额外消耗现有电文带宽，影响 SBAS 的 L1、L5 电文编排策略。表 5-27 所示是 EGNOS 目前的 L1-I 和 L5-I 支路带宽资源，已经较为紧张。

表 5-27　EGNOS 目前的 L1-I 和 L5-I 支路带宽资源

频　　段	GPS/GALILEO/EGNOS 卫星数	监测卫星数	带宽利用率
L1	31/0/3	15	70%
	24/26/1	25	90%
L5	31/0/3	15	60%
	24/26/1	25	80%

2）Q 支路认证方法

Dalla Chiara、Enge 等人[37, 43]提出了利用 L5-Q 支路播发认证电文的方法，即利用 L5-BPSK（Q）支路导频播发 SBAS 认证电文，如图 5-23 所示。

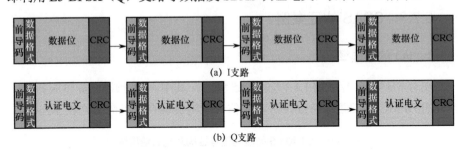

(a) I支路

(b) Q支路

图 5-23　Q 支路认证方法示意图

其中，I 支路为数据通道，播发 SBAS 数据位；Q 支路为认证电文通道，播发 SBAS 认证电文。可见，Q 支路认证方法不占用 I 支路带宽，可以提供比 I 支路认证方法更低延迟的认证服务，但是有可能涉及 I/Q 功率分配变更。

2. 核心指标

Enge 等人提出了 SBAS 认证核心指标[37, 43]。

1）认证时间间隔

认证时间间隔（TBA）是两次认证事件的时间间隔。TBA 需要权衡 SBAS

服务性能。例如，当 TBA 较小时，需要频繁传输的认证电文，会消耗大量的带宽，从而降低 SBAS 性能；当 TBA 较大时，认证电文传输时间过长（几分钟甚至更长），将增大收到欺骗攻击的风险，并使用户接收机在较长的时间内使用未经认证的 SBAS 信号。

2）认证延迟

认证延迟（AL）表示用户从接收 SBAS 信号到完成 SBAS 认证所需的最大延迟。认证延迟与完好性告警时间（TTA）直接相关。理想的认证延迟应为 6 s 或更小，因为 SBAS 完好性告警时间是 6 s。认证延迟和 TBA 相互关联，如图 5-24 所示。

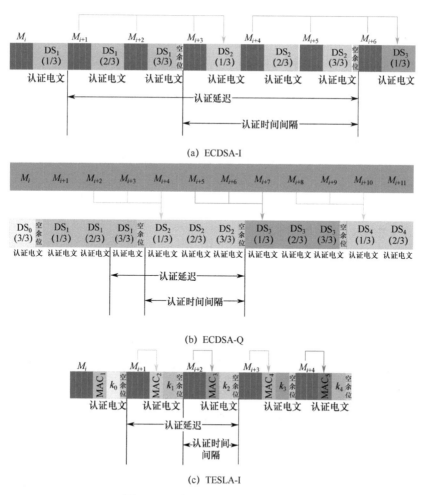

(a) ECDSA-I

(b) ECDSA-Q

(c) TESLA-I

图 5-24　认证延迟与认证时间间隔

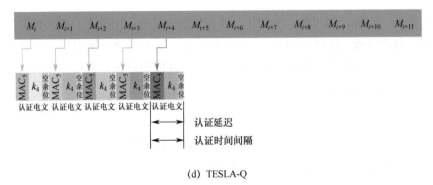

(d) TESLA-Q

图 5-24　认证延迟与认证时间间隔（续）

根据信号支路（I/Q）和认证方法（TESLA/ECDSA）的选择，图 5-24 给出了 4 种方案的核心指标示例。

（1）ECDSA-I，如图 5-24（a）所示。

在该方案中，M 表示待认证 SBAS 电文数据，认证电文主要包括数字签名（DS），数字签名较长时需要拆分为多个电文数据块。因此，电文设计必须保证原有电文能够编排在认证电文数据块之间，以维持其更新间隔。这些播发的认证电文数据块，即图 5-24（a）中的 M_{i+1}、M_{i+2} 和 M_{i+3}，在下一个数字签名 DS_2 前组包和认证。这将影响认证延迟（M_{i+1} 电文从首次接收到完成认证之间的时间）和 TBA [DS_1（3/3）和 DS_2（3/3）接收之间的时间]。

（2）ECDSA-Q，如图 5-24（b）所示。

在该方案中，每 3 条 I 电文传输一个完整的签名。例如，DS_2 验证 3 条电文 M_{i+2}、M_{i+3} 和 M_{i+4}，此时，TBA 为 3 s，认证延迟为 4 s。

（3）TESLA-I，如图 5-24（c）所示。

在该方案中，认证电文包括 MAC 和前一个 MAC 的密钥。TBA 是两个认证电文的时间间隔，由于一次认证事件需要前一个认证电文的 MAC，所以延迟较大。

（4）TESLA-Q，如图 5-24（d）所示。

在该方案中，Q 支路每秒传输 1 帧认证电文（TBA=1 s），其延迟也是 1 s，因为接收机需要在下一秒等待密钥以验证前一个电文 MAC。TESLA-I 和 TESLA-Q 两种方案都假设了 1 s 的宽松时间同步化要求。在 TESLA-I 方案中，包含 MAC 的电文和包含相应密钥的电文间隔的时间较长，由此带来的不确定性可能会导致被攻击，即攻击者得到密钥后，用不同的数据集修改数据的最后一部分，可产生相同的标签。

5.7.4　认证性能仿真分析

基于 EAST 平台，欧洲学者开展了仿真试验[44]，给出了不同 I/Q 支路方案对 SBAS 认证性能及 SBAS 认证对 SBAS 现有性能的仿真结果。

1. 不同 I/Q 支路方案对 SBAS 认证性能的仿真结果

按照 128 bit 安全等级，ECDSA 认证电文（512 bit）需要 3 个 216 bit 电文帧，TESLA 只需要 1 个 216 bit 电文帧。此时，TESLA 和 ECDSA 的最大认证时间间隔分别为 6 s 和 18 s。表 5-28 给出了不同 SBAS 电文认证方案的仿真结果。

表 5-28　不同 SBAS 电文认证方案的仿真结果

方　　案	C/N_0（AER=1%）/ （dB · Hz）	平均认证时间 间隔 / s	最大认证时间 间隔 / s	最大认证 延迟 / s
L5-I ECDSA	28.5	13.52	18	20～29
L5-I TESLA	28.3	5.9	6	11
L1-I ECDSA	28.5	12.89	18	20～29
L1-I TESLA	28.3	4.89	6	11
Q ECDSA I/Q 1：1	31.3	3.03	3	4
Q TESLA I/Q 1：1	31	1.01	1	1
Q ECDSA I/Q 3：1	29.1	5.05	5	8
Q TESLA I/Q 3：1	29.3	2.02	2	4

2. SBAS 认证对 SBAS 现有性能的仿真结果

针对 SBAS 认证可能对 SBAS 现有服务产生影响，欧洲学者开展了相关仿真试验。仿真包括 SBAS-L1 单频场景和 SBAS-L1/L5 双频场景，仿真区域为欧洲航空服务区（纬度为−40°～40°，经度为 20°～70°）。

对于 SBAS-L1 单频场景，利用 2015 年 7 月 15 日 0 时起，EGNOS 的 GEO 卫星（PRN120）广播的 24 h 真实数据，SBAS 电文和用户差分完好性遵循 MOPS DO—229 标准，并考虑了 31 颗 GPS 卫星。对于 SBAS-L1/L5 双频场景，综合采用真实/仿真数据、EGNOS DFMC 场景仿真（如降效参数等），SBAS 电文和

用户差分完好性采用双频 DFMC 信号格式，并考虑了 24 颗 GPS 卫星和 24 颗 GALILEO 卫星。

表 5-29 总结了 TESLA 及 ECDSA 方案在不同 AER 条件下对 SBAS 的 VPE、VPL、连续性和可用性等服务性能的影响。其中，第 3 列为无认证服务时的 SBAS 服务性能，第 4 列为提供服务时的 SBAS 服务性能。由于 TESLA 和 ECDSA 消耗相同的带宽，因此它们的性能相同。第 5～7 列显示了 PER=10^{-3} 时，无认证、ECDSA 和 TESLA 服务的结果。可以看出，在 PER=0 和 PER=10^{-3} 时，无认证服务的性能几乎相同，因为 PER=10^{-3} 时，电文误码不会超过持续 1s，因此 VPE、VPL、可用性和连续性不受影响。表 5-29 还显示了 L1/L5 方案具有更好的性能，随着 VPE、VPL 显著降低，持续性和可用性更强。在增强认证服务后，可用性保持在 99% 以上。在选择不同方案时，VPL 99% 的变化范围为 0.2～0.6 m。当 PER=0 时，电文认证服务的影响可以忽略，但是在考虑电文丢失时，所有方案都会产生很大的影响。当 PER=10^{-3} 时，对于 L1 ECDSA，连续性风险上升至 7.7×10^{-3}，其他方案的连续性风险也有上升。这是因为任何一个 bit 电文的丢失都会导致电文认证失败，从而影响服务连续性。

表 5-29　当 PER=0 及 PER=10^{-3} 时，ECDSA 和 TESLA 对 SBAS 性能的影响

场　景	指　标	PER=0		PER=10^{-3}		
		无认证	ECDSA/TESLA	无认证	ECDSA	TESLA
L1	VPE 95%/m	2.86	2.90	2.86	2.94	2.93
	VPL 99%/m	17.37	17.57	17.38	17.93	17.91
	连续性风险	<8×10^{-6}	<8×10^{-6}	<8×10^{-6}	7.7×10^{-3}	5.9×10^{-3}
	可用性（PL<AL）	99.71%	99.63%	99.71%	99.80%	99.19%
	AER	N/A	0	N/A	0.5%	0.3%
L5	VPE 95%/m	1.66	1.72	1.66	1.72	1.72
	VPL 99%/m	9.98	10.33	9.98	10.39	10.43
	连续性风险	<8×10^{-6}	<8×10^{-6}	<8×10^{-6}	5.8×10^{-3}	7.1×10^{-3}
	可用性（PL<AL）	99.89%	99.85%	99.89%	99.17%	99.45%
	AER	N/A	0	N/A	0.5%	0.3%

从表 5-29 可以看出，如果认证服务使用较小的带宽或使用 Q 支路，则会减小 L1 的影响。当考虑电文丢失时，L1 TESLA 的可用性降低到 99.19%，L1 ECDSA 的可用性降低到 98.8%；而 L5 TESLA 的可用性降低到 99.45%，L5 ECDSA 的可用性降低到 99.17%。

本章参考文献

[1] China Satellite Navigation Office(CSNO). The Application Service Architecture of BeiDou Navigation Satellite System（Version 1.0）　[EB/OL] (2019-09) [2022-07-03]. 来源于北斗官网.

[2] ICAO J. International standards and recommended practices (7th Edition)[C]// Proceedings of the Annex 10—Aeronautical Telecommunications, 2018.

[3] LIU C, CAO Y, ZHANG G, et al. Design and performance analysis of BDS-3 integrity concept [J]. Remote Sensing, 2021, 13(15): 2860.

[4] China Satellite Navigation Office(CSNO). BeiDou Navigation Satellite System Open Service Performance Standard(Version 2.0) [EB/OL] (2018-09) [2022-07-03]. 来源于北斗官网.

[5] China Satellite Navigation Office(CSNO). BeiDou Navigation Satellite System Signal In Space Interface Control Document Open Service Signal B1I (Version 3.0) [EB/OL] (2019-02) [2022-07-03]. 来源于北斗官网.

[6] WALTER T, BLANCH J, GUNNING K, et al. Determination of fault probabilities for ARAIM [J]. IEEE Transactions on Aerospace and Electronic Systems, 2019, 55(6): 3505-3516.

[7] BRIEDEN P, WALLNER S, CANESTRI E, et al. Galileo characterization as input to H-ARAIM and SBAS DFMC[C]// Proceedings of the 32nd International Technical Meeting of the Satellite Division of The Institute of Navigation ,2019: 2819-2841.

[8] China Satellite Navigation Office(CSNO). BeiDou Navigation Satellite System Signal In Space Interface Control Document Open Service Signal B1C (Version 1.0) [EB/OL] (2017-02) [2022-07-03]. 来源于北斗官网.

[9] China Satellite Navigation Office(CSNO). BeiDou Navigation Satellite System Signal in Space Interface Control Document Open Service Signal B2a (Version 1.0) [EB/OL] (2017-09) [2022-07-03]. 来源于北斗官网.

[10] SUN S, WANG Z. Signal-in-space accuracy research of GPS/BDS in China region[C]// Proceedings of the China Satellite Navigation Conference, 2016: 235-245.

[11] FREDERICK D. Global positioning system standard positioning service performance standard(5th edition) [EB/OL]. (2020-04) [2022-07-04]. 来源于 GPS 官网.

[12] CONLEY R. An overview of the GPS standard positioning service signal specification[C]//

Proceedings of the 7th International Technical Meeting of the Satellite Division of the Institute of Navigation, 1994:179-188.

[13] BOLKUNOV A. GLONASS open service performance parameters standard and GNSS open service performance parameters template status[C]// Proceedings of the 9th Meeting Int Comm on GNSS, Work Group A, 2014.

[14] GLONASS OS PS. Global navigation satellite system glonass open service performance standard (OS PS) (Edition 2.2) [EB/OL]. (2020-06) [2022-07-03]. 来源于 GLONASS 官网.

[15] BOLKUNOV A. GLONASS and GNSS Performance Standards: Status and Plans [EB/OL]. (2015) [2022-07-05]. 来源于 UNOOSA 官网.

[16] 党金涛, 郭东晓, 李建文, 等. 导航卫星非差精密定轨测站选取策略分析 [J]. 大地测量与地球动力学, 2015, 35(6): 997-1000.

[17] 韩德强, 党亚民, 薛树强, 等. GNSS 卫星精密定轨全球地面基准站网随机优化算法 [J]. 武汉大学学报, 信息科学版, 2019, 44(6): 799-805.

[18] 李辉, 李昱锦, 代桃高, 等. 基于 TIN 全球选站方法的 GPS 卫星钟差实时解算 [J]. 测绘科学技术学报, 2017, 34(5): 441-444, 450.

[19] 代桃高, 李建文, 赵静, et al. 基于 TIN 网的全球选站研究及精密定轨应用 [J]. 大地测量与地球动力学, 2017, 37(1): 77-80, 85.

[20] 文援兰, 柳其许, 朱俊, 等. 测控站布局对区域卫星导航系统的影响 [J]. 国防科技大学学报, 2007, (1): 1-6.

[21] 胡松杰. 卫星星座的动力学研究 [D]. 南京: 南京大学, 2003.

[22] 徐伯健, 李昌哲, 卜德锋, 等. 基于多目标规划的 GNSS 地面站任务资源优化 [J]. 无线电工程, 2016, 46(7): 45-48.

[23] 马煦, 瞿稳科, 栗靖. 遗传算法在 GNSS 基准站布局优化设计中的应用 [J]. 电讯技术, 2009, 49(3): 10-15.

[24] 卜慧蛟. 多星地面站测控调度多目标优化研究 [D]. 长沙: 国防科学技术大学, 2011.

[25] 楼益栋, 戴小蕾, 宋伟伟. 站间距对 GPS 卫星高精度钟差估计的影响分析 [J]. 武汉大学学报, 信息科学版, 2011, 36(4): 397-400,406, 506.

[26] 李平力, 张勤, 崔博斌, 等. 区域测站数对 BDS 实时卫星钟差估计的影响分析 [J]. 大地测量与地球动力学, 2018, 38(7): 673-678.

[27] HAN S. Comparing GPS ambiguity resolution techniques [J]. GPS World, 1997, 8(10): 54-61.

[28] HU G, ABBEY D, CASTLEDEN N, et al. An approach for instantaneous ambiguity resolution for medium-to long-range multiple reference station networks [J]. GPS Solutions,

2005, 9(1): 1-11.

[29] SUN H, CANNON M, MELGARD T. Real-time GPS reference network carrier phase ambiguity resolution[C]// Proceedings of the National Technical Meeting of The Institute of Navigation, 1999:193-199.

[30] 高星伟. GPS/GLONASS 网络 RTK 的算法研究与程序实现 [J]. 测绘文摘, 2003, (2): 8.

[31] RTCA SC-159. Minimum Operational Performance Standards for Global Positioning System/Satellite-Based Augmentation System Airborne Equipment [Z]. 2016.

[32] HIROKAWA R, FERNáNDEZ-HERNáNDEZ I, REYNOLDS S. PPP/PPP-RTK open formats: overview, comparison, and proposal for an interoperable message [J]. NAVIGATION: Journal of the Institute of Navigation, 2021, 68(4): 759-778.

[33] RTCM. Special Committee NO.104. RTCM Standard 10403.3, Differential GNSS （Global Navigation Satellite Systems） Services – Version 3 [Z]. 2016.

[34] 郭斐, 张小红, 李星星,等. GPS 系列卫星广播星历轨道和钟的精度分析 [J]. 武汉大学学报, 信息科学版, 2009, 34(5): 589-592.

[35] PSIAKI M L, HUMPHREYS T E. GNSS spoofing and detection [J]. IEEE, 2016, 104(6): 1258-1270.

[36] CHIARA A D, BROI G D, POZZOBON O, et al. Authentication concepts for satellite-based augmentation systems[C]// Proceedings of the 29th International Technical Meeting of the Satellite Division of the Institute of Navigation, 2016: 3208-3221.

[37] CHIARA A D, BROI G D, POZZOBON O, et al. SBAS authentication proposals and performance assessment[C]// Proceedings of the 30th International Technical Meeting of the Satellite Division of the Institute of Navigation, 2017: 2106-2116.

[38] SCOTT L. Anti-spoofing & authenticated signal architectures for civil navigation systems[C]// Proceedings of the 16th International Technical Meeting of the Satellite Division of The Institute of Navigation, 2003: 1543-1552.

[39] NEISH A, WALTER T, ENGE P. Parameter selection for the TESLA keychain[C]// Proceedings of the 31st International Technical Meeting of the Satellite Division of The Institute of Navigation, 2018: 2155-2171.

[40] 结城浩. 图解密码技术 [M]. 周自恒, 译. 北京: 人民邮电出版社, 2014.

[41] PERRIG A, CANETTI R, TYGAR J D, et al. Efficient authentication and signing of multicast streams over lossy channels[C]// IEEE Symposium on Security and Privacy, 2000 : 56-73.

[42] Draft IWG SBAS L5 DFMC Interface Control Document, E-OC-7260-ESA, 1 Draft 036 [Z]. 2015.

[43] ENGE P, WALTER T. Digital message authentication for SBAS (and APNT)[C]//

Proceedings of the 27th International Technical Meeting of the Satellite Division of the Institute of Navigation, 2014: 1328-1336.

[44] FERNáNDEZ-HERNáNDEZ I, RIJMEN V, SECO-GRANADOS G, et al. Design drivers, solutions and robustness assessment of navigation message authentication for the galileo open service[C]// Proceedings of the 27th International Technical Meeting of the Satellite Division of the Institute of Navigation, 2014 :2810-2827.

第6章 典型卫星导航精度增强系统与服务

精度增强系统是用于提升卫星导航系统定位精度的系统。本章综合梳理国内外典型的广域精度增强系统和局域精度增强系统，介绍系统组成、建设与运管，以及服务与应用等，可为卫星导航精度增强系统建设提供借鉴参考。

6.1 广域精度增强系统与服务

广域精度增强系统采用广域差分和精密单点定位（PPP）技术，通过研制广域差分增强系统和广域精密定位系统，对广域范围内的用户提供精度高于基本导航系统的服务。其主要原理为利用广域（或全球）范围内分布的 GNSS 监测站，收集 GNSS 伪距和载波相位观测值，并通过数据传输网络实时传送至数据处理中心；数据处理中心计算实时精密卫星轨道和钟差，以及电离层改正数等；用户接收这些改正数，以载波相位为主要观测值，实现分米级甚至厘米级精密定位。

目前，广域精密定位系统服务主要包括商业 PPP 服务和卫星导航系统内嵌 PPP 服务两类。国际上已建立的具有代表性的全球精密定位系统包括用于卫星定轨、科学研究和高端商业服务的 GDGPS，提供商业服务的 Trimble 公司的 OmniSTAR/SeaStar 系统和 RTX 系统、Fugro 公司的 StarFix 系统、Navcom 公司的 StarFire 系统、Oceaneering international 公司的 C-Nav 系统，以及 Hexagon 公司的 Veripos 系统和 TerraStar 系统等。

近年来，随着行业和大众高精度应用需求的日益增长，我国 BDS、欧盟

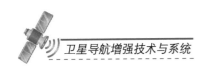

GALILEO 和日本 QZSS 均提供 PPP 服务。我国 BDS 利用 GEO 卫星 B2b 信号向中国及周边地区用户提供免费高精度定位服务，播发速率为 500 bps，可实现实时分米级、事后厘米级增强定位。GALILEO 基于 E6B 信号提供免费 PPP 服务，播发速率为 500 bps，对 GPS 和 GALILEO 两系统进行增强，提供分米级定位。QZSS 基于 L1 和 L6 信号提供亚米级增强服务（SLAS）和厘米级增强服务（CLAS）。其中，CLAS 的播发速率可达到 2000 bps，能够同时对四大 GNSS 及 QZSS 进行增强。

6.1.1 商业服务系统

1. GDGPS

GDGPS 是为支持美国国家航空航天局（NASA）的地面、机载和星载高要求操作，并服务于其他政府及商业客户，由喷气推进实验室（JPL）建立的全球精密差分定位系统。自 2000 年以来，GDGPS 持续为企业和政府的多项关键任务提供高可靠性的定位、导航和授时服务。其相关导航技术也为全球多个商业广域精密增强系统提供了技术支持。

1）系统组成

GDGPS 作为一个实时 GNSS 监测和增强系统，具有大规模的全球实时跟踪网络，采用大量实时接收机、创新式的网络架构和强大的实时数据处理软件，能为全球任何位置的地面、航空、太空用户提供亚分米级定位和亚纳秒级授时服务，下面介绍其系统构成。

（1）监测站。

GDGPS 地面跟踪网络的核心部分由 JPL 拥有和负责运营的约 75 个高质量、三频率、全球均匀分布的监测站构成。此外，美国和其国际合作组织也为 GDGPS 提供了一些额外的实时站点。这些站点共同组成了覆盖全球的实时 GNSS 跟踪网络，其中包括核心站在内的约 100 个全球分布的监测站用于计算实时轨道和钟差差分产品，所有实时数据以 1 Hz 的频率传至数据处理中心。

GDGPS 地面跟踪网络可以保证对 GPS 卫星平均有 25 个监测站、最少 10 个监测站，对 GLONASS 卫星平均有 18 个监测站的冗余观测。其中，JPL 负责的 75 个核心站还包含 4 个国家授时实验室，以提供高性能时间基准，并有超过 35 个核心站采用原子频率标准，以保证高度可靠的数据质量。GDGPS 对其地面跟踪网络具有完全的拥有权和运营权，可以十分方便地提取任何 GNSS 观测数据，包括 L1、L2 和 L5 的载波和相位观测，不同频段上的导航信号，SNR 观测以及其他公开数据。

为了确保 GDGPS 产品的完好性，JPL 负责运营的 75 个核心站对传输的数据进行特殊验证处理，以防止受到数据欺骗攻击。另外，高度冗余的监测站方案也保证了整个系统在任何监测站或区域遭受数据欺骗攻击后的稳健性。

（2）数据处理中心。

GDGPS 共有 3 个数据处理中心，其中 2 个位于美国加利福尼亚州，1 个位于科罗拉多州。目前，GDGPS 大多数监测站的实时数据仅需 1 s 左右的时间就可传输至数据处理中心，在数据处理中心完成数据处理和质量控制，最终播发至用户，整个过程耗时在 5 s 以内。GDGPS 由功能强大的软件集 RTGx 驱动，其完全由 JPL 开发，且拥有许多独特的功能。该软件是在 JPL 的 GIPSY 及其实时版本 RTG 的基础上进行开发的，整个开发过程在严格的质量保证下进行，可以为各种重大科研任务提供支持。

（3）播发链路。

GDGPS 的产品播发链路包括因特网、因特网上的 VPN、帧中继、调制解调器和卫星广播。其中，卫星广播包括 3 种方式：Inmarsat 卫星、铱星系统及跟踪和数据中继卫星系统（TDRSS）。

在使用 Inmarsat 卫星方面，JPL 采用与商业合作伙伴 Navcom 公司合作的方式解决全球信号需求的问题。为了弥补 GDGPS 中 GEO 卫星在高纬度地区（南、北纬 75°以上地区）不能有效覆盖的问题，GDGPS 采用铱星系统作为通信系统的补充。

美国国家航空航天局的 TDRSS 可在卫星的 S 频段多址频道上广播 GPS 差分改正和其他辅助信息，其主要作用是增加航天器与地面通信的时间，并增加可传输的数据量。TDRSS 的卫星大部分是在 20 世纪八九十年代用航天飞机发射的，其他卫星由 Atlas IIa 和 Atlas V 火箭发射。最新一代卫星在 S 频段可提供 6 Mbps 的接地速率，在 Ku 频段和 Ka 频段可提供 800 Mbps 的

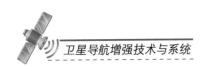

地面接收速率。采用 TDRSS 播发 GPS 差分改正数主要用于支持太空任务。TDRSS 能以 0.5 Hz 的频率播发 GPS 差分改正数，并以 1 Hz 的频率播发完好性信息。

（4）用户。

GDGPS 支持双频 GNSS 接收机用户，实时接收并解调由卫星播发的数据，以进行改正数计算；同时，还可以通过手持移动设备进行数据接收，应用广泛而便捷。

2）系统服务

GDGPS 主要为全球范围、全空间、要求严格的实时 GNSS 应用而开发，应用领域广泛。以下是其目前已经提供的部分服务。

（1）高性能 GPS 监测站网数据管理：GDGPS 通过远程数据编辑和数据压缩，能够实现高效的实时数据传输，其强大的身份验证系统可以有效地防止数据欺骗攻击，且收集的测量数据的副本可以保留在本地，以确保完全恢复预定义的观测数据。

（2）精密实时定位和定轨：通过使用 GDGPS 的精密实时 GNSS 轨道和钟差产品，能够保证地面移动端、机载和太空用户获得与使用 RTG 软件的用户相当的高精度定位服务。目前，GDGPS 已被用到以下任务和项目：航天飞机雷达地形测量任务的实时轨道确定；Jason-1 任务的实时轨道确定，用于准实时的海面产品生成；AirSAR DC-8 的实时机载定位，用于有效负载校验和校准；UAV-SAR G-3 飞机的实时机载定位，用于自主重复路径控制。

（3）GPS 性能监控和评估：由于 GDGPS 可以高精度地确定 GNSS 星座的实时状态，因此可用来评估 GNSS 及其所播发的广播星历的性能，并具有实时评估 GNSS 导航信号性能的能力。

（4）实时环境监测：NASA 深空网络利用基于 GDGPS 的实时 GNSS 轨道和卫星钟状态及实时对流层延迟估计来校准来自深空航天器的无线电信号，以支持深空导航。另外，JPL 和美国空军气象局还可以根据 GDGPS 跟踪数据解算绘制实时全球电离层总电子含量（TEC）地图。

（5）商业差分服务：GDGPS 可生成高精度、全球有效的 GPS 卫星差分改正数产品。几乎所有的国际顶尖广域差分改正产品提供商都使用 GDGPS 技术组件和数据产品，为美国联邦航空管理局的广域增强系统（WAAS）和日本的 MSAS 等增强系统提供软件和算法支持。

（6）辅助 GPS 服务：GDGPS 可获取辅助 GPS（AGPS）数据以支持 E911 的任务，以及其他电信和定位应用。其完整的全球覆盖和高度可靠的系统冗余可为无线运营商和寻求高性能 A-GPS 服务的 GPS 芯片制造商提供技术支撑，支持移动设备。

2．OmniSTAR 系统

OmniSTAR 系统和 SeaStar 系统都是美国 Trimble 公司旗下的全球实时差分增强系统。OmniSTAR 系统是能够在陆地和航空领域提供高精度定位和监测服务的高性能全球实时差分 GPS，可向用户提供多种差分增强服务。SeaStar 系统主要为满足海上的高动态定位需求而建立。

1）系统组成

OmniSTAR 系统是通过卫星提供增强服务的，该系统由商用 GEO 卫星、100 多个监测站、14 个上行注入站、2 个数据处理中心和用户组成，如图 6-1 所示。

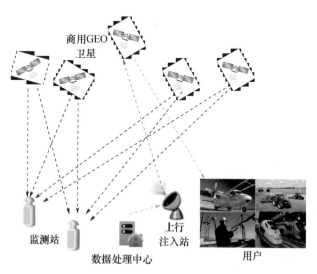

图 6-1　OmniSTAR 系统构成示意图

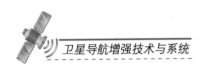

（1）GEO 卫星：OmniSTAR 通过均匀分布的 10 颗 GEO 卫星在 L 频段播发差分改正数，实现全球覆盖。各个区域用户所对应的卫星参数见表 6-1。

表 6-1　OmniSTAR 系统各覆盖区域的卫星参数

卫星名称	覆 盖 区 域	频率/MHz	数据速率 / bps
CONNA	北美洲	1555.7885	1200
AMSAT	北美洲和南美洲，包括加勒比海地区	1545.9375	1200
EMSAT	欧洲、非洲和中东地区	1545.9275	1200
IOSAT	印度、CIS、中东地区	1545.8075	1200
OCSAT	亚洲、澳大利亚及环太平洋地区	1545.8750	1200

（2）监测站：OmniSTAR 系统在全球均匀分布有 100 多个 GPS 监测站，使其对全球的覆盖面超过 90%。监测站配备有高质量的 GNSS 接收机和数据通信链路，接收机可观测 5° 高度角以上的可视卫星，每秒计算一次改正数，通过双连接通道连接到最近的网络控制中心。其中，监测站的主连接是一个支持拨号的专线。OmniSTAR 系统的改正数不依赖于任何单个的监测站，而是对所有监测站都使用 VBS 加权算法进行加权，以确保单个监测站的故障对整个系统精度影响最小。

（3）数据处理中心：OmniSTAR 系统的两个数据处理中心分别位于美国休斯敦和澳大利亚珀斯，负责 OmniSTAR 系统的完好性监测。网络控制中心接收监测站发送的改正数，检核后压缩成数据包（包含该地区各参考站的最新改正数）发送至卫星转发器，并负责 OmniSTAR 系统的管理、指挥和控制，以及对改正数进行例行存档，用于后处理和数据分析。

（4）用户

用户利用 OmniSTAR 系统全方位接收天线接收机接收由卫星转发器发播的数据包，然后解调并传递给处理器进行误差改正数计算。

2）系统服务

OmniSTAR 系统的改正数支持标准 RTCM 格式，主要业务涵盖高精度定位和资产监测两大领域，针对不同用户需求提供不同精度的差分增强定位服务。

（1）OmniSTAR High Performance（OmniSTAR HP）：针对双频 GPS 用户

提供分米级增强型差分改正数，用户接收机采用 L1/L2 双频改正电离层延迟，采用载波相位进行定位解算。定位精度为 10 cm（置信概率为 95%）。

（2）OmniSTAR GPS & GLONASS（OmniSTAR G2）：提供 GPS/GLONASS 双系统增强服务，同样采用 L1/L2 双频改正，并采用载波相位进行定位解算。通过添加 GLONASS 卫星及改正数，可很好地解决树木、建筑物遮挡等环境中可视卫星数有限的问题。短期精度可达 2.5～5 cm，长期重复性误差小于 10 cm（置信概率为 95%）。

（3）OmniSTAR Extended Performance（OmniSTAR XP）：是 Omni STAR 系统的一项新增服务，其精度略低于 OmniSTAR HP，也是针对双频 GPS 用户提供的全球性实时差分改正服务，能显著提高区域性 GPS 差分系统（如 WAAS）的定位精度。用户接收机利用 L1/L2 双频组合消除电离层延迟，采用载波相位观测值进行定位解算。3 倍中误差小于 15 cm（置信概率为 95%）。

（4）OmniSTAR Virtual Base Station（OmniSTAR VBS）：提供亚米级 RTCM-104 格式的改正数和 NMEA 格式的经度/维度/高程的差分改正数。平面定位的 2 倍中误差明显小于 1 m（置信概率为 95%），3 倍中误差接近 1 m（置信概率为 99%）。

需要说明的是，虽然 OmniSTAR 系统的每个监测站都可自动改正大气延迟，但监测站的大气延迟改正不一定适用于用户，因此要想获得更高精度，必须由用户自己改正大气延迟的影响。

3. RTX 系统

RTX 系统是美国 Trimble 公司建立的高精度定位服务的全球实时差分系统，能够提供全球范围内的厘米级精度实时定位服务，水平精度优于 2 cm，垂直精度约为 6 cm。CenterPoint RTX 定位服务结合了 RTK 技术的高精度性和高效率性，以及 PPP 技术的服务范围广域性，不依赖区域监测站也能提供高精度 RTK 服务。另外，CenterPoint RTX 定位服务具有良好的 GNSS 兼容性，可同时支持 GPS、GLONASS、QZSS 和 BDS 的卫星信号，有效缩短了收敛时间。

CenterPoint RTX 所采用的 Trimble RTX 是 Trimble 公司独有的高精度 GNSS 差分技术，可提供全球范围内厘米级精度的实时位置，且不受本地基准

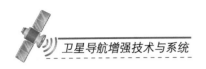

站、网络的限制。Trimble RTX 能利用来自全球监测站基础设施的数据，解算出卫星轨道、钟差等的改正数并播发给用户，进而获取高精度定位结果。其工作流程如图 6-2 所示。

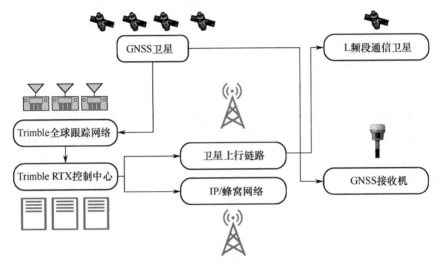

图 6-2　Trimble RTX 的工作流程

1）系统组成

　　RTX 系统由 6 颗商用 GEO 卫星、100 余个监测站、若干个上行注入站和数据处理中心等组成，如图 6-3 所示，利用分布于全球的监测站连续解算实时卫星钟差、轨道误差和大气延迟等差分产品，然后将差分数据以 CMRx 格式进行压缩后注入 L 频段 GEO 卫星或互联网后广播到 GNSS 接收机，从而提高其定位精度。

　　（1）监测站：RTX 系统的跟踪网络目前由 100 多个均匀分布于全球的监测站组成，实时收集数据并通过网络向数据处理中心播发。

　　（2）数据处理中心：数据处理中心位于美国和欧洲，用于接收监测站所播发的数据。为了保证系统的可用性，RTX 系统配备有冗余数据处理中心。如果有处理需求，差分改正数能够在冗余数据处理中心和（或）数据处理中心内部的处理服务器之间自动切换。在数据处理中心内部，冗余通信服务器用于把 GNSS 网络观测数据转发至处理服务器，然后利用 GNSS 网络处理器计算精确的轨道、卫星钟和系统模型误差，用于全球任意位置的 GNSS 差分改正。网络处理器产生的精确卫星差分改正数以 CMRx 格式进行数据压缩。CMRx 格式是为了采用更高压缩比传输卫星差分改正数以支持 RTK、Trimble RTX 和 Trimble xFill 而专门开发的数据压缩格式。

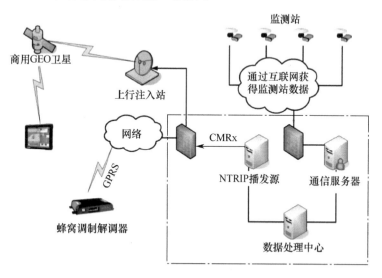

图 6-3　RTX 系统组成

（3）播发链路：卫星轨道、钟差改正数经由卫星链路或互联网（IP 或蜂窝）播发给用户接收机。RTX 系统目前通过 6 颗 GEO 卫星播发差分产品，卫星信息如表 6-2 所示。此外，全球范围内的用户还可以使用 NTRIP 通过互联网获取该差分产品。

表 6-2　RTX 系统播发使用的 GEO 卫星信息

覆 盖 区 域	波 束 名 称	频率 / Hz	播发速率 / bps
欧洲、中东地区和非洲	RTXAE	1539.8125	2400
亚洲和太平洋地区	RTXAP	1539.8325	600
北美洲东部	RTXEN	1557.8590	600
北美洲南部和南美洲	RTXSA	1539.8325	600
北美洲西部	RTXWN	1557.8615	600
北美洲中部	RTXCN	1557.8150	2400

（4）用户：RTX 系统支持任意品牌及型号的双频 GNSS 接收机，支持的天线类型则有一定的限制，可以根据应用需要选择不同类型的接收机进行作业。卫星转发器播发的改正数由支持的 GNSS 接收机完成接收并进行解调，再传递给处理器进行误差改正数计算。

2）系统服务

RTX 系统不仅通过 GEO 卫星或互联网将轨道和钟差改正数播发给客户端接收机以进行实时应用，还提供可通过网页获取的开放的后处理服务，可通过 RTX 系统技术对用户所提交的 GNSS 观测文件进行后处理，为世界范围内任意位置的用户提供高精度坐标。RTX 系统定位服务在测绘、机械控制、建筑、精密农业等高精度市场领域得到了广泛应用。目前，RTX 系统提供多种实时差分改正服务，见表 6-3。

表 6-3　RTX 系统提供的实时差分改正服务

服 务 名 称	水平定位精度/cm	初始化时间/min
CenterPoint	<4	<30
FieldPoint	20	<15
RangePoint	50	<5
ViewPoint	<100	<5

表 6-3 中的初始化时间与用户接收机类型及使用位置有关，为全球大部分地区的数据。在美国部分地区及中、西欧大部分地区，CenterPoint 及 FieldPoint 的初始化时间更短，一般小于 5 min。

4．Starfix 系统

Starfix 系统是由荷兰 Fugro 公司负责设计的全球精密差分定位系统，主要为海上作业提供全球范围的全天候高精度定位服务，具有良好的可靠性和可用性。

1）系统组成

Starfix 系统由 GEO 卫星、上行链路、数据处理中心、用户等组成。其工作流程如图 6-4 所示，其在某些地区提供传统的差异化服务，以便为用户提供额外的独立解决方案[1]。

（1）监测站：Starfix 系统具有均匀分布于全球的 GNSS 监测站，可将跟踪到的卫星观测数据发送给网络控制中心进行下一步处理。

（2）数据处理中心：Starfix 系统有两个相互独立的数据处理中心，分别位于美国和澳大利亚，它们实时接收监测站观测数据，处理并生成差分改正数产品，采用超级压缩格式（SCF）进行传输。

（3）播发链路：双卫星播发链路覆盖全球海洋区域。卫星播发链路为高功率卫星双独立 L 频段传输链路，改正数可通过卫星链路或互联网播发，标准网络在线传输则使用 NTRIP。

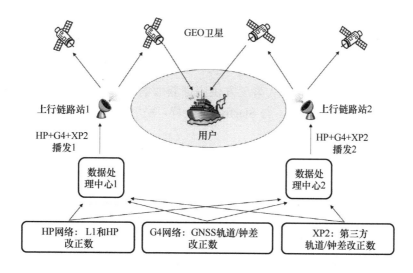

图 6-4　Starfix 系统的工作流程

（4）用户。

① 接收机：Starfix 系统采用 Fugro StarPack 集成 GNSS 接收机，可跟踪 GPS、GLONASS、GALILEO、BDS 等系统。

② GNSS 天线：Starfix 系统使用的多频 GNSS 天线除接收信号外，还具有 Inmarsat C 频段滤波器，可以最大限度地减小船舶的海上遇险与安全系统的干扰。

③ 定位软件：Starfix 系统采用的 Fugro StarfixNG 定位软件，包括一个处理船舶硬件配置的通用框架、一组负责数据计算和质量控制的 GNSS 模块，以及支持客户输出格式的附加模块，其计算基于先进的 EHF-GNSS 算法，用于获取高精度的解算结果。

2）系统服务

（1）服务内容。

① Starfix.G4：提供 GPS+BDS+GLONASS+GALILEO 定位服务，无缝结合所有可用卫星进行定位解算，提高了定位结果的可靠性，能够有效抵抗电离

层闪烁的影响，并增强了观测几何构型。

② Starfix.G2：Starfix.G4 服务的子集，仅使用 GPS 和 GLONASS 两大系统。

③ Starfix.G2+：Starfix.G4 的增强版，使用更加先进的 GNSS 增强算法，提供超高精度的 GPS+GLONASS 全球定位服务。其三维精度可接近 GNSS RTK，且不需要 RTK 基站及本地传输链路，水平和垂直方向定位精度（95%）分别优于 3 cm 和 6 cm。

④ Starfix.XP2：基于从第三方供应商获取的轨道及钟差改正数，提供 GPS+GLONASS 定位服务。与 Starfix.G4 一样，采用 PPP 技术，但完全独立于 Starfix.G4 服务。

⑤ Starfix.HP：提供基于差分技术的双频载波相位纯 GPS 高精度差分定位服务，通过 L1、L2 线性组合观测值消除电离层误差。

⑥ Starfix.L1：单频伪距差分改正，结合单频 GPS 接收机，提供亚米级定位结果。在参考站 500 km 范围内，可以提供水平方向优于 1.5 m 的定位精度（95%）。

（2）应用领域：Starfix 主要应用于需要精确、可靠、独立定位结果的海上工作领域，典型应用包括海上船舶建设、近海勘测、管道和电缆铺设、地震勘测、潜水支持等。

5．StarFire 系统

StarFire 系统是 NavCom 公司旗下的全球精密差分定位系统，在 2001 年与 JPL 达成协议，采用其开发的 RTG（Real Time GIPSY）技术，升级为全球双频 GPS 精密差分定位系统，在全球任意地点、任意时间都能提供亚分米级精度的连续实时定位服务。除 RTG 技术外，StarFire 系统还可以获得 NASA/JPL 全球监测网络的观测数据，用以增强该系统的地面监测网络；其利用 Inmarsat 卫星通过 L 频段向全球用户播发差分信号；用户接收机配备了 L 频段的通信接收器，在跟踪观测 GNSS 卫星的同时可接收到 Inmarsat 卫星播发的差分改正数。

1）系统组成

StarFire 系统包括监测站、监控站、数据处理中心、注入站、地球同步卫星（Inmarsat 卫星）、通信链路和用户，如图 6-5 所示[2]。该系统采用多种数据通信、两个独立的数据处理中心及双卫星上传设备，确保向全球用户提供连续、可靠的定位服务。

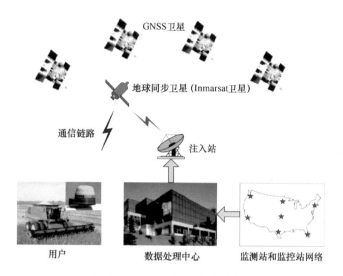

图 6-5 StarFire 系统构成示意图

（1）监测站：StarFire 系统在全球有 60 余个 GNSS 监测站，这些监测站的任务是不间断地连续跟踪、测量 GNSS 卫星的伪距、相位、卫星星历等信息，并通过可靠的数据通信链路传送到位于美国本土的两个数据处理中心。

（2）监控站：监控站分布于世界各地，接收播发的校正信息，进行实时定位并将实时定位结果提供给数据处理中心。监控站配备的是 StarFire 接收机，仅提供 GNSS 的测量值、L 频段的信号强度、校正数龄期和其他的状态信息。StarFire 系统通过连续监控，将监控站得到的结果不断地提供给数据处理中心，一旦告警系统发现监控站的结果偏离真值或发生其他错误，就及时告警。

（3）数据处理中心：两个数据处理中心分别位于美国加利福尼亚州和伊利诺依州，采用 NASA 下属的 JPL 实验室研制的实时修正算法和 GIPSY 软件，实时接收所有监测站的双频观测数据，解算得到 GNSS 卫星轨道、钟差改正数。这些改正数以多个备份的信息通过专用数据通信链路分发到注入站。

（4）注入站：卫星上传系统是连接数据处理中心与 Inmarsat 卫星的关键部分，它将从数据处理中心接收到的信息实时发送给 Inmarsat 卫星，从而完成地面与卫星的信息交换。StarFire 系统的 3 个注入站分别位于加拿大的 Laurentides、英国的 Goonhilly 和新西兰的 Auckland。注入站配备有 NavCom 公司的专门设备，将差分数据分别传送到 3 颗 Inmarsat 卫星上。

（5）地球同步卫星（Inmarsat 卫星）：利用在赤道上空布设的地球同步卫星，播发全球差分改正数。StaRfire 系统目前使用了均匀分布的 7 颗 Inmarsat 卫星，采用 L2 频段（1525～1565 MHz）向南、北纬 75°间覆盖的区域进行广播，相关信息见表 6-4。

表 6-4　StarFire 系统中 Inmarsat 卫星的相关信息

卫星名称	星下点位置	覆盖区域	播发频率/MHz
Inmarsat 4-F3	西经 98°		
Inmarsat 3-F4	西经 54°		
Inmarsat 3-F2	西经 15.5°		
Inmarsat 3-F5	东经 25°	南纬 75°～北纬 75°	L2 频段：1525～1565
Inmarsat 3-F1	东经 64.5°		
Inmarsat 4-F1	东经 143.5°		
Inmarsat 3-F3	东经 178°		

（6）通信链路：通信链路包括因特网、帧中继、ISDN、VSAT 等专用数字电路。因特网用于传输从数据处理中心到注入站的数据，包括 GNSS 观测量和计算的校正信息。当地面交换线路繁忙时，这些数据还会通过 ISDN 和 VSAT 通信网络传输进行备份。通信便捷的通信链路能够确保数据连续有效地输送到数据处理中心，并将校正信息提供给全球地面上行注入站。

（7）用户：用户需具备 GNSS 双频接收机和 L 频段通信接收机，GNSS 接收机跟踪所有可见卫星，获得伪距、载波相位、星历等数据；而 L 频段的接收机则接收 GEO 卫星播发的差分改正数。使用这些改正数对用户接收机测量的伪距、相位及星历等进行改正，便可以获得高精度实时定位结果。

2）系统服务

（1）服务内容：Starfire 系统已推出以下 3 种差分定位模式。

① WCT（Wide Area Correction Transform）模式：WCT 模式是 StarFire 系统早期的服务模式，要求用户仅使用 1 台双频接收机进行单机定位作业。该模式的实时定位精度为±35 cm（1σ），主要用于陆地/海洋地质调查、车辆管理、航空/航海导航、搜索营救等领域。

② RTG（Real Time Gipsy）模式：RTG 模式是在 WCT 模式基础上，应用 JPL 的实时修正算法和 GIPSY 软件进行改进和发展的一种实时差分定位服务模式，只要求用户使用 1 台双频接收机进行单机定位作业。该模式的实时定位

精度可达±10 cm（1σ），主要用于比例尺小于 1∶1000 的地形、地籍测绘，矿界划定，矿井位置测定，地质勘探线、剖面的布设等中等精度要求的领域。

③ RTG/RTK 组合模式：RTG/RTK 组合模式是 NavCom 公司近期推出的一种实时差分定位模式，利用 RTK 对 RTG 进行初始化，不仅可以克服 RTG 初始化时间过长的缺点，而且可以获得厘米级的实时定位精度。当 RTK 发生失锁或数据链通信中断时，可以利用 RTG 继续提供实时定位服务，而定位精度仍可达厘米级；当 RTK 恢复跟踪或数据链通信恢复后，则可以用 RTG 的定位结果作为起始点，进行整周模糊度的快速搜索和求解。这种模式要求用户至少使用 2 台 RTG/RTK 组合式双频接收机才能进行实时定位，主要用于加密控制测量，地形、地籍测量，工程精确定位与放样，以及剖面测量、线路测量等高精度要求的领域。

（2）应用领域：典型应用领域包括陆地测量、海上定位、精细农业、空中摄影测量和激光雷达、地理信息系统和资产测图、机械控制等。

6. Veripos 系统

Veripos 系统是由英国 Subsea7 公司开发的主要用于海洋活动的高精度导航定位系统，可提供差分定位和绝对定位服务。

1）系统组成

Veripos 系统包括全球分布的监测站、数据处理中心、GEO 卫星、GNSS 卫星、通信链路及用户等，如图 6-6 所示。监测站实时接收观测数据并将其发送至数据处理中心，估计 GNSS 卫星轨道、钟差改正数产品，然后通过 GEO 卫星播发给用户。

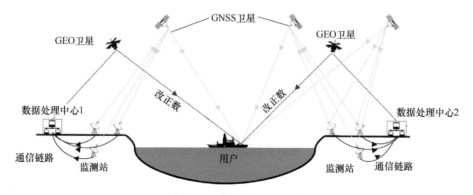

图 6-6　Veripos 系统组成

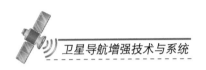

（1）监测站：Veripos 系统在全球建有 80 余个监测站，可连续接收 GNSS 卫星相位、伪距观测值、导航星历等。

（2）数据处理中心：Veripos 系统在英国阿伯丁和新加坡分别有 1 个数据处理中心，可实时获取全球监测站的观测数据，估计 GNSS 卫星轨道、钟差等改正数产品，将差分改正数和系统性能的实时信息通过网络或 GEO 卫星播发给用户，从而实现实时精密单点定位服务。

（3）GEO 卫星：Veripos 系统使用 7 颗 GEO 卫星向位于南、北纬度 76°间的全球用户提供差分服务产品。

2）系统服务

（1）服务内容。

① Veripos Apex：该服务基于 VERIPOS 最新的专利技术，使用 Veripos 的监测站，通过 PPP 绝对定位技术提供可靠准确的高精度全球定位结果。包括 3 个服务级别：Apex、Apex2 和 Apex5，级别最后的数字代表了使用的 GNSS 的个数，系统个数越多，可观测的卫星越多，有助于在发生遮挡或电离层闪烁时提供更可靠的定位服务。

② Veripos Ultra：该服务是一种可提供分米级精度定位结果的全球 PPP 定位服务，包括两个服务级别：Ultra 和 Ultra2。区别于使用 Veripos 的监测站的 Apex 服务，该服务使用 JPL 的监测站，因而独立于 Apex 服务运行，经常作为 Apex 的补充服务以确保操作冗余。

③ Veripos Standard：该服务是一种利用伪距差分技术提供米级精度的 GNSS 增强服务，包括两个服务级别：Standard 和 Standard2。该服务可以与任意兼容 RTCM 的 GPS 接收机一起使用，增强数据由两个完全冗余的数据处理中心生成。

（2）应用领域：典型应用领域包括航海动态定位，钻井、海洋地震探测、海洋勘测及建设，以及其他海洋相关领域。

7. 几个服务系统的比较

上述服务系统虽然均能提供高精度的全球精密单点定位服务，系统原理和基本架构也类似，但由于研制方和应用需求等存在差异，系统组成、信息播发、服务功能性能和应用方面不尽相同。表 6-5 给出了它们的对比信息。

表6-5 典型高精度增强系统（服务）对比

系统（服务）名称	研制方	系统组成	信息播发	主要性能	运行维护单位	应用领域
GDGPS	美国国家航空航天局（NASA）	监测站：约 200 个、全球分布、在超过 35 个核心站上装备了原子钟；数据处理中心：共 3 个，其中 2 个位于加利福尼亚州，1 个位于科罗拉多州；播发链路：因特网、地面专用线和 Inmarsat 卫星；用户：双频 GNSS 接收机/手持移动设备	数据播发格式 SOC 设计为低带宽的数据格式，44 位的改正数生成频率为 1 Hz	具有全世界双频 GPS 接收机用户分米级定位精度和亚纳秒级时间传递能力	美国国家航空航天局（NASA）	以科学研究服务为主，包括嵌入式主动预测、自然灾害预警和监测的实时精密单点定位
OmniSTAR	Trimble 公司	监测站：100 多个；数据处理中心：2 个；播发链路：商用 GEO 卫星，采用 L 频段，频率如下：1555.7885/1545.9375/1545.9275/1555.8075/1545.8750 MHz；互联网；用户：Agleader、Leica、Novariant、OmniSTAR、Raven/Starlink、Sokkia、Teejet/Mid-Tech、Topcon、Geneq、Hemisphere、NovAtel、Topcon、Trimble 等 GPS 双频接收机	1200 bps	HP 服务：10 cm；G2 服务：10 cm；XP 服务：15 cm；VBS 服务：1 m	Trimble 公司	精细农业、地理信息系统、航空、矿业、火车运输

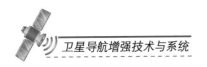
（续表）

系统（服务）名称	研制方	系统组成	信息播发	主要性能	运行维护单位	应用领域
RTX	Trimble 公司	监测站：约100个；播发链路：Skyterra 商用卫星和移动通信；用户：根据应用需要选择不同类型的 Trimble 接收机。农业：Trimble AG-372、Trimble CFX-750、Trimble FmX、Trimble TMX-2050；测绘和地理信息：Trimble NetR9 Geospatial、Trimble R10、Trimble R2、Trimble R9s GNSS Receiver 等	—	CenterPoint 服务：<4 cm；FieldPoint 服务：20 cm；RangePoint 服务：50 cm；ViewPoint 服务：<100 cm	Trimble 公司	农业、测绘和地理信息、汽车导航、工程建筑、土地管理、制图和 GIS、矿业、石油天然气和化工业
StarFix	Fugro 公司	监测站：100多个；数据处理中心：2个；播发链路：由商用 GEO 卫星和用户部分组成；信号频率：1557.8350 MHz、1557.8450 MHz、1557.8550 MHz；用户：Seastar 9205 GNSS 和 Seastar 3610 DGNSS 接收机等	1200 bps	G2+服务：3 cm；标准 L1 服务：亚米级	Fugro 公司	面向航海和海运业的高性能导航定位服务，包括海上钻油、大型散货船、集装箱船只、油轮、海军舰船、环境监测等

（续表）

系统（服务）名称	研制方	系统组成	信息播发	主要性能	运行维护单位	应用领域
StarFire	NavCom/John Deere 公司	监测站：60 余个 数据处理中心：2 个，分别位于美国加利福尼亚州西南部的托兰斯和美国伊利诺依州西北部的莫林 通信链路：3 颗 Inmarsat 卫星，采用 L2 频段（1525~1565 MHz） 用户：新型 L 频段通信接收机，使用单一的多功能天线，既可接收 GPS 频率（L1 和 L2 频段），又可接收 Inmarsat 卫星的 L2 频段（1525~1565 MHz），如 StarFireTM 3000 等	1000 bps	WCT 模式：±35 cm (1σ)； RTG 模式：±10 cm (1σ)； RTG/RTK 组合模式：厘米级	NavCom/John Deere 公司	WCT 模式：陆地/海洋地质调查、车辆管理、航空/航海导航、搜索营救等 RTG 模式：比例尺小于 1：1000 的地形、地籍测绘，矿界划定，矿井位置测定、地质勘探线、剖面的布设等中等精度要求的领域 RTG/RTK 模式：加密控制测量、地形、地籍测量、工程精确定位与放样，以及剖面测量、线路测量等高精度测量领域
Veripos	Subsea7 公司	监测站：80 余个 数据处理中心：2 个，分别位于英国阿伯丁和新加坡 播发链路：GEO 卫星进行 L 频段全球双重覆盖播发 用户：Septentrio AsteRx2 family Topcon 112T、160T and G3-160T HF 接收机	—	Apex 和 Apex2：优于 10 cm； Apex5：水平方向优于 5 cm； Ultra 和 Ultra2：优于 10 cm； Standard 和 Standard2：优于 1 m	Subsea7 公司	海洋定位及勘测

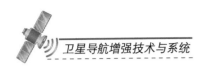

6.1.2 基本系统内嵌式广域精密增强服务

随着全球用户对高性能定位导航授时服务需求的不断增加，以及精密定位技术发展，通过基本系统提供更高精度的定位服务逐渐获得卫星导航系统建设方的认可和重视。各卫星系统在其建设发展中通过增加卫星数量、配置更高性能的原子钟、扩展监测站数量和范围、优化改进精密定轨和时间同步等模型和算法等，不断提升定位服务精度。近年来，为提高基本卫星导航系统的竞争力，提供内嵌的公开或免费的高精度 PPP 服务已成为卫星导航系统发展和升级服务的一大发展趋势。中国 BDS、欧盟 GALILEO 和日本 QZSS 均在其基本导航系统研制过程中设计了高精度 PPP 服务，俄罗斯 GLONASS 也于 2019 年宣布了 PPP 服务发展计划。

1. 北斗系统精密单点定位服务

2019 年 12 月 27 日，北斗三号系统召开全球服务一周年新闻发布会，宣布了包括 PPP 在内的七大公开服务；同时，正式发布了《北斗卫星导航系统应用服务体系（1.0 版）》《精密单点定位服务信号 PPP-B2b（测试版）》等 PPP 服务相关文件。PPP 是北斗系统的特色服务之一，主要应用于精准农业、高级辅助自动驾驶及海洋开发等领域，可以向我国及周边地区用户提供免费的高精度定位服务，实现实时分米级、事后厘米级的增强定位，满足国土测绘、海洋开发、精准导航等高精度应用需求，对提升北斗系统在高精度应用领域的服务能力具有重要意义。

1）系统组成

北斗 PPP 服务与北斗系统一体化设计，由空间段、地面段和用户段三部分组成。空间段包括 3 颗分别位于东经 80°、东经 110.5°与东经 140°的 GEO 卫星，轨道高度为 35786 km。其 B2b 信号作为数据通道用于播发卫星精密轨道、钟差等 PPP 增强信息，因此又被称为 PPP-B2b 信号，播发速率为 500 bps。

地面段包括主控站（MCS）、注入站（US）及监测站（MS）等地面设施，主要分布于中国本土。

用户段包括各类具有北斗 PPP 信号接收、PPP 增强电文解调与解算处理功能的接收机。

2）服务流程

北斗 PPP 服务的基本流程如图 6-7 所示。首先，由各地面监测站对区域内可视 BDS/GNSS 卫星进行连续的伪距和载波观测，并通过气象设备采集气象数据，对数据进行预处理后，通过网络将 BDS/GNSS 和气象观测数据传输至主控站。其次，主控站对观测数据进行质量校验与精度评估，包括与历史产品参数的重叠弧段比较、监测接收机差分测距误差评估等，在此基础上进行解算和拟合，得到精密星历和钟差产品。数据处理中心按照相应的电文协议对精密星历和钟差产品进行电文编排，并发送至注入站。最后，注入站接收电文数据，通过各自的注入通道上传至 BDS 的 GEO 卫星，并以 B2b 信号向覆盖区域的用户播发。此时，监测站和主控站还会接收 PPP 增强电文，以完成对 PPP 服务的有效闭环检核。

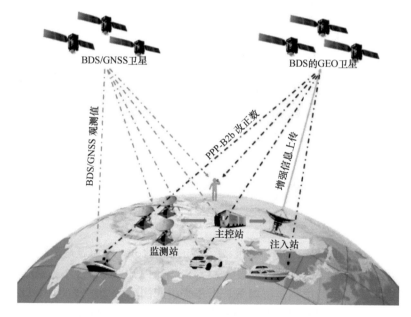

图 6-7　北斗 PPP 服务的基本流程

3）系统服务

（1）性能指标：北斗 PPP 服务分两阶段开展建设。第一阶段（2020 年及以前），利用首批 3 颗 GEO 卫星的 PPP-B2b 信号 I 支路为中国及周边地区用户提供高精度免费服务，主要性能指标见表 6-6。第二阶段（2020 年以后），拓展服务范围，并进一步提升精度、缩短收敛时间，以更好地满足国土测绘、精

准农业、海洋开发等高精度领域的应用需求。目前，北斗 PPP 服务已正式提供第一阶段服务，第二阶段服务处于论证及测试阶段。

表6-6 北斗三号 PPP 服务的主要性能指标

性 能 指 标	第一阶段（2020 年）	第二阶段（2020 年以后）
播发速率/ bps	500	扩展为增强多个全球卫星导航系统，提升播发速率，视情拓展服务区域，提高定位精度，缩短收敛时间。
定位精度（95%）/m	水平：≤0.3 垂直：≤0.6	
收敛时间/ min	≤30	

（2）性能测试：选取 2021 年年积日 248～252 天的 iGMAS 北京站（BJF1）、上海站（SHA1）、昆明站（KUN）和 MGEX 武汉站（WUH2）的观测数据，通过动态 PPP 评估 BDS-3 PPP-B2b 产品性能，结果如表 6-7 所示。于 BDS-3 PPP-B2b 实时产品的基准站，可实现动态分米级的定位精度，其收敛后水平与垂直定位精度分别优于 15 cm 和 20 cm，以水平、垂直定位误差分别小于 0.3 m、0.6 m 为标准，其收敛时间小于 20 min[3]。

表6-7 BDS-3 PPP-B2b 基准站动态定位评估结果

基 准 站	水平定位精度 / m	垂直定位精度 / m	收敛时间 / min
WUH2	0.073	0.134	18.75
BJF1	0.101	0.13	18.43
SHA1	0.085	0.119	21.79
KUN	0.094	0.128	16.17

2. QZSS 厘米级增强服务（CLAS）

日本 QZSS 不仅提供基本导航、定位与授时服务，还通过星基增强信号提供分米级、厘米级精度增强定位服务。QZSS 采用 PPP-RTK 技术，通过高速率播发通道提供高精度增强定位服务，近年来引起国际社会广泛关注。QZSS 通过其 L6D 信号免费提供覆盖日本全国范围的厘米级增强服务（CLAS），采用自定义压缩设计的 RTCM SSR 格式，播发速率为 2000 bps，可以同时对四大 GNSS 及 QZSS 进行增强，能够在 1min 之内快速收敛，达到厘米级精度，主要服务于日本本土用户。此外，日本宇宙航空研究开发机构（JAXA）开发了多 GNSS 精密轨道和钟差产品（Multi-GNSS Advanced Demonstration tool for Orbit and Clock Analysis，MADOCA），服务于全球用户。该增强信息通过 L6E 信号播发，也可以从互联网获取。

1）系统组成

QZSS 由已经发射的 4 颗 QZSS 卫星组成，其中包括 3 颗倾斜地球同步轨道（IGSO）卫星和 1 颗地球静止轨道（GEO）卫星，4 颗卫星均播发 L6D 信号，用于提供 CLAS。另外，QZS-2、QZS-3 和 QZS-4 还同时播发 L6E 信号，可用于提供 MADOCA 服务。两种高精度服务具有类似的系统组成，包含 GNSS 星座、同步卫星、注入站、控制中心，跟踪网络和用户接收机。图 6-8 与图 6-9 分别是 CLAS 与 MADOCA 服务的系统架构[4]。

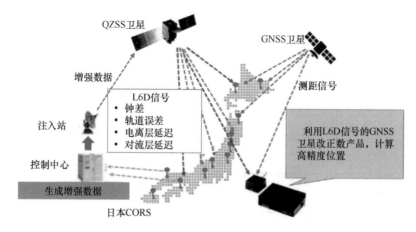

图 6-8　CLAS 的系统架构

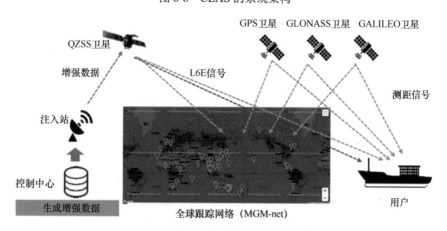

图 6-9　MADOCA 服务的系统架构

CLAS 是区域性服务，观测数据来自日本 CORS；MADOCA 服务是全球性服务，观测数据来自全球跟踪网络（MGM-net）[4]。

2）技术体制

QZSS 高精度服务基于 L6 增强信号播发的状态空间表示（SSR）信息。其中，L6D 与 L6E 信号所包含的信息及针对的系统有所不同，见表 6-8。为实现高速率播发，L6 信号采用了码移键控（CSK）调制，而非传统的二进制相移键控（BPSK）调制方式，对 L6D 和 L6E 时分复用。两种调制方式在解调性能上没有明显区别，但 CSK 调制可以使用非相干解调，不需要相位锁定，且可以使用更长的扩频码，因此具有更好的互相关性。CSK 调制的缺点在于接收机复杂度有所提高，接收机中相关器数量要多于 BPSK 解调方案，这增加了接收机的功耗和成本。

表 6-8　L6D 与 L6E 信号包含的信息

增强系统	轨道改正数	钟差	码偏差	相位偏差	URA	高速钟差	电离层延迟	对流层延迟
GPS	D、E	D、E	D、E	D	D、E	E	D	D
GLONASS	E	E	E	—	E	E	—	—
QZSS	D、E	D、E	D	D	D、E	E	D	D
GALILEO	D	D	D	D	D	E	D	D
BDS	—	—	—	—	—	E	—	—

注：D 表示 L6D 信号包含的信息；E 表示 L6E 信号包含的信息。

MADOCA 服务基于全球分布的跟踪站实时解算卫星轨道、钟差等产品，不提供电离层延迟和对流层延迟；CLAS 采用近年来得到广泛关注的 PPP-RTK 技术，通过在卫星轨道、卫星钟差、码间偏差等 PPP 改正数基础上增加播发格网电离层、对流层延迟改正数等，实现接近实时动态测量（RTK）收敛速度的厘米级高精度定位。

MADOCA 实时产品采用 RTCM SSR 格式提供，而 CLAS 采用了新的电文协议。为提高卫星下行信号带宽利用率，CLAS 在 RTCM SSR 格式的基础上进行了压缩设计，制定了压缩 SSR（CSSR）格式。CSSR 格式能够以 1695 bit 的实际数据长度实现对日本本土四系统 PPP-RTK 服务的增强电文播发，具有很高的带宽利用率。图 6-10 给出了 CSSR 格式与 RTCM SSR 格式的比较。此外，CLAS 还向 RTCM 申请和制定了专用的消息类型（Message Type 4073），以实现 CSSR 格式与 RTCM 3.X 协议的兼容[5]。

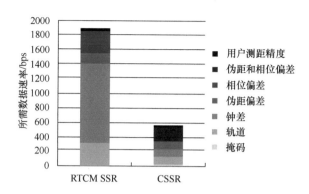

图 6-10　CSSR 格式与 RTCM SSR 格式的比较

3）系统服务

（1）性能指标：CLAS 能够为日本本土提供快速收敛的厘米级定位服务，支持 GPS、GALILEO、GLONASS 及 QZSS 增强服务，其主要性能指标见表 6-9。MADOCA 服务为全球用户提供高精度的 GNSS 轨道和钟差产品，当前支持 GPS、GLONASS 和 QZSS，GALILEO 和北斗系统的支持仍在筹备中。其预期精度为实时定位 10 cm 以内，轨道及钟差精度指标见表 6-10。

表 6-9　CLAS 的主要性能指标

指 标 名 称		数　　据
增强信号		QZSS: L1C/A、L1C、L2C、L5
		GPS: L1C/A、L1C、L2P、L2C、L5
		GLONASS: L1（CDMA）、L2（CDMA）
		GALILEO: E1B、E5a
定位误差（95%）/cm	静态	水平：≤6
		垂直：≤12
	动态	水平：≤12
		垂直：≤24
可用性	星座	≥0.99
	单星	≥0.97
连续性/h^{-1}		QZS-1: ≥（1~0.875）×10^{-3}
		QZS-2/3/4: ≥（1~2）×10^{-4}
完好性/h^{-1}		≤1.0×10^{-5}
完好性告警时间/s		QZS-1: ≤10.2
		QZS-2/3/4: ≤9.2
首次定位时间（95%）/s		≤60

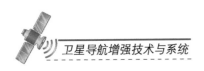

表 6-10 MADOCA 的轨道及钟差精度指标

状 态	轨道精度/cm			钟差精度/ns		
	GPS	GLONASS	QZSS	GPS	GLONASS	QZSS
离线	3	7		0.1	0.25	
实时	6	9				

（2）性能测试。

① CLAS：图 6-11 所示是 2018 年 11 月至 2019 年 2 月的 CLAS 性能实测结果。由图 6-11（a）可知，CLAS 静态水平定位精度约为 2 cm，垂直定位精度约为 4 cm；由图 6-11（b）可知，动态定位水平精度约为 6 cm，垂直定位精度约为 12 cm；均满足服务性能规范要求。图 6-11（c）中的首次定位时间（TTFF）中实际还包含了接收机接收一套完整 CLAS 增强电文消息所需的 30 s 延迟时间（如图中虚线所示）。这意味着在开机完成 CLAS 增强电文的首次接收后，用户在因遮挡等导致服务短暂中断后的重新收敛时间仅需数秒至十几秒。上述结果表明，CLAS 在实际应用中已非常接近 RTK 的水平，具有相当优异的性能。

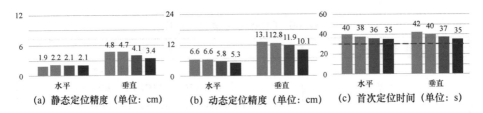

(a) 静态定位精度（单位：cm）　(b) 动态定位精度（单位：cm）　(c) 首次定位时间（单位：s）

图 6-11　CLAS 静态定位精度（95%）、动态定位精度（95%）、
首次定位时间的实测结果

② MADOCA 服务产品：Zhang 等人[6]选取了全球的 20 个 IGS 跟踪站，进行仿实时动态 PPP 验证，如图 6-12 所示。结果表明，定位精度在东、北方向上优于 10 cm，在天顶方向上优于 15 cm，可以满足信号覆盖范围内实时 PPP 用户对卫星轨道和钟差的高精度要求。

3. GALILEO 高精度服务（HAS）

2017 年 2 月，欧盟委员会正式制定了 GALILEO 商业服务（CS）的高级技术和操作规范，描述了高精度（HA）和认证两项付费商业服务。在大多数欧盟成员国的支持下，GALILEO 于 2018 年 2 月决定免费提供高精度服务（HAS），即 HA 服务重新定义为免费服务，并保持 CS 认证功能为付费服务。

其目标为促进整合市场与新兴市场中的创新,同时尽可能减少对现有供应商商业模式的干扰。区别于目前中国北斗和日本 QZSS 的区域性高精度服务,GALILEO 是首个能够覆盖全球范围提供高精度服务的系统。

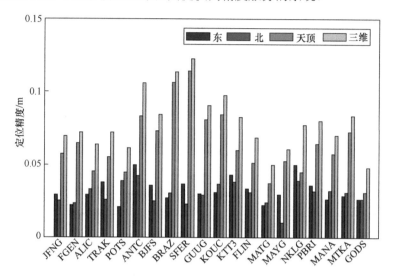

图 6-12 MADOCA 服务仿实时动态 PPP 验证结果

1)系统组成

GALILEO 高精度服务计划由商业服务提供商(CSP)提供,其服务流程如图 6-13 所示,HA 数据处理中心从 GALILEO 全球跟踪站获取观测数据,处理生成 GPS 和 GALILEO 的卫星差分改正数,将其转发给注入站;注入站将 HA 信息上传给 GALILEO 卫星,卫星通过 E6B 信号向用户播发 HA 数据;HA 数据也可通过因特网等地面链路提供给用户使用。

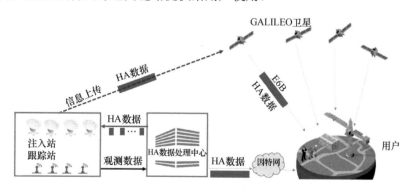

图 6-13 GALILEO 高精度服务流程

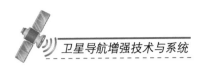

2）技术体制

GALILEO 高精度服务基于 E6B 信号在全球范围内播发精密单点定位（PPP）改正数，包括卫星轨道及钟差改正数、码偏差、相位偏差、电离层延迟改正数，以及其他辅助信号与数据质量信息。E6B 信号调制 GALILEO 信息，可称为商业导航信息，表 6-11 给出了 E6B 信号的基本特征。考虑到可用带宽和 GALILEO 上行链路策略，数据格式的定义和高精度服务改正的调度对最大化用户性能至关重要，GALILEO 目前在工程承包商的协助下，正在与欧洲航天局一起定义并测试 GALILEO 高精度服务的信息规范。

表 6-11 E6B 信号的基本特征

项 目	数 据
频率/MHZ	1278.75
信号	E6B
最小功率/dBW	−158
调制方式	BPSK（5）
数据传输速率/bps	448

3）系统服务

GALILEO HAS 计划 2022 年为初始信号供应阶段，2024 年起为全面服务供应阶段，HAS 将以 GALILEO E6B 信号提供免费的 GALILEO 和 GPS 高精度 PPP 服务，常规情况下的水平定位精度优于 20 cm。

（1）性能指标：表 6-12 给出了 HAS 的主要特点和目标性能。HAS 包括两类，一类是全球范围内的 PPP 服务，收敛时间小于 5 min，支持 GALILEO 和 GPS；另一类是欧洲范围内的 PPP-RTK 服务，相比于全球 PPP 服务提供的产品，还提供区域大气改正数，收敛时间小于 100 s，支持 GALILEO 和 GPS。

表 6-12 HAS 的主要特点和目标性能

项 目	服 务 一	服 务 二
覆盖范围	全 球	欧 洲
改正数类型	PPP–轨道、钟差、偏差改正数	PPP–轨道、钟差、偏差和大气延迟改正数
改正数格式	类似压缩 SSR 的公开格式	
改正数播发	GALILEO E6B 信号，每颗卫星的数据播发速率为 448 bps	
支持的导航系统	GALILEO、GPS	

（续表）

项　　目	服　务　一	服　务　二
支持的信号频率	E1/E5a/E5b/E6；E5 AltBOCL1/L5；L2C	
水平精度（95%）/cm	<20	
垂直精度（95%）/cm	<40	
收敛时间/s	<300	<100
可用性	99%	
技术支持	24/7	

（2）性能测试：Fernandez-Hernandez 等人[7]评估了 GALILEO HAS 产品的 PPP 性能，图 6-14 与图 6-15 分别是 2020 年 9 月 11 日 IGS 监测站的仿真结果和 2021 年 5 月 25 日 GMV 分析中心监测站的实测结果。由图 6-14 可知，在 PPP 开始时刻，定位精度便优于 1 m，经过几分钟的收敛时间，其定位误差为十几厘米。图 6-15 表明，在收敛之后，水平和垂直定位精度均优于 10 cm。表 6-13 是图 6-14 与图 6-15 中后 1 h（收敛后）的 PPP 精度。由表 6-13 可知，在欧洲，收敛后的 GALILEO+GPS 双系统 PPP 的水平与垂直精度（95%）均优于 10 cm，满足 GALILEO HAS 的性能指标。

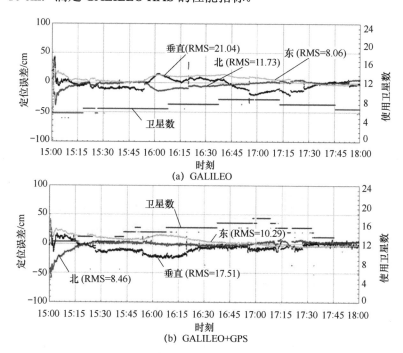

图 6-14　GALILEO HAS 产品的 PPP 仿真结果

- 水平 (RMS = 0.1784 | p68 = 0.1366 | p95 = 0.4414 | p99.7 = 0.5624 | Max = 0.7290)
- 垂直 (RMS = 0.1219 | p68 = 0.0755 | p95 = 0.1799 | p99.7 = 0.7899 | Max = 2.3929)

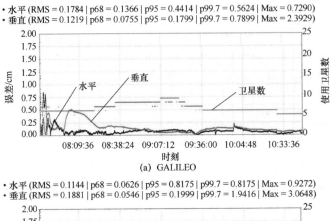

(a) GALILEO

- 水平 (RMS = 0.1144 | p68 = 0.0626 | p95 = 0.8175 | p99.7 = 0.8175 | Max = 0.9272)
- 垂直 (RMS = 0.1881 | p68 = 0.0546 | p95 = 0.1999 | p99.7 = 1.9416 | Max = 3.0648)

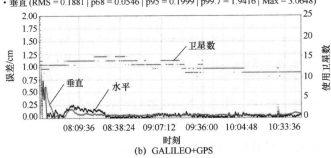

(b) GALILEO+GPS

图 6-15　GALILEO HAS 产品的 PPP 实测结果

表 6-13　GALILEO HAS 收敛后的 PPP 精度

GNSS	时间	场景	接收机	水平精度（95%）/m	垂直精度（95%）/m
GALILEO	2020/9/11	仿真	IGS，Brussels	0.119	0.236
	2021/5/25	实测	GMV，Tres Cantos	0.162	0.182
GALILEO+GPS	2020/9/11	仿真	IGS，Brussels	0.120	0.122
	2021/5/25	实测	GMV，Tres Cantos	0.089	0.078

4. 几类服务的比较

上述几类基本卫星导航系统高精度服务的比较见表 6-14 所示。

表 6-14　基本卫星导航系统高精度服务的比较

项目	基本卫星导航系统		
	BDS	QZSS	GALILEO
覆盖范围	区域	区域	全球
卫星类型	GEO	IGSO+GEO	MEO
播发速率/bps	500	2000	448
信号类型	B2b	L6	E6B
频率/MHz	1207.14	1278.75	1278.75

6.2　局域精度增强系统

局域精密定位系统利用建立在覆盖区范围内的若干 GNSS 基准站（一般相距不超过数十千米）构成的参考站网络，基于载波相位差分技术与数据通信链路为覆盖区内的用户提供高精度定位服务，实时服务精度可达厘米级，事后处理精度可达毫米级。可分为单基准站和多基准站模式，其中基于多基准站模式的局域精密定位系统又称连续运行参考站系统。

连续运行参考站系统的基准站观测数据通过数据链路实时传送至数据处理中心，统一解算得到区域内的各种误差改正数，如轨道误差/钟差、电离层和对流层误差等，并对这些误差进行建模；系统通过播发链路将基准站观测数据及误差模型发送至流动站用户，用户利用这些信息，结合自身位置进行高精度载波定位。目前，连续运行参考站系统包括美国连续运行参考站（CORS）、加拿大主动控制网系统（CACS）、日本 GNSS 地球监测网络系统（GEONET）、德国卫星定位与导航增强服务系统（SAPOS）及中国连续运行参考站系统等。

6.2.1　美国连续运行参考站（CORS）

美国连续运行参考站（CORS）始建于 20 世纪 90 年代初，其雏形由美国国家大地测量局（NGS）跟踪站网、美国海岸警备队的差分网、美国联邦航空管理局的 WAAS、美国陆军工程兵团的跟踪网等的 137 个 GPS 基准站组成，后续由政府相关部门、科研机构和私有组织联合建设。

美国 CORS 由 3 个子网络组成：国家 CORS、合作 CORS 和部门建立的区域 CORS。其中，国家 CORS 主要由美国国家海洋和大气管理局（NOAA）的 NGS 负责组织管理。为实现全球覆盖，美国 CORS 扩展到多个国家，墨西哥、加拿大等地均建有基准站，可为广泛的用户提供实时厘米级、后处理毫米级的导航与定位服务。

1.　参考站网络

美国 CORS 由 1900 多个 GPS 连续运行基准站组成，为用户提供测码伪距、载波相位等数据，CORS 服务通过移动通信播发，以支持三维定位、气象观测等应用。

美国 CORS 是一个多用途的合作性系统，涉及超过 220 个政府、学术、商业及私人组织。基准站运营商自愿加入 CORS，但为保障定位解算的质量，基准站必须遵守严格的基本标准和规范，比如接收机天线至少为双频 L1/L2，至少能跟踪 10 颗 0°以上的卫星等。另外，既要考虑站点本身的质量，还要顾及站点的网络覆盖需求、附近站点间的通信稳健性等方面的要求。

2. 系统服务

NGS 开发了在线定位服务网站，基于美国 CORS，用户只需采集双频 GNSS 原始观测数据并上传至应用模块，同时提供相应的天线类型等参数，即可在几分钟内通过电子邮件免费获取处理的结果。另外，NGS 也向授权用户提供实时 GNSS 定位服务。NGS CORS 为美国及其周边地区和协作国家提供高精度 GPS 定位结果，其典型应用包括高精度定位导航、大气水汽分布监测、电离层自由电子浓度及分布监测、地壳形变监测、地球动力学和地震监测等。

6.2.2 加拿大主动控制网系统（CACS）

加拿大主动控制网系统（CACS）目前由加拿大大地测量局（CGS）和地质测量局负责运行和维护，通过分析多个基准站的 GPS 数据，计算精密卫星轨道和钟差改正，监测 GPS 完好性和定位性能，提供国家参考基准和高精度 GPS 应用服务。

1. 参考站网络

CACS 包含 700 余个国家和地区基准站[8]，配备有高精度双频 GNSS 接收机，可连续记录基准站范围内所有 GNSS 卫星的载波相位和伪距观测值。一些基准站还配备有气象传感器，可用于测量大气压力、温度和湿度。

2. 系统服务

利用 CACS 提供的精密卫星星历、钟差及基准站观测值，用户在加拿大全境内任意位置使用单台接收机定位均可获得精度达厘米至米级的定位结果。其服务播发方式为移动通信与互联网。

由于地广人稀、区域发展不均， CACS 的高精度应用主要集中在加拿大发达地区的部分应用领域。CACS 的典型应用领域包括高精度定位导航、大气监测、地壳动力学、国土测绘和交通航道。

6.2.3 日本 GNSS 地球监测网络系统（GEONET）

基于自然灾害频发及灾害的监测需求，日本国土地理院（GSI）从 20 世纪 90 年代初开始着手布设地壳应变监测网络，逐步发展成日本 GPS 连续应变监测系统（COSMOS），并结合 COSMOS 覆盖区外的应用于精密测绘与地球物理科学的 GPS 区域台阵网，最终形成 GNSS 地球监测网络系统（GEONET）。GEONET 是日本的重要国家基础设施，其主要任务包括建成高精度的地壳运动监测网络系统，建成全国范围的现代"电子大地控制网点"，提供高精度 GNSS 测量与定位服务。

1. 参考站网络

GEONET 是全球基准站密度最高的地基增强网络，包括超过 1300 个连续基准站，站间平均距离为 20 km，最密的地区，如关东、东京、京都等地区可达到 10～15 km[9-10]，覆盖日本全境和周边岛屿。

2. 系统服务

基于 GEONET 可开展 RTK 及差分 GPS 等业务，其 VRS-RTK 服务已经商业化，由 GSI 与日本测量协会负责运行。GSI 负责 GEONET 的运行和维护，给日本测量协会提供 RTK 数据产品，协会则负责 RTK 数据的监控和分发、商业化服务等。

GEONET 最典型的应用是对地震和火山活动进行监测。参考站网络具有良好的覆盖性，通过站点的连续观测可获得定位时间序列，如果出现地震或火山活动，在时间序列图上将有直观的表现，再由 GSI 及时将信息提供给日本地震预报部门。GEONET 的其他典型应用包括工程控制与监测、气象监测与天气预报、测图与地理信息系统更新。

6.2.4 德国卫星定位与导航增强服务系统（SAPOS）

德国卫星定位与导航增强服务系统（SAPOS）是由德国国家测量部门联合运输、建筑等部门共建的长期连续运行的多功能差分 GPS 定位导航服务系统。SAPOS 是德国国家空间数据的基础设施，可为用户提供实时厘米级、后处理毫米级的定位与导航服务。

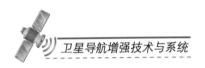
1. 参考站网络

SAPOS 由 270 余个 GPS 基准站组成[11]，站点平均距离为 40 km，站点覆盖德国全境。

2. 系统服务

SAPOS 的基本服务是提供卫星信号和多种改正数，以使用户获取厘米级精度的导航定位结果。其采用区域改正数技术来削弱差分 GNSS 的误差影响，卫星的区域改正数一般以 10s 的间隔播发，播发方式为移动通信与互联网。

目前，SAPOS 提供实时和事后两类服务，包括实时定位服务（EPS）、高精度实时定位服务（HEPS）、大地精密定位服务（GPPS），上述 3 种服务的对比见表 6-15。

表 6-15　SAPOS 的 3 种服务的对比

服　务	时　效	通信方式	定位精度	数据格式
EPS	实时	移动互联网	0.3～0.8 m	RTCM
HEPS	实时	移动互联网和 GSM	1～2 cm	RTCM
GPPS	事后	网络服务器	<1 cm	RINEX

SAPOS 的典型应用领域包括地震监测、地面沉降监测、海平面监测、水汽含量的精确测定和高速公路管理。

6.2.5　中国连续运行参考站系统

中国连续运行参考站建设可分为两大阶段：第一阶段为 1992—2000 年的建设初期，主要从国家层面的需求出发，以建立国家大地基准、开展地球动力学研究和开展大气探测等为主要任务，主要建设单位有原国家测绘局、原总参谋部测绘局、中国科学院、中国地震局、中国气象局等；第二阶段为 2000 年以后的快速发展时期，主要以地方和行业连续运行站应用服务网建设为主，突出技术的实用性和密度大、区域性强的特点，以大型城市综合服务网为代表。

随着北斗地基增强系统建设不断完善，我国的"全国一张网"体系逐渐形成，已经成为全球最大地基增强系统，可以为用户提供覆盖中国全境的亚米级定位服务，而全国 20 多个省份的主要公路干道、河道等将覆盖实时厘米级、后处理毫米级高精度位置服务。

1. 系统组成

1）国家部委级 CORS

1992 年，原国家测绘局在武汉建立了中国第一个 GNSS 连续运行参考站。经过多年的基准站网络建设与发展，2012 年，国家测绘地理信息局启动了国家现代测绘基准体系基础设施建设项目，在原有基准站网络的基础上建立新的基准站，并集成各省份部分基准站，于 2017 年建成由覆盖全国的 360 余个连续运行参考站组成的国家 GNSS 基准站网，可支撑我国坐标参考框架建设、国际 GNSS 服务组织的地球科学研究等。

2006 年，由中国地震局主持的中国大陆构造环境监测网络（CMONOC）工程开始建设，2012 年已建成约 260 余个连续运行参考站和 2000 个不定期监测站，形成了覆盖中国大陆的高时空分辨率基准站网络。CMONOC 可为中国大陆地壳运动、水汽含量变化、电离层电子浓度变化等科学研究提供基础数据。

2）省级 CORS

自 2000 年起，为满足城市经济建设的需求，深圳、北京、上海等城市陆续建成支持网络 RTK 服务的区域 CORS[12]。随着 CORS 技术的快速发展、GNSS 软硬件成本不断降低，以及经济建设对地理空间信息需求的增大，广东率先开展了省级 CORS 建设。目前，国内已有 20 余个省份完成了覆盖全省范围的基准站网络，大多数省份在建立省级 CORS 时，为节约成本，通常会纳入下辖各地区的已有 CORS 站点，补充新的 CORS 站点。

3）北斗地基增强系统

2014 年，我国启动了北斗地基增强系统的研制、建设工作，由中国兵器工业集团公司联合交通运输部、原国土资源部、原国家测绘局、国家地震局、中国气象局、中国科学院、武汉大学等多家单位承担，是北斗系统的重要组成部分与地面基础设施。在 2017 年 6 月，北斗地基增强系统一期建设完成，同年 7 月发布了《北斗地基增强系统服务性能规范（1.0 版）》，系统开始提供基本服务。北斗地基增强系统填补了全国北斗高精度服务网的空白，形成了基于北斗系统的一体化高精度应用服务体系。

北斗地基增强系统主要由基准站网络、国家综合数据处理中心、运营服务平台、数据播发系统和用户等组成。该系统利用运行参考站接收 GNSS 卫星信号并实时传输至综合数据处理中心，经综合处理后生成差分增强数据产品，通过移动通信、数字广播、卫星等多种播发手段，实现覆盖我国陆地及领海范围的广域米级/分米级、区域厘米级和后处理毫米级的高精度定位服务。

2. 系统服务

早期，中国 CORS 主要是服务于测绘行业及各省份的区域 CORS，系统组成一般包括用户管理、服务授权、数据处理、数据下载、实时在线地图、用户排障等平台。以省级 CORS 为例，各省 CORS 均独立运营，技术服务相对独立，存在跨地区、跨行业的系统整合问题。同时，为了更好地服务省际边界地区，各省 CORS 管理部门通过国家基础地理信息中心的数据共享平台，实现了省际边界站点的数据共享与服务。目前，我国部分地区完成了基于北斗系统的升级改造，实现了原省级 CORS 与新建北斗地基增强系统并行服务。

2017 年投入运营的北斗地基增强系统"全国一张网"，实现了统一规划、组网及跨区域无缝服务，同时支持大规模、高并发的基准站及用户接入，是现阶段比较成熟且已投入生产的 CORS，其通过互联网融合，针对具体应用场景推出多种特色产品及服务，为各类市场及应用提供更低成本的服务。

本章参考文献

[1] LIU X, GOODE M, TEGEDOR J, et al. Real-time multi-constellation precise point positioning with integer ambiguity resolution[C]// Proceedings of the International Association of Institutes of Navigation World Congress, 2015.

[2] SHARPE T, HATCH R, NELSON F. John Deere's StarFire system: WADGPS for precision agriculture;[C]// Proceedings of the 13th International Technical Meeting of the Satellite Division of The Institute of Navigation, 2000: 2269-2277.

[3] YANG Y, DING Q, GAO W, et al. Principle and performance of BDSBAS and PPP-B2b of BDS-3 [J]. Satellite Navigation, 2022, 3(1): 1-9.

[4] KOBAYASHI K. QZSS PPP service MADOCA / CLAS [EB/OL]. (2020-01-08) [2022-07-03]. 来源于 UNOOSA 官网。

[5] HIROKAWA R. Recent activity of international standardization for high accuracy GNSS correction service [Z]. 来源于 mycoordinates 官网.

[6] ZHANG S, DU S, LI W, et al. Evaluation of the GPS precise orbit and clock corrections from MADOCA real-time products [J]. Sensors, 2019, 19(11): 2580.

[7] FERNANDEZ-HERNANDEZ I, CHAMORRO-MORENO A, CANCELA-DIAZ S, et al. Galileo high accuracy service: initial definition and performance [J]. GPS Solutions, 2022, 26(3): 1-18.

[8] BOND J, DONAHUE B, CRAYMER M, et al. NRCan's Compliance Program for high accuracy, GNSS services: ensuring compatibility with the Canadian Spatial Reference System [J]. Geomatica, 2019, 72(4): 101-111.

[9] TSUJI H, MIYAGAWA K, YAMAGUCHI K, et al. Modernization of GEONET from GPS to GNSS [J]. Bulletin of the Geospatial Information Authority of Japan, 2013, 61(12): 9-20.

[10]LABRECQUE J L, AREA G. Implementation of a Global Navigation Satellite System (GNSS) Augmentation to Tsunami Early Warning Systems[C]// Proceedings of the EGU General Assembly Conference Abstracts, 2016: 11036.

[11]DOSTAL J. Geodetic Activities in Germany [EB/OL]. （2018-04-26）[2022-07-03]. 来源于 EuroGeographics 官网.

[12]刘经南, 刘晖. 连续运行卫星定位服务系统——城市空间数据的基础设施 [J]. 武汉大学学报, 信息科学版, 2003, (3): 259-264.

第 7 章　典型卫星导航完好性增强系统与服务

完好性增强系统主要面向民航领域用户提供完好性保障服务,以提高飞行安全性,其建设和应用往往遵循国际民航组织标准要求。本章梳理了国内外典型的广域完好性增强系统和局域完好性增强系统,介绍了其系统组成、建设与运管,以及服务与应用等,可为广域或局域完好性增强系统建设提供借鉴参考。

7.1　广域完好性增强系统

广域完好性增强系统是针对用户安全性具有极为严格要求的应用而研制开发的差分增强系统。例如,对于安全性至关重要的航空用户,其目标是为航空用户导航服务提供完好性保证,同时提高导航定位精度。系统通过几颗 GEO 卫星广播增强信号,为用户提供测距、差分改正数和完好性信息,能够支持广域或局域的导航增强服务。

系统主要从 3 个方面提升用户性能:一是基于 GEO 卫星播发的改正数,提高用户定位精度;二是通过 GEO 卫星提供测距信息,提高用户定位的可用性、连续性及精度;三是完好性信息提高了安全性,GNSS 卫星故障将在规定时间内告知用户。系统利用地面参考站网络监测 GNSS 卫星,观测数据通过可靠的通信链传送至主控站;主控站利用观测数据计算出 GNSS 测距误差改正数,并将其分离成卫星星历误差、卫星钟差和电离层误差,进而生成相应的差分改正数和完好性信息,经格式编排后通过 GEO 卫星发播给服务区内的用户;

用户利用接收到的广域增强信息改进导航定位的精度与完好性。系统定位精度与用户到参考站的距离无关，具有精度均匀和覆盖面广等特点。

国际民航组织（ICAO）支持将 GNSS 作为未来导航的首要方式。GNSS将提供全球范围的无缝飞行导航服务，广域完好性增强系统将主要用于提高航路、终端、非精密进近和精密进近的定位精度并提供相应的完好性保障，从而提高飞行安全。目前，全球已建或在建的广域完好性增强系统有美国联邦航空管理局（FAA）的广域增强系统（WAAS）、欧洲地球静止导航重叠服务（EGNOS）系统、日本的多功能卫星增强系统（MSAS）、印度的 GPS 辅助 GEO 卫星导航增强系统（GAGAN）、俄罗斯的差分改正和监测系统（SDCM）、中国的北斗星基增强系统（BDSBAS）与韩国增强卫星系统（KASS）。这些系统均播发差分改正数，对某一区域进行 GNSS 精度和完好性增强。

7.1.1 美国 WAAS

随着 GPS 应用领域的不断拓展，民用航空对于 GPS 的服务性能提出了更加苛刻的要求。GPS 的标准定位服务（SPS）不能满足包括精度、完好性、连续性和可用性在内的全方位性能要求。为了增强 GPS 服务性能，使其应用于民用航空领域，美国于 1992 年提出 WAAS 概念，于 2003 年完成 WAAS建设并通过 ICAO 首次认证，被授权提供 LNAV/VNAV 和部分 LPV 导航安全服务[1-3]。

1. 系统组成

目前，WAAS 由 3 颗 GEO 卫星、38 个广域监测站、3 个主控站、6 个增强信息上行注入站、2 个控制中心及陆地通信网络组成[4]。监测站全天候接收并处理 GPS 信号和 WAAS 增强信号，以及信号传输环境（如电离层和对流层）的变化信息，获取双频伪距、卫星星历、电离层和对流层延迟等原始观测数据，以及信号健康状态信息，将观测数据实时传送到主控站；主控站计算、处理原始观测数据，得到卫星轨道和钟差改正数、电离层分布栅格及电离层延迟改正数、完好性等级及告警信息，通过上行注入站将增强信息注入 GEO 卫星；GEO卫星作为透明转发器快速将 WAAS 增强电文播发给用户；用户接收 GPS 和WAAS 电文数据后，可以获取更高精度、更高完好性及安全性的 PNT 服务。WAAS 提供导航服务的精度和完好性指标与仪表着陆系统（ILS）相当，可满

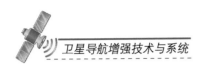

足民航飞机在航路、终端区和部分精密进近阶段的导航性能要求[5]。

2. 系统建设、运行及管理

WAAS 由美国 FAA 主导建设，由 FAA 下属 WAAS 项目公司负责管理和运行，其组织与管理架构如图 7-1 所示[3]。WAAS 项目公司的职责包括技术管理、项目管理、资金管理、采购管理和发展规划；技术中心的职责包括架构设计与优化、运行测试和性能评估、系统监测；行业管理部门的职责包括 WAAS 提供服务、合同管理，以及可靠性、可维护性和可用性分析；企业运营部门的职责包括实时监测运行状态、7 天×24 小时技术支持；国家航空系统工程部门的职责包括二级工程支持、系统监视、系统集成/整合、服务性能发布。

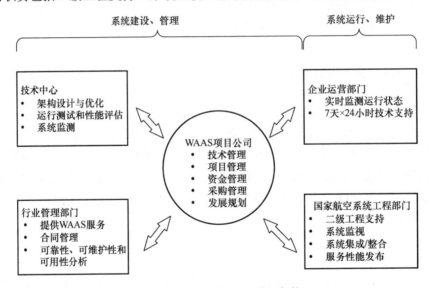

图 7-1　WAAS 的组织与管理架构

3. 服务与应用

目前，WAAS 可为民航用户提供水平导航/垂直导航（LNAV/VNAV）、水平进近（LP）、带垂直引导的水平进近（LPV）多种导航服务。WAAS 在美国本土 LPV 和 LPV-200 服务的可用性为 100%，RNP 0.3 运行覆盖了北美洲及南美洲的部分地区，美国国家空域系统（NAS）中的大多数机场包含 WAAS 程序，已经发布了 4700 多个 LPV/LP 程序；美国本土已有超过 125 000 架飞机安装了 WAAS 机载接收设备。目前，WAAS 正在进行双频服务升级改造，计划 2024 年具备初始运行能力，2028 年具备完整运行能力。

7.1.2 欧洲 EGNOS

EGNOS 是欧洲的星基增强系统，用于提高 GPS 和 GALILEO 的定位精度和完好性，为欧洲大部分地区的航空、海事和陆基用户提供生命安全导航服务。2002 年，欧盟和欧洲航天局（ESA）启动 EGNOS 论证，2010 年全面运营，2011 年获得民航认证，GPS 等系统可满足 ICAO 的标准。

1. 系统组成

目前，EGNOS 包括 3 颗 GEO 卫星、40 个测距与完好性监测站、2 个主控站、6 个增强信息注入站，其组成示意图如图 7-2 所示。同时，欧盟为进一步推广应用 EGNOS，正在协助非洲建设星基增强系统，以将 EGNOS 的服务范围扩展至非洲。在 EGNOS V3 的建设计划中，将针对 GPS L1/L5 和 GALILEO E1/E5 提供双频服务，随着 GALILEO 在轨卫星部署到位，EGNOS 有望在欧洲范围内实现 CAT-I 服务。

图 7-2 EGNOS 的组成示意图

2. 系统建设、运行及管理

EGNOS 由欧洲航天局（ESA）、欧盟和欧洲航空安全组织联合规划。欧洲

航天局全面负责系统技术设计和工程建设，欧盟负责国际合作，欧洲航空安全局负责民用航空需求，欧洲卫星服务供应商（ESSP）负责系统运行，旨在欧洲范围内提供 GPS 和 GALILEO 的增强服务。

ESSP 拥有空中导航服务供应商认可的服务认证，并且受到欧洲航空安全局的监督，由西班牙机场与航空管理局、德国空管局、法国空管局、意大利空管局、英国空中交通服务局、葡萄牙空中导航服务提供商和瑞士空中导航服务提供商组成。

3. 服务与应用

EGNOS 提供 3 种不同级别的服务：开放式服务（OS）、商业服务（CS）和生命安全服务（SOL）。OS 于 2009 年 10 月 1 日开始服务，服务区域内的用户可利用支持 EGNOS 的 GPS 接收机享受该服务，该服务可以提高 GPS 的定位精度（水平精度为 1～3 m，垂直精度为 2～4 m）；CS 服务为有偿付费服务，用户可以获得 EGNOS 的 GPS 原始观测数据，即实时高精度的 GPS 双频伪距及载波相位观测信息，以及实时 EGNOS 改正数信息和完好性信息；SOL 针对航空用户提供 NPA 和 APV 两种级别的完好性服务[6-8]。

EGNOS 已于 2015 年实现 LPV-200 服务能力，并于 2016 年 5 月 3 日利用空客 A350 成功完成 LPV-200 飞行进近[9]。EGNOS 在所有欧洲民航会议地区的 NPA 运行可用性超过 0.999，其大部分陆地上的 APV-I 和 LPV200 运行可用性超过 0.99。截至 2019 年，EGNOS 已拥有超过 331 个 LPV 程序和超过 167 个 LPV-200 程序，为超过 167 个机场提供服务。近年来，EGNOS 还在不断推动覆盖和服务范围的扩大，如南非地区、乌克兰、中东地区、地中海地区等[10]。

7.1.3　日本 MSAS

为提高民航飞行效率和管理效率，日本于 1996 年启动建设基于多功能传输卫星的增强系统 MSAS，2007 年 9 月 27 日投入运行，为日本境内民航飞机航路和非精密进近提供水平引导服务。此外，MSAS 还为日本飞行区的飞机提供全程气象和天气数据信息服务。MSAS 是 GPS 在日本的星基增强系统，可提高 GPS 服务的精度、完好性及可用性（刘天雄，2018）。虽然 MSAS 可以满足日常使用的精度要求，但日本一直担心美国会在紧急情况下关闭或干扰 GPS 信号，从而导致 MSAS 无法使用，使日本的国民经济及国家安全受到威胁。为此，日本决定建立自己的准天顶卫星系统（QZSS）（蒲冠宇，2022）。

1. 系统组成

MSAS 由空间段、地面段和用户段构成，其组成示意图如图 7-3 所示。地面网络接收 GPS 信号，处理生成增强电文注入 GEO 卫星；GEO 卫星将增强信号转发给用户；用户根据增强信号修正位置，同时获得系统完好性告警信息。空间段由两颗位于地球静止轨道的 MTSAT 多功能交通卫星组成。MTSAT 卫星不仅转发由主控站生成的 GPS 卫星轨道改正数、钟差改正数等为用户提供导航定位服务的信息，还为气象及天气监测提供服务。地面段由 6 个监测站（GMS）、2 个主控站（MCS）等组成，监测站分别位于日本的札幌、东京、福冈、那霸、神户和常陆太田，神户和常陆太田是 2 个主控站的所在地。GMS 负责监测 GPS 和 MTSAT 卫星播发的信号；MCS 通过 GMS 监测的卫星信号，计算 GPS 卫星的差分改正数和系统完好性等级，再将增强电文注入 MTSAT 卫星；GMS 监测 GPS 和 MTSAT 卫星的播发信号，修正后者的卫星轨道参数，精确确定卫星的星历。（Sakai 等人，2013）。用户段是指能同时接收 GPS 导航信号及 MTSAT 改正数的接收机，这些接收机可以应用到飞机着陆、汽车自动驾驶、轮船进港及地图测绘等领域。2017 年 8 月 19 日，日本发射了第三颗准天顶卫星（QZS-3），经过 3 年的试运行后，于 2020 年开始播发星基增强系统（SBAS）信号，正式取代了日本第一代 MSAS（Sakai，2017）。

2. 系统建设、运行及管理

MSAS 由日本民航局负责建设，合同承包商是阿尔卡特、东芝和三菱。未来 MSAS 将与 QZSS 进行一体化建设，利用 QZSS 提供 MSAS 服务，目前已完成系统的初步建设。预计在 2023 年完成 MSAS 与 QZSS 的一体化建设，系统运营将由日本内阁办公室（CAO）和日本民航局（JCAB）联合负责。其中，CAO 负责 QZSS GEO 卫星和 QZSS 地面设施（监测站、QZSS 主控站、地面注入站），JCAB 负责 MSAS 的技术管理以及主控站。CAO 负责部分由 1 颗 GEO 卫星、13 个监测站、3 个 GEO 卫星上行链路站与 2 个 QZSS 主控站组成；JCAB 负责部分由 2 个 MSBS 网络与 2 个主控站组成，其中一个主控站为备用主控站[14]。

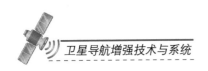

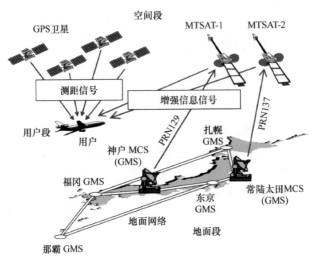

图 7-3 MSAS 的组成示意图

3. 服务与应用

MSAS 于 2007 年 9 月正式提供服务，包括向民航飞机提供水平引导服务、向亚洲和太平洋地区用户提供导航服务等。基于服务区低磁纬的电离层条件，MSAS 一开始只为 NPA 运行提供水平导航，后期经过升级，于 2020 年实现了 LPV-200 服务，在日本 72 个机场公布了 RNAV/RNP 飞行程序。MSAS 机载设备装机量在逐年增长，目前已有 40 架区域运输飞机安装了 MSAS 设备。

7.1.4 印度 GAGAN

GPS 辅助 GEO 卫星导航增强系统（GAGAN）是印度政府建设的 GPS 星基增强系统，可提供印度洋和印度上空的导航增强服务。印度是第四个为全球航空业提供生命安全服务和天基卫星导航服务的国家，GAGAN 信号填补了欧洲 EGNOS 和日本 MSAS 星基增强服务区的覆盖间隙，实现了对整个印度地区的无缝导航。

1. 系统组成

GAGAN 包括 2 颗在轨运行搭载 GPS 增强信号播发载荷的 GEO 卫星和 1 颗在轨备用 GEO 卫星、15 个监测站、2 个主控站和 3 个地面上行链路站，以及相关的软件和通信链路，其组成示意图如图 7-4 所示。目前，GAGAN 正在建设第三个主控站作为备用站，计划增加第四个地面上行链路站、第三颗 GEO 卫星，升级系统硬件设备，增加地面监测站，以扩展服务范围[15-17]。

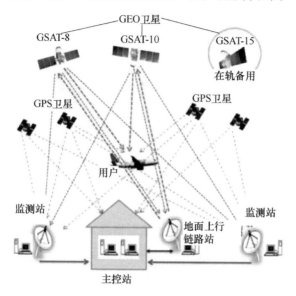

图 7-4 GAGAN 的组成示意图

2. 系统建设、运行与管理

GAGAN 由印度空间研究组织（ISRO）和印度航空管理局共同建设，由印度机场管理局（AAI）负责运行和管理。其建设分为技术演示验证阶段、初始试验阶段和最终运行阶段，2007 年 8 月，ISRO 完成 GAGAN 技术演示验证试验；2009 年，完成初始试验工作；2011 与 2012 年分别成功发射搭载 GPS 增强信号播发载荷的 GEO 卫星 GSAT-8 和 GSAT-10；2013 年 6 月，完成了增强业务稳定性的测试；2015 年成功发射 GSAT-15；GAGAN 的运行性能目标是在印度飞行信息区满足航路导航性能（RNP）0.1 级别要求，在印度本土陆地飞行区满足Ⅱ类垂直引导进近 APV-Ⅱ导航性能要求。

3. 服务与应用

2013 年 12 月 30 日，GAGAN 性能经评估确认满足 RNP 0.1 级别性能；2015 年 4 月 21 日，达到 APV-Ⅰ导航性能要求，配备 SBAS 设备的飞机位于印度领空时，在不使用垂直引导的情况下，可以使用 GAGAN 信号进行航路导航和非精密进近[18-19]。为满足印度陆地 APV-Ⅰ服务性能既定目标，GAGAN

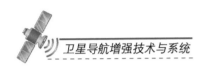

开发了一个适合特定区域的电离层模型，使其成为世界上第一个获得赤道地区 APV-I 级别运行认证的 SBAS[20]。

在航空机载设备方面，印度政府要求 2019 年 1 月 1 日之后购买的新飞机配备 SBAS 接收机，并鼓励航空公司对现有机队进行改造[18, 21]。截至 2019 年 6 月，印度已经颁布了 130 个 LPV 飞行程序。2021 年，印度进一步发布了《2021 印度卫星导航政策》，在确保 GAGAN 服务性能的基础上，将在适当卫星上增加装载 GAGAN 有效载荷，优化提升 GAGAN 增强信号支撑多 GNSS 双频信号，制定和扩大 GAGAN 在非航空领域应用的机制等，以加速推广应用 GAGAN[22]。

7.1.5 俄罗斯 SDCM

差分改正和监测系统（SDCM）是俄罗斯联邦空间局研制的星基增强系统，其设计目标主要是监测 GLONASS 和 GPS 卫星导航系统的完好性，提供 GLONASS 的差分改正数，评估 GLONASS 的性能。SDCM 与 WAAS 等其他 SBAS 的主要区别是，它实施 GPS 和 GLONASS 两类卫星系统的完好性监控，而其他 SBAS 一般仅为 GPS 卫星提供差分改正数和完好性信息。

1. 系统组成

SDCM 主要由空间段、地面段和用户段构成，其组成示意图如图 7-5 所示。空间段包括 3 颗 GEO 卫星，卫星上搭载 SDCM 信号转发器，可将 SDCM 信号由中央处理中心转发给用户。地面段由监测站、中央处理中心、上行站及通信网络组成。SDCM 通过监测站实时或非实时地收集 GNSS 观测数据，并通过通信网络把数据传输至中央处理中心，由中央处理中心对导航观测数据进行处理和分析，产生差分改正数和完好性信息[23-24]。

2. 系统建设、运行与管理

SDCM 由俄罗斯联邦航天局主导建设、运行和管理[25-26]。SDCM 的空间段由 3 颗数据中继 GEO 卫星组成，分别为 Luch-5A、Luch-5B 和 Luch-4。第一颗卫星 Luch-5A 于 2011 年发射到西经 16°的轨道位置，第二颗卫星 Luch-5B 于 2012 年发射到东经 95°的轨道位置，第三颗卫星 Luch-4 于 2014 年发射到东经 167°轨道位置。该系列卫星主要为苏联/俄罗斯和平号（Mir）空间站、暴风雪号（Buran）航天飞机、联盟号（Soyuz）飞船等载人航天器以及其他卫星提供数据中继业务，也用于卫星固定通信业务。SDCM 的地面段包括 1 个主控站、3 个注入站及 24 个监测站（俄罗斯境内 19 个，境外 5 个）。计划将监测站数量增加到俄罗斯境内 45 个，境外 12 个[24]。

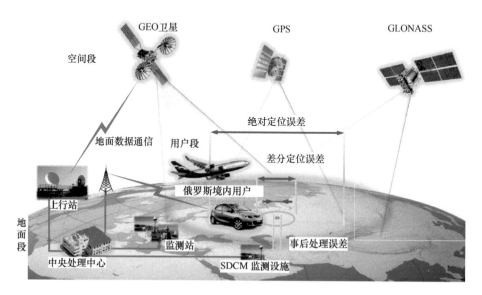

图 7-5　SDCM 的组成示意图

3. 服务与应用

SDCM 的服务区为俄罗斯全境[27]，该系统从 2018 年开始提供 GPS L1/L5、GLONASS L1/L3 的星基增强 PPP 服务[28]。目前，该系统尚未获得用于公共航空的认证，系统测试结果表明，其实时定位精度为 0.5 m（RMS），事后定位精度为 0.05 m（RMS）

7.1.6　中国 BDSBAS

北斗星基增强系统（BDSBAS）是我国自主研制的星基增强系统，主要为中国及周边地区的民航、海事和铁路等用户提供高完好性增强服务。BDSBAS 的设计、建造和测试遵循 ICAO 的标准和建议措施（SARPs），满足 SBAS 的互操作性要求，并提供单频（SF）和双频多星座（DFMC）两种服务[1, 29-30]。

1. 系统组成

BDSBAS 由空间段、地面段及用户段构成，其组成示意图如图 7-6 所示。空

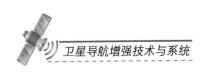

间段包括 3 颗 GEO 卫星（分别位于东经 80°、东经 110.5°和东经 140°），地面段包括 2 个主控站、3 个数据处理中心（DPC）、3 个注入站（US）及 30～50 个监测站（MS）。MS 由均匀分布在北京、上海、广州、西安、长沙等的中国境内监测站及若干境外监测站共同组成。DPC 根据接收到的数据生成改正数（电离层延迟改正数、星历改正数和钟差改正数）和完整性信息（UDRE、GIVE 等），并将其发送给主控站。主控站处理生成增强电文信息，并发送至 US。US 负责将增强电文信息注入 BDSBAS GEO 卫星。每个 US 在设计上均可对 3 颗 GEO 卫星进行上注入，以确保注入成功。最后，GEO 卫星将增强电文信息向中国及周边地区用户播发。

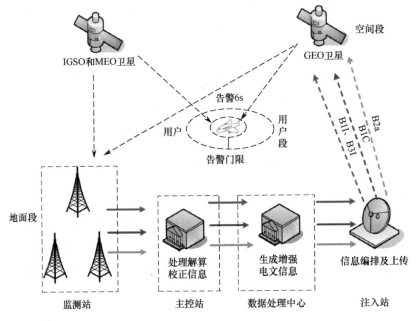

图 7-6　BDSBAS 的组成示意图

2. 系统建设、运行与管理

BDSBAS 由中国卫星导航系统管理办公室（CSNO）负责管理。BDSBAS 于 2012 年启动建设，首颗 GEO 卫星于 2018 年 11 月发射，2020 年 7 月已具备初始运行和服务能力。BDSBAS B1C 信号体制符合已发布的 ICAO SBAS L1 标准；BDSBAS B2a 信号符合当前正在开发的 DFMC SBAS SARPs 技术要求。BDSBAS GEO 卫星信号特性见表 7-1[31]，能够与其他 SBAS 兼容和互操作。2017 年 10 月，我国为 3 颗 GEO 卫星申请了 SBAS 卫星 PRN 号[32]。

表 7-1 BDSBAS GEO 卫星信号特性

频　段	信　号	中心频率/MHz	调 制 方 式	信息速率/bps	功 率 配 比
B1	SBAS-B1C	1575.42	BPSK（1）	250	1/3
B2	SBAS-B2a_data	1176.45	QPSK（10）	250	1/3
	SBAS-B2a_pilot	1176.45		0	1/3

3. 服务与应用

BDSBAS 服务使用的参考坐标系是北斗坐标系（BDCS），SF 与 DFMC 服务使用的参考时间分别为 GPS 时（GPST）和北斗时（BDT），基于 B1C 和 B2a 频段分别播发 SF 和 DFMC 增强信息电文。

1）参考时间

GPST 采用国际单位制（SI）中的秒作为基本单位。GPST 的原点是协调世界时（UTC）的 1980 年 1 月 6 日的 00:00:00，闰秒信息在 GPS 导航电文中广播[33]。

BDT 采用国际单位制（SI）中的秒作为基本单位。BDT 的原点是 UTC 的 2006 年 1 月 1 日 00:00:00，闰秒信息在 BDS 的导航电文中广播。BDT 与中国国家授时中心（NTSC）提供的 UTC（k）一致，UTC（k）与 UTC 一致，即 BDT 与 UTC 间接对齐，BDT 与 UTC 的偏差保持在 50 ns 内[34]。

2）坐标参考框架

BDSBAS 使用符合国际地球自转和参考系统服务（IERS）规范的北斗坐标系（BDCS）。下面介绍 BDCS 的具体定义[35]。

（1）原点、方向和尺度的定义：原点位于地球的质心，Z 轴方向是 IERS 参考极（IRP）的方向，X 轴是 IERS 参考子午面（IRM）与通过原点并垂直于 Z 轴的平面的交线，Y 轴与 Z 轴和 X 轴一起构成右手直角坐标系，长度单位为米。

（2）BDCS 椭球的定义：BDCS 椭球的几何中心与地球的质心重合，BDCS 椭球的旋转轴是 Z 轴，具体参数见表 7-2。

表 7-2 BDCS 椭球的参数

参 数 名 称	值
半长轴 a/m	6378137.0
地心引力常数 μ/（m³/s²）	$3.986004418 \times 10^{14}$
地球扁率 f	1/298.257222101
地球自转角速度 Ω_μ/（rad/s）	7.2921150×10^{-5}

BDCS 和 WGS-84 都是国际地球参考框架（ITRF）的具体实现，两者的差不超过 3 cm。BDCS 与 ITRF2014 的转换参数见表 7-3。

表 7-3　BDCS 与 ITRF2014 的转换参数

	T_x / mm	T_y / mm	T_z / mm	R_x / mas	R_y / mas	R_z / mas	Scal / ppb
估　值	−0.37	1.12	−0.55	0.01	−0.02	0.05	0.011
标准差	0.74	0.74	0.74	0.03	0.03	0.04	0.012

3）增强电文信息

（1）B1C 频段增强电文：BDSBAS B1C 频段播发的增强电文用于 BDSBAS SF 服务，增强信息见表 7-4[36]。每条电文的长度均为 250 bit，播发时间为 1 s，由 8 bit 引导信息、6 bit 电文类型标识、212 bit 数据域和 24 bit 循环冗余校验（CRC）位组成。

表 7-4　BDSBAS B1C 频段播发电文的增强信息

增 强 信 息	内　　容
0	系统测试
1	PRN 掩码
2～5	快变改正数
6	完好性信息
7	快变改正数降效因子
9	GEO 星历
10	降效参数
12	SNT 与 UTC 偏差
17	GEO 卫星星历
18	电离层格网掩码
24	混合改正数
25	慢变改正数
26	电离层延迟改正数
28	卫星钟/星历协方差矩阵
62	内部测试信息
63	空白信息

（2）B2a 频段增强电文：BDSBAS B2a 频段播发的增强电文用于 BDSBAS DFMC 服务，增强信息见表 7-5[37]。

表 7-5　BDSBAS B2a 频段播发电文的增强信息

增 强 信 息	内　　容
0	系统测试
31	PRN 掩码
32	卫星钟/星历协方差矩阵
34~36	完好性信息
37	降效参数和 DFREI 映射表
39、40	SBAS 星历和协方差矩阵
42	BDSBAS 系统时间与 UTC 的偏差
47	BDSBAS 卫星历书
62	BDSBAS B2a 测试信息
63	BDSBAS B2a 空信息

　　每条 BDSBAS B2a 增强电文的长度均为 250 bit，由 4 bit 引导信息、6 bit 电文类型标记、216 bit 数据域和 24 bit 循环冗余校验（CRC）位组成。用户接收机应使用 B1C 导频信号 B1C-pilot 的 BOC（1，1）分量和 B2a 导频信号 B2a-pilot 的 BPSK（10）分量，所使用的卫星轨道和卫星钟差应来自 B2a 频段上播发的 B-CNAV2 电文信息。

　　4）国际标准工作

　　（1）频率兼容分析。

　　无线电频率信号兼容和互不影响是 SBAS 互操作性和国际航空导航服务完好性的重要基础。目前，BDSBAS 在 ICAO 框架下开展 DFMC 标准的研究和制定。未来，BDSBAS 将在 B1C 频段提供 SF SBAS 服务，在 B2a 频段提供 DFMC SBAS 服务。由于严格遵守国际民用航空组织（ICAO）和国际电信联盟（ITU）的相关标准要求，因此 BDSBAS 分别位于东经 80°、东经 110.5°、东经 140°的 3 颗 GEO 卫星不会对其他 GNSS 和 SBAS 产生明显干扰。实际上，由于发射和落地功率有限，且卫星分布距离较远，BDSBAS 对其他 GNSS 和 SBAS 产生的互干扰远小于它们的自干扰。

　　以 GPS 和 WAAS 为例，它们之间的系统内部干扰和 BDSBAS 引起的系统间干扰见表 7-6[31]。可见，BDSBAS 所引起的 L1 和 L5 信号的载噪比减小，远不及 GPS 和 WAAS 之间的系统内部干扰的影响。BDSBAS 不会导致它们的性能下降。

表 7-6　BDSBAS 和 GPS、WAAS 的兼容性分析　　　　单位：dB-Hz

信　　号	非干扰条件	GPS 与 WAAS 之间的系统内部干扰	BDSBAS 信号引起的系统间干扰
GPS L1C/A	43	38.747 （4.253 dB 时低于 43）	38.668 （0.079 dB 时低于 38.747）
GPS L1P（Y）	40	37.738 （2.262 dB 时低于 40）	37.720 （0.018 dB 时低于 37.738）
GPS L1M	43.5	40.914 （2.586 dB 时低于 43.5）	40.914 （0 dB 时低于 40.914）
GPS L1C	44.5	41.092 （3.409 dB 时低于 44.5）	41.068 （0.024 dB 时低于 41.092）
WAAS L1	43	42.615 （0.385 dB 时低于 43）	42.467 （0.148 dB 时低于 42.615）
GPS L5C	46.6	45.433 （1.167 dB 时低于 46.6）	45.392 （0.041 dB 时低于 45.433）
WAAS L5	44.5	44.431 （0.069 dB 时低于 44.5）	44.390 （0.041 dB 时低于 44.431）

注：1. 噪声功率谱密度取-201.5 dBW。

　　2. 不考虑接收损失。

　　3. GPS L1C 通过 MBO 调制计算。

（2）DFMC SBAS 标准及建议实施方案。

在第 31 届 SBAS IWG 会议上，中国、美国、欧盟、印度、日本、俄罗斯、韩国等国家和地区的服务提供商共同签署了 DFMC SBAS 的接口控制文件（ICD）和定义文件（DEF）。为推动 DFMC SBAS 的 ICD 和 DEF 作为各国制定 DFMC SBAS 标准及建议实施方案（SARPs），在 2016 年 12 月召开的 ICAO NSP 会议上，中国与其他国家和地区的 SBAS 服务供应商联合成立了 DFMC SBAS DS2 工作小组。在 2017 年 8 月召开的 ICAO DS2 会议上，中国建议将 BDSBAS 作为 SBAS 服务提供商之一。BDSBAS 在 DFMC SBAS SARPs 中的服务提供商标识号和 UTC 标准标识号分别见表 7-7 和表 7-8[38]。

表 7-7　BDSBAS 的 SBAS 服务提供商标识号

标　识　号	SBAS 服务提供商
0	WAAS
1	EGNOS
2	MSAS
3	GAGAN

标 识 号	SBAS 服务提供商
4	SDCM
5	BDSBAS
6	KASS
7	A-SBAS
8～13	备用
14～15	保留
16～31	仅供额外的 SBAS L5 提供商备用

表 7-8　UTC 标准标识号

标 识 号	UTC 标准
0	由日本东京国立信息通信技术研究所运营的 UTC
1	由美国国家标准与技术研究院运营的 UTC
2	由美国海军天文台运营的 UTC
3	由国际计量局运营的 UTC
4	为由欧洲实验室运营的 UTC 保留
5	由中国科学院国家授时中心运营的 UTC
6	备用
7	没有提供 UTC
8～15	DFMC SBAS 保留位

在 2018 年 2 月、4 月和 11 月举行的 ICAO DS2 会议中，中国向 ICAO DS2 分别提交了关于北斗双频测距信号、双频测距模式和增强导航电文的工作文件。在 2020 年 4 月召开的第 24 次 DS2 会议上，中国综合考虑北斗卫星有效载荷特性、失真信号引起的测距偏差和差分误差，提出了北斗 B1C 和 B2a 信号的风险模型（TM）和风险空间（TS）[39-40]。

（3）IALA 标准开发。

在 BDSBAS 海事应用方面，中国持续参加国际航标协会（IALA）工程与可持续发展会议，并在 2019 年 9 月与其他 27 个国家共同制定了"ENG 10—14.3.3 IALA SBAS 海事服务指南"，以确定 SBAS 在海事部门船舶管理中的应用需求[41]。

5）性能测试与分析

（1）信号测试：BDSBAS 信号自 2018 年 11 月 9 日起开始向空间播发。

GEO-1 和 GEO-2 卫星的射频特性在轨测试结果表明，BDSBAS GEO 卫星的空间信号性能满足 ICAO 的要求[31]。

（2）初始运行性能测试：目前，BDSBAS 正在开展试运行服务性能测试，并将于测试和民航认证工作完成后，先行提供 SF 模式服务。Liu 等人[31]利用 2019 年 11 月 27 日—12 月 4 日的中国境内 iGMAS 和 CMONC 基准站观测数据，评估了 BDSBAS SF 试运行服务的精度、完好性与可用性。

① 精度。利用上述基准站的 GNSS 卫星信号和 BDSBAS B1C 频段增强电文信息，进行 SF 增强定位试验，将基准站的定位结果与已知坐标比较，定位精度见表 7-9，可以看出，BDSBAS SF 的服务性能已达到 APV-Ⅰ的要求。

表 7-9 定位精度（95%）测试结果   单位：m

基　准　站	水　平	垂　直
北京站	2.23	3.83
上海站	2.89	3.89
武汉站	2.35	3.85
洛阳站	2.24	3.75

② 完好性。BDSBAS 增强电文中的完好性信息用于计算水平保护等级（HPL）和垂直保护等级（VPL），并根据定位误差和保护等级确定完好性风险，如果定位误差超过保护等级，则会发生完好性风险。

安全指标是一个衡量完好性的指标，它反映了保护等级受到观测值误差影响的程度，水平和垂直安全指标分别等于 HPL/HPE 和 VPL/VPE。如果最小水平安全指标和最小垂直安全指标均大于 1，则表明不存在完好性风险。BDSBAS SF 服务的完好性测试结果见表 7-10，可见上述基准站在试验时段内的最小水平安全指标和最小垂直安全指标均大于 1，BDSBAS SF 服务未发生完好性风险，满足 APV-Ⅰ的要求。

表 7-10 BDSBAS SF 服务的完好性测试结果

基　准　站	最小水平安全指标（HPL/HPE）	最小垂直安全指标（VPL/VPE）
北京站	3.29	2.90
上海站	1.65	1.45
武汉站	1.90	5.00
洛阳站	3.17	3.11

③ 可用性。可用性指标反映了 BDSBAS 在其服务范围内为民航飞机提供可用服务的时间百分比，其计算方法是将在完好性测试中得到的 HPL 和 VPL 分别与相应飞行阶段的水平告警门限（HAL）和垂直告警门限（VAL）进行比较，当保护级（PL）低于告警门限（AL）时，认为可用。BDSBAS SF 的可用性测试结果见表 7-11，可见除了上海站，其他站点的可用性结果均满足 APV-Ⅰ要求。由于上海站以东没有海上基准站，因此可使用的电离层穿刺点数量较少，导致上海站附近用户的服务可用性比其他 3 个内陆站点差。

表 7-11 BDSBAS SF 的可用性测试结果

基 准 站	可用性/%
北京站	99.82
上海站	93.78
武汉站	99.70
洛阳站	99.62

7.1.7 几个系统的比较

本节简要总结了全球已建或在建的 SBAS，虽然各系统的需求基本相同，但其建设和应用情况不尽相同，几个 SBAS 的比较详见表 7-12。

表 7-12 几个 SBAS 的比较

名 称	配 置	建 设 方	认证机构	首次认证时间	认证的飞行阶段	运维方
WAAS	GEO 卫星：3 颗 主控站：3 个 注入站：6 个 监测站：38 个	美国联邦航空管理局（FAA）	FAA	2003 年	LPV-200	FAA
EGNOS	GEO 卫星：3 颗 主控站：2 个 注入站：6 个 监测站：40 个	欧洲航天局（ESA）	ESA	2011 年	APV-Ⅰ	欧洲卫星服务供应商（ESSP）
MSAS	GEO 卫星：1 颗 主控站：2 个 注入站：2 个 监测站：6 个	日本民航局（JCAB）	JCAB	2007 年	NPA	JCAB

（续表）

名　称	配　置	建　设　方	认证机构	首次认证时间	认证的飞行阶段	运　维　方
GAGAN	GEO 卫星：3 颗 主控站：2 个 注入站：3 个 监测站：15 个	印度民航局（AAI）	AAI	2015 年	APV-Ⅰ	AAI
SDCM	GEO 卫星：3 颗 主控站：1 个 注入站：3 个 监测站：24 个	俄罗斯联邦航天局（ROSCOSMOS）	ROSCOSMOS	—	—	ROSCOSMOS
BDSBAS	GEO 卫星：3 颗 主控站：2 个 注入站：3 个 监测站：30～50 个	中国卫星导航系统管理办公室（CSNO）	中国民航局（CAAC）	—	—	CSNO

7.2　局域完好性增强系统

由于 SBAS 仅能实现接近Ⅰ类精密进近等级（CAT-Ⅰ）的服务性能，而民航飞机在进近阶段还存在 CAT-Ⅱ、CAT-Ⅲ等更高等级的完好性导航需求，因此美国于 20 世纪 90 年代提出了局域增强系统（LAAS）的概念。此后，国际民航组织（ICAO）对其进行了术语规范，统一称为地基增强系统（GBAS）。

单个 GBAS 相比于 SBAS 的建设成本更低，其完好性服务性能可满足 CAT-Ⅰ要求。目前的 SBAS 均无法满足 CAT-Ⅰ的要求，GBAS 的最终目标是要提供 CAT-Ⅱ甚至 CAT-Ⅲ精密进近导航能力。目前，GBAS 只能在机场局域范围内提供服务，无法提供航路导航。与此同时，若考虑对大量机场的进近导航服务覆盖，GBAS 相比于 SBAS 的成本优势会变弱。

7.2.1　美国 LAAS

美国 LAAS 是一种针对飞机着陆范围内的 GPS 局域差分增强服务系统，其在利用差分定位提高卫星导航精度的基础上，还具备一系列完好性监视算法，以提高系统服务的完好性、可用性和连续性，并通过甚高频数字广播（VDB）

向机场附近用户播发，使配置相应机载设备的飞机获得达到 CAT-I 甚至更高等级的进近及着陆引导服务。

1. 系统组成

LAAS 包括 GNSS 卫星、伪卫星、参考站、数据处理中心、数据链路及机载段用户，其组成及数据链路如图 7-7 所示。

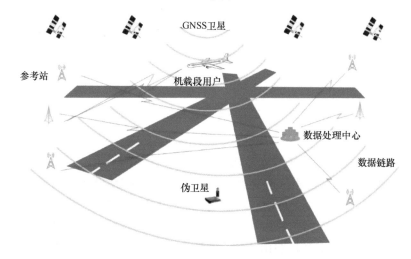

图 7-7 LAAS 的组成及数据链路示意图

（1）伪卫星：服务于机场精密进近的伪卫星称为机场伪卫星（APS），是局域增强系统相比于局域差分系统的最主要的改进之处。APS 通过地面信号发射器能发射与 GPS 一样的信号，其目的是提供附加的伪距信号，以增强定位解的卫星分布几何结构。

（2）参考站：接收 GPS 卫星及伪卫星信号时，考虑到进近阶段可用性需求，至少采用 2 台接收机，以便对其产生的改正数进行对比分析；为支持 CAT-II、CAT-III 精密进近的连续性需求，至少需要 3 台接收机。多路径误差是导致参考站接收机和用户接收机之间非共同误差的主要因素，为抑制地面反射信号引起的多路径误差，需配备专门的接收机天线。

（3）数据处理中心：接收各参考站的观测数据，计算各接收机的差分改正数，确定播发的差分改正数及卫星空间信号的完好性信息，验证播发给用户的数据的正确性，经综合处理后，发送到数据链路。

（4）数据链路：负责参考站与数据处理中心的数据传输，以及数据处理中

心向用户播发增强产品。数据传输可采用数传电缆，数字广播通过甚高频（VHF）进行，广播内容包括差分改正数及完好性信息。

（5）机载段用户：主要包括信号接收设备、用户处理器和导航控制器。信号接收设备不仅接收来自 GPS 的信号，还要接收来自伪卫星的信号和参考站播发的差分改正数及完好性信息。用户处理器对 GPS 观测数据进行差分定位计算，同时确定水平及高程定位误差保护级，以确定当前的导航误差是否超限。

2. 工作原理

LAAS 在局部区域内布设一个 GPS 差分网，网内由若干个差分 GPS 参考站组成，为了提高系统的可用性和可靠性，通常还布设一定数量的伪卫星，以对 GPS 卫星进行增强；为了进行系统完好性监测，系统还包含至少 1 个监控站。其工作原理大致如下。

由已知精确坐标的局域参考站和广播星历计算的卫星位置计算得到卫地距，再与参考站的载波相位平滑伪距观测值相减得到伪距改正数；然后将伪距改正数实时发送至数据处理中心，处理得到卫星导航系统和参考站自身的完好性信息；最后将伪距改正数和完好性信息按照一定的数据格式，通过 VHF 数据链播发给机场附近的机载用户等；飞机上的机载设备接收 GPS 卫星信号和 GBAS 增强电文，计算飞机精确位置和系统完好性信息，进而引导飞机精密进近与着陆。

3. 服务与应用

LAAS 是当前精密进近方向的研究热点和主要发展方向之一。航空无线电技术委员会（RTCA）于 1998 年 9 月制定了"LAAS 最低航空系统性能规范"，为民航飞机提供不同类型的进近服务。2004 年 9 月 9 日，RTCA 发布了包括 CAT-I 服务标准的"局域增强系统最低航空系统性能标准"[42]。2017 年 7 月，RTCA 发布了"基于 GNSS 精密进近的局域增强系统空间信号接口控制文件"，介绍了支持 CAT-II/III 的 LAAS 服务及 LAAS 报文类型与数据格式[43]。同年，RTCA 发布了"局域增强系统机载设备最低运行标准"，提出了 LAAS 在支持 CAT-II/III 进近时，其机载伪距误差标准差模型和多径传输误差标准差模型与 CAT-I 存在差异[44]。

2009 年 9 月，Honeywell 公司研制的 SmartpathTM GBAS 原型系统获得了 FAA 的系统设计许可。为了满足更为严格的完好性需求，以斯坦福大学为代表的研究机构提出一系列完好性监测算法，以保证飞机进近的需求。信号质量监测用于检测 GPS 卫星播发的 C/A 是否有畸变，故障检测算法用于检测 GPS 星历和卫星钟数据的故障。这些完好性监测算法主要用于检测可能发生的故障。2012 年，Honeywell 公司 SLS-4000 升级 Block I 通过验证，主要是进行了维护和接口方面的改进。2015 年，Honeywell 公司的 SLS-4000 Block II 获得设计许可，现正在获取满足 CAT-III 进近服务性能的 SLS-5000 的设计许可批准[45]。

美国 GBAS 投入安装运行的公共机场有纽瓦克自由国际机场（EWR）、乔治·布什国际机场（IAH），两个机场的 SLS-4000 均升级到具备 SBAS 功能的 SLS-4000 Block II 版本；私人（波音公司）运行的机场有格兰特县国际机场、查尔斯顿国际机场（已部署，尚未启用）。目前，美国机场方面正在与 Honeywell 公司就安装 SLS-4000 系统事宜进行讨论，相关机构包括旧金山国际机场、纽约和新泽西港务局、肯尼迪国际机场、拉瓜迪亚机场、西雅图-塔科马国际机场等。

7.2.2　中国 GBAS

北斗局域完好性地基增强系统（GBAS）主要面向民用航空领域，旨在为民航用户提供 CAT-II、CAT-III 的高完好性精密进近服务，主要由中国民用航空局根据民航应用需求组织建设和运维。

1. 系统组成

GBAS 包括 GNSS 卫星、地面站子系统、机载子系统，如图 7-8 所示。

地面站子系统由地面监测站、数据处理中心等组成，负责生成地面监测站差分改正数和完好性相关信息及其他数据，包括最终进近路径的定义。这些数据通过 VDB 信号传送到机载子系统。VDB 数据格式的定义可参见"GNSS 星基精密进近本地地基增强系统（GBAS）空中信号接口控制规范"[43]。

机载子系统包括接收和处理 GNSS/GBAS 空中信号的机载设备。其使用空中信号计算出差分改正数的估计值，并产生相对于最终进近路径的偏差信号，这些偏差与目前仪表着陆系统接收设备提供的偏差是兼容的。机载子系统也可提供系统性能的适时通告（如告警）和输出具有完好性信息的位置、速度、时间数据。

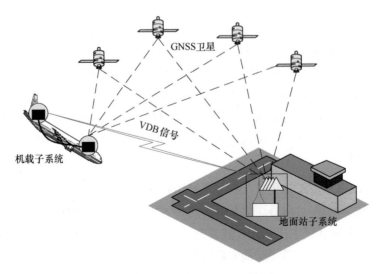

图 7-8　GBAS 的组成示意图

2. 工作原理

地面站子系统的监测站接收 GNSS 数据，送至数据处理中心，产生载波平滑的伪距改正数，并通过甚高频数据链发送至机载子系统。

GBAS 地面站子系统的功能结构如图 7-9 所示。其功能可分为如下几部分：①常规差分部分：主要对导航卫星信号进行接收、解码、载波平滑伪距处理，产生伪距改正数、广播差分改正数等，同时为后续完好性监测算法提供数据。②完好性监测算法部分：主要对导航空间信号及地面设备本身可能出现的异常情况进行监测，保证导航系统的完好性，包括信号质量监测（SQM）部分，主要功能是对导航电文进行跟踪，以保证该卫星传送的测距码没有发生畸变，以及信号功率处于正常水平；数据质量监测（DQM）部分，主要功能是在视界中出现新卫星时及接收到新的导航电文时，检测 GPS 星历和时间数据，验证接收到的导航数据是否足够可靠；测量质量监测（MQM）部分，主要功能是检测由于卫星钟异常或参考接收机故障引起的瞬时快变误差；多参考站一致性校验（MRCC）检查每颗卫星的改正数在多接收机间的一致性，用于检查可能引起较大差分改正数误差的单接收机异常或参考接收机故障引起的瞬时跳变和其他快变改正数；报文检测（MFRT）部分，验证平均伪距改正数是否符合电文有效格式，用于检测广播的数据报文的正确性。③执行监控器部分，主要处理各种完好性监测算法的结果，并采取适当的方法（如隔离）来避免完好性风险。

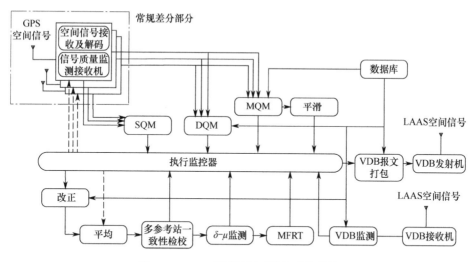

图 7-9　GBAS 地面站子系统的功能结构

3. 服务与应用

2006 年，中国民用航空局与中国电子科技集团合作，在林芝米林机场安装了 GPS GBAS 试验系统，解决了西部山区机场在特殊环境中缺乏精密进近运行手段的问题。通过 GBAS 研发项目，中国电子科技集团进行了大量的试验验证和飞行测试，从 2009 年到 2015 年，在 7 个机场完成 100 余架次 CAT-Ⅰ GBAS 的飞行试验；2015 年，在天津滨海国际机场安装了多频 GPS/BDS GBAS 地面设备，进行示范验证；同年，完成了首套国产 CAT-Ⅰ GBAS 的产品开发和定型。

2016 年，中国民用航空局正式开展首套国产Ⅰ类精密进近 GBAS 设备使用许可工作。从 2016 年 6 月到 2019 年 3 月，GBAS 使用许可合格审定完成了资料技术审核、工厂技术审核、专项设计审查、设备型号测试等环节，GBAS 满足了Ⅰ类精密进近的技术要求。合格审定完成后，商用飞机飞行验证分别于 2019 年 4 月和 7 月在天津滨海国际机场开展，空客 A320 和 A319 飞机完成了机场东西两条跑道所有进近方向的地面滑行、不同距离的自动进近和着陆验证科目，进一步验证了 GBAS 地面设备信号性能、机载设备和地面设备的一致性能、不同天气条件和电离层活动条件下的信号质量。验证结果表明，GBAS 设备与机载设备配合良好，能够为航空器提供精密进近引导服务。

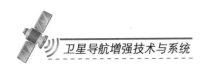
经过关键技术攻关、原型系统研制，以及地面试验、飞行试验和飞行校验等工作，GBAS 地面设备（LGF-1A 型）于 2016 年接受了中国民航地面设备使用许可审查，已完成使用许可合格审定测试工作，并开展了客机飞行验证；2019 年 12 月，获得中国民航导航设备临时使用许可。针对 GPS L C/A CAT-IV 精密进近地面设备（GAST-D）软件升级，2016 年已经开始在天津滨海、西安咸阳、北京首都、广州白云等国际机场积累 GNSS 数据，开展技术验证工作。

2019 年 12 月，经过中国民用航空局 GBAS 使用许可合格审定与运行验证委员会的审议和批准，国内首套 I 类精密进近 GBAS 设备临时使用许可证颁发，实现了国产精密进近导航设备零的突破，对中国民航航行新技术应用具有重大推进示范作用。目前，该型号设备已计划在北京首都国际机场进行安装试运行，有助于解决 ILS 信号不稳定的问题。同时，中国电子科技集团正在 CAT-I GBAS 的基础上进行 GAST-D 的升级研发，以及基于 GPS 和 BDS 的双频多星座 GBAS 技术研究工作[46]。

本章参考文献

[1] BUNCE D. Wide Area Augmentation System (WAAS) Status and History[C]// Proceedings of the 27th International Technial Meeting of the Satellite Division of the Institute of Navigation,2014: 8-12.

[2] 刘天雄. 卫星导航差分系统和增强系统（十一）[J]. 卫星与网络, 2018(12): 66-69.

[3] 郑金华, 第五兴民. 星基增强系统技术发展及应用研究[J]. 现代导航, 2020, 11(3): 157-162.

[4] FAA. Satellite Navigation - WAAS - How It Works [EB/OL]. (2022-07-03) [2022-07-03]. 来源于美国 FAA 官网.

[5] LAWRENCE D. FAA WAAS Administration Update [EB/OL]. (2015-03) [2022-07-03]. 来源于 GPS 官网.

[6] The European GNSS Agency. EGNOS Data Access Service (EDAS) Service Definition Document Issue 2.2 [EB/OL]. (2019-06-03) [2022-07-03]. 来源于 EGNOS 官网.

[7] The European GNSS Agency. EGNOS Open Service （OS） Service Definition Document [EB/OL]. (2020-01-21) [2022-07-03]. 来源于 EGNOS 官网.

[8] The European GNSS Agency. EGNOS Safety of Life （SoL） Service Definition Document Issue 3.4 [EB/OL]. (2021-05-04) [2022-07-03]. 来源于 EGNOS 官网.

[9] CELESTINO U. EGNOS status and plans [EB/OL]. (2016-04-05) [2022-07-03]. 来源于 ICAO 官网.

[10] Thales Alenia Space. EGNOS STATUS [EB/OL]. (2019-06-03) [2022-07-03]. 来源于 ICAO 官网.

[11] 蒲冠宇. 日本导航卫星的发展现状及其发展趋势[J]. 导航定位学报, 2022, 10(2): 21-25.

[12] SAKAI T, TASHIRO H. MSAS Status[C]// Proceedings of the 26th International Technical Meeting of the Satellite Division of The Institute of Navigation, 2013:2343-2360.

[13] SAKAI T. The Status of Dual-Frequency Multi-Constellation SBAS Trial by Japan [EB/OL]. (2017-09-10) [2022-07-03]. 来源于日本 ENRI 官网.

[14] TASHIRO H. Current MSAS Status and Future Plan [EB/OL]. (2016-12-27) [2022-07-03]. 来源于 EGNOS 官网.

[15] RAO K. GAGAN-The Indian satellite based augmentation system [J]. Indian Journal of Radio and Space Physics, 2007, 36(4): 293-302.

[16] GANESHAN A, SATISH S, KARTIK A, et al. GAGAN—Redefining Navigation over the Indian region[C]// Inside GNSS, 2016:42-48.

[17] 中国卫星导航定位协会. 印度发布 GAGAN 卫星增强系统，将为东南亚等地区提供服务 [EB/OL]. (2015-07-17) [2022-07-03]. 来源于中国卫星导航定位协会官网.

[18] Airports Authority of India. System Development—GAGAN [EB/OL]. (2019-06) [2022-07-03]. 来源于 ICAO 官网.

[19] SCHEMPP T. GAGAN Regional Service Availability [EB/OL]. (2019-06-05) [2022-07-03]. 来源于 ICAO 官网.

[20] ICAO. Status update of GNSS activities in INDIA [EB/OL]. (2016-01-19) [2022-07-03]. 来源于 ICAO 官网.

[21] ICAO. GAGAN Status and Expansion [EB/OL]. (2017-09-11) [2022-07-03]. 来源于 ICAO 官网.

[22] 魏艳艳. 印度发布《2021 印度卫星导航政策》 [EB/OL]. (2021-08-23) [2022-07-03]. 来源于自然资源部测绘发展研究中心官网.

[23] 卢璐, 马银虎, 陈海龙. 俄罗斯卫星导航增强系统 SDCM 现状与发展[C]// 第五届中国卫星导航学术年会, 2014.

[24] REVNIVYKH I. GLONASS and SDCM status and development [EB/OL]. (2019-12). 来源于 UNOOSA 官网.

[25] GIBBONS G. Russia Building Out GLONASS Monitoring Network, Augmentation System [EB/OL]. (2009-08).来源于 Inside GNSS 官网.

[26] KARUTIN S. System for Differential Correction and Monitoring Updated[C]// Proceedings of the International Technical Meeting of the Satellite Division of The Institute of Navigation

2011: 1562-1573.

[27] REVNIVYKH S. GLONASS Status and Modernization [EB/OL]. (2011-09) [2022-07-03]. 来源于 UNOOSA 官网.

[28] STUPAK G. SDCM present status and future [EB/OL]. (2013-11-09) [2022-07-03]. 来源于 UNOOSA 官网.

[29] CSNO. Development of the BeiDou Navigation Satellite System(Version 4.0) [EB/OL]. (2019-09) [2022-07-03]. 来源于北斗官网.

[30] CSNO. The Application Service Architecture of BeiDou Navigation Satellite System(Version 1.0) [EB/OL]. (2019-09) [2022-07-03]. 来源于北斗官网.

[31] LIU C, CAO Y, ZHANG G, et al. Design and Performance Analysis of BDS-3 Integrity Concept [J]. Remote Sensing, 2021, 13(15): 2860.

[32] GPS GOV. L1 C/A PRN code assignments [EB/OL]. (2021-06) [2022-07-03]. 来源于 GPS 官网.

[33] GPS GOV. Global positioning systems directorate systems engineering & integration [EB/OL]. (2019-03-04) [2022-07-03]. 来源于 GPS 官网.

[34] YANG Y, GAO W, GUO S, et al. Introduction to BeiDou‐3 navigation satellite system [J]. Navigation, 2019, 66(1): 7-18.

[35] CSNO. BeiDou coordinate system [EB/OL]. (2019) [2022-07-03]. 来源于北斗官网.

[36] CSNO. BeiDou navigation satellite system signal in space interface control document satellite based augmentation system service signal BDSBAS-B1C (Version 1.0) [EB/OL] (2020-07) [2022-07-03]. 来源于北斗官网.

[37] SATELLITE-BASED AUGMENTATION SYSTEMS INTEROPERABILITY WORKING GROUP. Satellite-based augmentation system dual-frequency multi-constellation definition document [C].Paper Presented at the 31th SBAS IWG, 2016.

[38] DS2 SG. Proposed amendments to Annex 10, Vol. I: Satellite-Based Augmentation System (SBAS) provisions[C]// Proceedings of the ICAO NSP 6th Meeting, 2020.

[39] ZHI Q. Applicability of DFMC SBAS receiver design constraints for BDS B1C and B2a signals under distorted signal conditions[C]// Proceedings of the ICAO NSP DS2 24th meeting, 2020.

[40] ZHI Q. Threat model and threat space of BDS B1C and B2a signals[C]// Proceedings of the ICAO NSP DS2 24th meeting, 2020.

[41] International Association of Lighthouse Authorities(IALA). IALA guideline on SBAS maritime service[C]// Proceedings of the IALA ENG #10, 2019.

[42] RTCA S. Minimum aviation system performance standard for the local area augmentation system (LAAS) [Z]. 2004.

[43]RTCA DO-246E. GNSS-Based Precision Approach Local Area Augmentation System (LAAS) Signal-in-Space Interface Control Document (ICD) [Z]. 2017.

[44]RTCA DO253D. Minimum Operational Performance Standers for GPS Local Area Augmentation System Airborne Equipment [Z]. 2017.

[45]Honeywell. Honeywell GBAS system development [EB/OL]. (2019-06-03) [2022-07-03]. 来源于 ICAO 官网.

[46]贾宇. 卫星导航地基增强系统在民用航空的发展与应用 [J]. 现代导航, 2020, 11(4): 272-276.

第 8 章　卫星导航增强技术与系统 的发展

随着互联网、人工智能、新一代通信技术的发展，人们对导航与位置服务的需求日益增加。卫星导航系统本身已难以满足诸多泛在定位应用的需求，其增强技术也需结合新技术、新需求进行升级，以满足用户对实时、精确、泛在和可靠等服务性能的要求。

本书前面各章重点从精度和完好性两方面介绍了常用的增强技术与系统。对于未来发展，综合来看，在精度增强方面，主要针对目前网络 RTK 和 PPP 两种主流高精度定位方法的不足，充分融合其各自优势，构建 PPP-RTK 技术体系，建立对局域、广域、全球基准网服务系统更具弹性的统一处理方法和模型，支撑 PPP-RTK 卫星导航高精度增强系统的发展；在完好性增强方面，主要按照 ICAO 标准，着力弥补 SBAS 和接收机自主完好性（RAIM）算法完好性增强技术的不足，同时为持续提升完好性服务性能，需要系统研究双频多系统 SBAS、卫星自主完好性监测、高级接收机自主完好性（ARAIM）监测等新要求和新技术，以满足 ICAO 对高完好性的要求。

8.1　精度增强

在卫星导航增强领域，人们对精度增强的关注度最高。精度增强技术和精度增强系统是当前应用最广泛的增强技术和增强系统。在其几十年的发展中，前期人们重点关注增强技术与系统的精度指标，随着社会经济的发展及自动驾驶等应用领域的爆发式增长，单纯的精度指标已经难以满足实时性要求高的用户需求，需要在精度提升的前提下，尽量加快高精度指标的收敛速度，以实现实时或准实时高精度导航定位。

8.1.1 存在问题与发展方向

1. 问题与不足

卫星导航精度增强技术从产生、发展到今天，已有数十年。从技术发展及应用需求看，目前已出现明显的瓶颈期，国内外学者及研究人员主要关注广域/全球覆盖、复杂环境影响、高精度、快速收敛等方面的问题，即如何高效解决广域/全球覆盖区内复杂环境中的实时高精度技术问题和应用问题。这几方面的问题非独立且相互耦合。

1）广域/全球覆盖

目前，现有技术手段均难实现全球范围内的覆盖和增强服务。对于 RTK，单基准站只能覆盖数十至 100 多千米的距离，实现广域覆盖所需成本太大（覆盖中国需要数千基准站，覆盖全球需要数万个基准站），且难以覆盖海洋、沙漠等地区。PPP 系统虽不需要密集建站，但仍要通过广域建站才能实现全球服务，并存在实时通信和自主可控等方面的问题。

2）复杂环境影响

复杂环境是指电磁环境干扰、城市建筑物等干扰或遮挡卫星导航信号的环境。信号受到干扰或遮挡时，很容易发生异常或中断，此时载波相位将频繁发生异常或周跳，整周模糊度固定解的实时高精度解算难度加大，已成为精度增强领域国内外学者重点研究的问题。

3）实时高精度

由于 RTK 受限于基准站布设范围和密度，广域精度增强主要通过 PPP 技术手段实现。然而，各 PPP 系统目前一般仍需要几分钟至 30 分钟才能收敛，限制了其实时性应用。再加上载波相位整周模糊度参数解算过程涉及多种误差分离及模型构建，实时高精度定位是当前研究热点及重点瓶颈问题。

2. 后续发展

近年来，高精度服务正演变为共性需求，PPP 与 RTK 融合技术、低轨星

座蓬勃发展，为卫星导航增强技术提供了一个重要的技术创新机遇。通过增加低轨卫星播发手段、多传感器融合应用、抗干扰、优化差分改正数和模型等技术，卫星导航增强技术有望突破上述长期以来面临的复杂环境中的实时高精度瓶颈问题。针对 1 min 内厘米级实时高精度用户需求，结合当前及未来可能的技术，广域/全球覆盖区内复杂环境中的实时高精度技术及系统的主要问题和解决方案见表 8-1。

表 8-1　高精度技术及系统的主要问题和解决方案（需求：1 min 内厘米级）

主 要 问 题	解 决 方 案	方 案 特 点	方案是否可行
无法实现广域/全球覆盖	广域/全球建站	投入大；国际协调难度大；难以覆盖海洋、沙漠等地区	否
	使用中高轨卫星（GEO/IGSO、MEO）	卫星价格高；收敛时间长，几分钟到 30 min；	否
	使用低轨卫星（LEO）	卫星价格低；收敛时间短，1 min 以内	是
受复杂环境影响	抗干扰技术	抑制干扰影响；辅助周跳检测	是
	多传感器融合	辅助导航定位	是
无法实现实时高精度	增加播发载波相位小数偏差参数	可以提高精度；收敛时间为几分钟到 30 min	基本可行（有限区域内）
	增加播发载波相位小数偏差参数和大气延迟参数	需要地面密集建站；收敛时间在 1 min 以内	基本可行（有限区域内）
	增加低轨卫星（LEO）测距信号，播发误差改正数	低轨卫星快速运动，几何构型变化块，收敛时间在 1 min 以内，定位精度可达分米级	是
	增加地面移动通信（如5G）测距信号，播发误差改正数	定位精度可达分米级，甚至厘米级，收敛时间为几十秒	是（移动通信基站部署区域内）
	多传感器融合	辅助模糊度快速解算和连续导航定位	是

由表 8-1 可知，解决当前中高轨卫星 PPP 服务面临的实时高精度问题，需要重点考虑播发手段、误差改正数设计、多传感器融合等实现途径。当然，若面对干扰等复杂环境，还需要考虑抗干扰等措施。具体分析如下所述。

（1）当前 GEO 卫星 PPP 服务：播发卫星星历、钟差等的改正数，性能基本处于收敛时间为 10～30 min 的分米级水平。例如，BDS GEO PPP-B2b 的收敛时间在 30 min 以内，定位精度（95%）为 0.3 m。

（2）缩短收敛时间：可以采用将 LEO 卫星作为信号源并播发改正数方式（模式 1），或者将地面移动通信（如 5G）作为信号源并播发改正数方式+地面基站方式（模式 2），或者在有条件的情况下增加监测站数量方式（模式 3）来实现。

① 模式 1：能够在不依赖大量监测站的前提下，实现包括海洋、沙漠等区域在内的全球精度增强服务，弥补地基增强手段的不足，同时能够提供额外的测距信号，大幅缩短模糊度收敛时间，并可作为备份手段提升导航抗干扰性和可靠性，收敛时间可以压缩到 1 min 以内。

② 模式 2 或模式 3：虽然可以进一步将收敛时间缩短到秒级，但需要增加大量监测站，且收敛时间与监测站的布设和数量有关，代价较大。

③ 3 种模式结合：若地面具备大量建站的条件，将上述 3 种模式结合应用，可以相互补充和备份，构建天地一体增强体系，是最优增强模式。

（3）提高精度：在现有 PPP 服务基础上，可以通过增加播发相位小数偏差和大气延迟改正数（模式 1），或者在有条件情况下增加监测站数量（模式 2）来实现。

① 模式 1：增加播发相位小数偏差可以实现模糊度固定，提高用户导航定位精度，但对收敛时间贡献不大，典型系统服务有 PPP-AR。若再增加播发大气延迟改正数，为了提高大气延迟改正数精度，需要建大量监测站。增加监测站数量在提高导航定位精度的同时，可以大幅缩短收敛时间，典型系统服务有 PPP-RTK。

② 模式 2：通过大量增加监测站，可以提升定位精度，但同样存在代价较大的问题，典型系统有 NRTK/CORS。

综合上述分析,精度增强技术与系统的发展历程及发展方向如图 8-1 所示。其中，精度增强技术未来的发展重点将是突破低轨卫星涉及的模糊度快速固定及实时高精度导航定位等技术。在精度增强系统方面，在有大量监测站支持的情况下，基于 LEO 卫星实现 LEO PPP-RTK 服务，在监测站覆盖区域播发

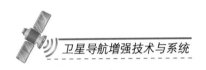

PPP-RTK 参数，在无监测站覆盖区域播发 PPP 或 PPP-AR 参数，是后续研究和发展方向。在无大量监测站支持的情况下，基于 LEO 卫星实现 LEO PPP 或 LEO PPP-AR 服务，将是未来发展方向。此外，在上述天基播发平台基础上，可通过地面移动通信或互联网等手段辅助备份播发增强参数，构建天地一体的增强服务体系，使服务性能更优。

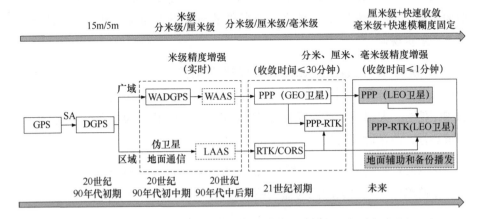

图 8-1　精度增强技术与系统的发展历程及发展方向

具体技术方向主要包括以下几方面。

（1）供给侧。

① 低轨星座设计与实现相关技术。

② 低轨卫星信号体制设计。

③ 低轨卫星电文参数高精度表达技术。

④ 低轨卫星电文参数播发技术。

⑤ 低轨导航增强系统时空基准建立与维持技术。

⑥ 低轨星座天基监测技术。

⑦ 低轨卫星完好性监测与实现技术。

⑧ 低轨卫星支持下的 PPP、PPP-AR、PPP-RTK 等技术。

⑨ 低轨卫星与 GNSS 联合定轨与钟差测定技术。

⑩ 低轨卫星在轨自主高精度轨道和钟差解算。

（2）用户侧。

① 低轨卫星实时高精度捕获与跟踪技术。

② 低轨卫星模糊度快速固定技术。

③ 函数模型和随机模型构建与精化。

④ 低轨卫星支持下的 PPP、PPP-AR、PPP-RTK 技术。

⑤ 多传感器融合应用技术。

⑥ 低轨卫星与 GNSS 联合应用技术。

8.1.2　低轨导航增强技术

随着商业航天的蓬勃发展，基于低轨星座的导航增强技术已成为当今卫星导航领域的关注热点。低轨卫星对 GNSS 的增强能力主要体现在以下 3 个方面。

（1）作为全球高速率数据播发通道：低轨卫星可作为播发通道在全球范围内播发卫星导航基本电文及差分改正电文。播发基本导航电文时，可缩短接收机冷启动首次定位时间，起到类似辅助 GNSS（A-GNSS）的作用；播发差分改正电文时，可实现广域精度增强，起到 PPP 服务系统的作用。

（2）天地联合精密定轨：卫星导航精密定轨需要覆盖全球的监测站进行观测支持，可在低轨卫星上搭载高精度 GNSS 监测接收机实现全球移动监测，从而构成天地一体化的监测站网络，联合低轨卫星 GNSS 监测数据和地面区域监测站数据可对低轨卫星和 GNSS 卫星进行高精度定轨，大幅提升中高轨卫星定轨精度，弥补难以全球建设监测站的不足，减少对监测站的依赖。

（3）GNSS/LEO 联合实时精密单点定位：在传统 PPP 定位中，由于 GNSS 卫星轨道高、星座几何图形变化慢，相邻历元间观测方程的相关性太强，因此在进行定位参数估计时需要较长时间才能估计和分离各类误差，进而固定载波相位模糊度，实现精密定位。相较而言，低轨卫星轨道低、运动速度快，相邻历元间观测方程的相关性较 GNSS 卫星弱。因此，低轨卫星联合 GNSS 卫星进行 PPP 定位，有利于定位误差参数的快速估计，可加快精密定位收敛过程。研究表明，相比于传统 PPP 的 15～30 min 的收敛时间，基于 LEO 卫星的 PPP 收

敛时间在 1 min 以内[1]。

1. 基本原理

低轨卫星的轨道高度一般为 400～2000 km，较低的轨道高度保证了信号的落地功率，进一步提高了导航信号的抗干扰能力和信息承载量。低轨卫星运行速度快，相比于 GNSS 卫星，具有卫星几何构型变化快的优势，历元间观测方程的相关性显著减弱。一方面，低轨卫星通过搭载高精度星载 GNSS 接收机，不仅可以实现轨道和钟差的自主解算，还可以将低轨卫星作为天基监测站，实现与 GNSS 联合定轨定钟，提高 GNSS 和低轨卫星的定轨精度，从而解决地面监测站不足的问题。另一方面，低轨卫星通过搭载导航增强有效载荷提供信号增强，可以实现增强 GNSS 精密单点定位，有望从根本上解决载波相位模糊度参数收敛和固定慢的问题。

低轨卫星增强系统主要由空间段、地面段和用户段三大部分组成。空间段由数十至上百颗搭载导航增强有效载荷的低轨卫星构成，主要任务是向各类用户播发导航信号、高中低轨导航卫星增强信息等，同时具备转发星和导航星功能。地面段包括地面运控系统和地面监测站，可以实现高精度轨道和钟差的联合解算和导航电文的生成，并完成电文信息的上传，共同实现在轨卫星的运行管理和控制。用户段是指各类型模块、芯片及配套设备（接收机），包括信息增强终端、联合定位终端和独立定位终端，不仅可以在全球范围内实现 GNSS PPP，还可以同时接收 GNSS 和低轨卫星的导航信号，实现低轨增强 GNSS PPP 实时定位，甚至可通过低轨卫星的导航信号实现独立定位功能。

低轨卫星增强系统的工作原理如图 8-2 所示。卫星通过配置高精度 GNSS 监测接收机接收 GNSS 信号，并通过导航增强有效载荷向地面播发导航信号。地面监测站接收低轨卫星和 GNSS 卫星的导航信号，并将数据传输至数据处理中心。数据处理中心处理地面观测数据和星上观测数据，实现低轨卫星和 GNSS 的轨道、钟差和大气延迟的联合解算，并通过注入站上传至低轨卫星。低轨卫星利用地面上传的精密轨道、精密钟差和高精度大气延迟产品实现星上轨道和钟差的自主解算并拟合成高精度产品播发给用户。用户通过接收 GNSS 卫星和低轨卫星导航信号，以及精密轨道、精密钟差、高精度大气延迟产品，实现

— 268 —

PPP 实时定位（具体可根据采用的技术手段分为 PPP、PPP-AR 或 PPP-RTK 服务）。

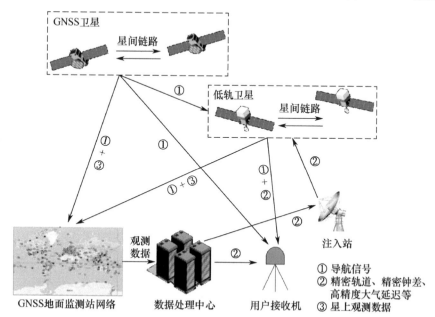

图 8-2　低轨卫星增强系统的工作原理

2. 关键技术

低轨卫星增强包括低轨时空基准建立与维持、低轨增强 GNSS 实时定位、星载高精度时频基准维持及低轨星座设计等关键技术。

1）低轨时空基准建立与维持

低轨星座的轨道和钟差解算可以采用以下 3 种模式实现。

（1）GNSS/低轨星座联合定轨和钟差解算：GNSS 卫星精密定轨和钟差解算利用全球均匀分布的地面监测站进行伪距和载波相位测量，利用精确的轨道动力学模型和误差改正模型进行数据处理，确定 GNSS 卫星的精密轨道和钟差。此外，搭载星载 GNSS 接收机的低轨卫星可以构建天基 GNSS 监测网络，将导航卫星测量数据通过星间链路和星地链路传回数据处理中心。使用低轨星载数据、地基低轨导航数据、地基 GNSS 导航数据进行 GNSS 和低轨卫星联合精密定轨，以提高 GNSS 和低轨卫星的轨道及钟差解算精度。联合定轨和钟差解算可以实现 GNSS 和低轨卫星时空基准的统一。同时，在监测站分布较稀疏的情况下，能有效解决监测站缺乏的问题，实现区域监测站

条件下的导航卫星精密定轨和定钟。GNSS/低轨星座联合定轨和钟差解算流程图如图 8-3 所示。

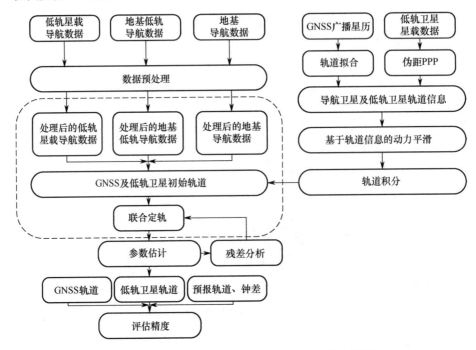

图 8-3　GNSS/低轨星座联合定轨和钟差解算流程图

（2）低轨卫星在轨自主高精度轨道和钟差解算：利用低轨卫星搭载的星载GNSS 观测数据和低轨卫星星间链路观测数据，使用监测站注入的 GNSS 轨道、钟差和大气延迟改正数，通过星载 PPP 定轨定位软件，对卫星位置进行实时解算，可以实现低轨卫星轨道和钟差的实时解算和轨道预报，并与导航信号一起播发，供地面用户定位使用。低轨卫星在轨自主高精度轨道和钟差解算原理示意图如图 8-4 所示，地面监测站网络连续跟踪 GNSS 信号，数据处理中心利用其观测数据进行实时精密轨道、钟差和大气延迟解算，并经过运控站将 GNSS改正数上传至低轨卫星；低轨卫星利用星载 GNSS 接收机和 PPP 定位软件实时解算卫星轨道和钟差，并将轨道信息和钟差传回运控站；运控站再对实时轨道和钟差进行性能评估。

（3）GNSS 不可用条件下的低轨星座时空基准建立与维持：在 GNSS 星座失效而无法提供导航信号的情况下，仅利用地面监测站追踪低轨卫星播发的导航信号，对其进行定轨并预报轨道、钟差，使其具备提供导航定位服务的能力。

要想实现低轨导航系统的独立运行，首先需要全球地面低轨监测站的支持，由于单颗低轨卫星的覆盖范围很小，地面监测站的分布要比 GNSS 卫星更加密集。同时，还需要地面数据处理中心只利用低轨卫星观测数据就能实现低轨卫星轨道和钟差的实时解算。

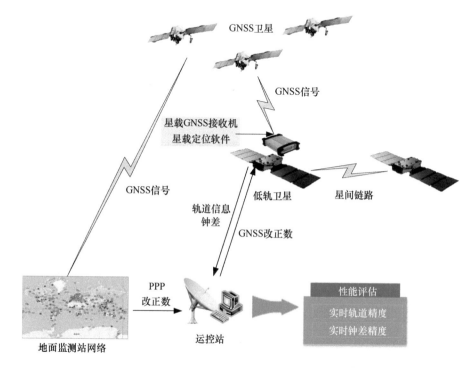

图 8-4　低轨卫星在轨自主高精度轨道和钟差解算原理示意图

2）低轨增强 GNSS 实时定位

GNSS 卫星轨道高度较高，相对于地球运动的速度慢；而低轨卫星轨道高度较低，相对于地球运动速度快。在 GNSS 定位时融合低轨卫星，可在增加观测卫星数量的同时改善观测时卫星的几何构型，有助于提高定位精度，缩短精密单点定位收敛时间[2]。

在不依赖 GNSS 高精度星历的情况下，将低轨增强卫星和导航卫星的观测数据进行综合处理，利用低轨卫星运动速度快的特点，可以将定位精度快速收敛至分米级，实现全球范围的实时分米级动态定位，相对于目前国际上的商业广域精密定位服务系统，实时性大幅提高，收敛时间由 20～30 min 缩短至几分钟。低轨卫星播发地面注入的 GNSS 精密星历，可进一步提高模糊度固定成

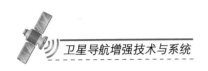

功率，用户接收机定位精度可达到厘米级，收敛时间可以缩短至 1 min，甚至 30 s，可实现全球范围的厘米级定位，定位精度和收敛时间基本可与现有地面 CORS 的水平一致，而且无须高密度地面监测站的支持。

此外，低轨卫星观测弧段短、运动速度快、大气阻力影响大，导致低轨卫星观测数据周跳较多、粗差影响大。因此，适用于低轨卫星的数据预处理与质量控制方法是实现稳健可靠的精密定位服务的关键。信号失锁和卫星频繁切换会产生更多的周跳，而低轨卫星运动速度快、历元间电离层变化大，传统的周跳探测算法（如电离层残差法）将不再适用，需要研究更有效的预处理算法。

3）星载高精度时频基准维持技术

受限于成本，低轨卫星通常不搭载星载原子钟或与 GNSS 性能相当的星载原子钟，因此如何使用较低级的星载原子钟来满足低轨卫星导航增强服务性能的需求，是低轨导航增强服务中的重要环节，包括如下关键问题。

（1）高精度时间同步：基于低轨卫星星间链路，实现低轨卫星间的时间同步；基于低轨卫星星载 GNSS 接收机，实现低轨卫星与 GNSS 的时间同步；基于地面低轨/GNSS 接收机，实现地面与低轨/GNSS 的时间同步。

（2）轨道钟差实时上传播发：相对于 GNSS 中高轨卫星，低轨卫星的摄动力更加复杂，轨道预报难度更大，且星载原子钟性能较弱，因此低轨卫星导航电文预报误差的发散更快，需要实现低轨卫星导航电文的实时上传，以缩短更新周期，进而缩短导航电文的预报周期，保证导航电文的精度。

（3）不间断卫星钟基准调整：星载原子钟性能相对较弱，授时性能较差，随着工作时间延长，卫星钟差会越来越大，需要对卫星钟基准进行调相调频操作。调相调频处理将导致卫星钟参数无法预报，进而导致服务中断。为不影响导航服务性能，需配合轨道钟差实时上传播发，采用不间断时钟基准调整技术。调整卫星钟之后，地面重新进行高精度钟差标定，并将重新标定的卫星钟参数上传卫星，通过轨道钟差实时上传播发通道广播给地面用户。

4）低轨星座设计

对于低轨星座，首先要满足的是覆盖全球的能力，在此前提下，最大限度地优化星座，使其提供最优的导航增强服务。因此，卫星的高度、数量、倾角、星座类型、用户仰角等一系列关键参数决定了星座的导航服务性能[3]。

目前的低轨星座大部分是极轨星座。极轨低轨星座在高纬度地区的增强效果明显，在中低纬度地区的增强相对较差。因此，单一构型的星座无法实现全球范围内的可见星均匀分布，需要利用多种类型星座组合的方式解决可见星与DOP 值分布不均匀的问题。

3. 现状与发展

目前，国际上专用于导航的低轨星座还没有建设。随着通信业务的发展，20 世纪末出现了用于移动通信的低轨星座，典型代表是美国的铱星（Iridium）和全球星（Globalstar）星座。表 8-2 给出了部分已部署或提出的商用低轨通信星座[4]的相关信息。北京未来导航科技有限公司开展了国际上首个低轨导航增强系统的研发建设工作，并于 2018 年下半年发射了首颗 CentiSpace 试验卫星，开展测试验证工作，预计 2024 年该低轨导航增强系统投入运行服务。

表 8-2　部分已部署或提出的商用低轨星座的相关信息

星座名称	卫星数 / 颗	高度/km	倾角	建成年份	国家	主要业务
Iridium	66	780	86.4°	1998	美国	语音+STL
Globalstar	48	1400	52°	2000	美国	语音
Iridium NEXT	75	780	86.4°	2019	美国	宽带+STL
OneWeb	648	1200	88°	2017	美国	宽带
	1972	—				
	1600	1150	53°	—		
	1600	1110	53.8°	—		
SpaceX Starlink	400	1130	74°	2024	美国	宽带
	375	1275	81°	—		
	450	1325	70°	—		
	7518	340	—	—		
	1190	—	45°	—		
Boeing	612	1200	55°	—	美国	宽带
	1155	—	88°	—		
LeoSat	108	1400	—	2020	美国	宽带
Telesat	72	1000	99.5°	2022	加拿大	宽带
	45	1248	37.4°			
Kepler Communications	140	—	—	2022	加拿大	物联网
Astrocast	64	600	—	2021	瑞士	物联网

（续表）

星座名称	卫星数 / 颗	高度/km	倾 角	建成年份	国 家	主 要 业 务
Yaliny	135	600	—	—	俄罗斯	宽带
Astrome	150	1400	—	2020	印度	宽带
Samsung	4600	1400	—	—	韩国	宽带

在技术验证方面，王磊等人对"珞珈一号"卫星实测数据进行了处理分析，证明了"珞珈一号"导航增强信号与现有 GPS 信号的兼容性，以及"珞珈一号"导航增强系统实现的正确性[5]。高为广等人对不同低轨星座进行了分析和设计，对低轨星座提升导航定位精度、加速 PPP 收敛、全球天基监测等导航增强能力进行了分析，论证了低轨星座突破现有中高轨 GNSS 技术瓶颈的机遇和体系增量能力[1]。Iridium NEXT 系统由铱星公司对原有移动通信信号进行改造，开始提供卫星授时与定位（STL）服务。STL 系统应用铱星高功率寻呼信道发射 STL 专用脉冲信号，使接收机可以收到精确的观测值，作为 GNSS 的补充与备份[6]。2018 年，Satelles 公司最新试验结果表明，在使用差分数据和内置高精度 OCXO 时钟的情况下，授时精度可以达到 160 ns。表 8-3 对 STL 系统和 GNSS 的性能进行了比较。

表 8-3　STL 系统和 GNSS 的性能比较

项 目	GNSS	STL 系统
相对于 UTC 的授时精度 / ns	20	200
定位精度/m	3	30～50
商业应用	在用	在用
快速移动平台	是	与 IMU 组合应用
反欺诈能力	GPS：仅军用信号；GALILEO：未来公共常规服务频段（PRS）	认证信号、加密信号
抗干扰能力	微弱信号易受到干扰	信号为 30～40 dB，强
覆盖范围	全球；在极地地区精度会降低；GLONASS 在高纬度地区较优	全球；覆盖极地地区
地下可用性	不可用	不可用
水下可用性	不可用	不可用
室外可用性	定位环境要求不高	需要长时间观测
室内可用性	不可用	可用，相对于 GPS 落地功率提升 30～40 dB

2004 年，Zhu 等人使用 1 颗 CHAMP 和 2 颗 GRACE 卫星与全球 40 个监测站数据联合定轨，定轨精度比传统定轨方法提升 40%[7]。2016 年，Reid 等

人研究如何利用商业星座进行导航增强，内容包括卫星的几何分布、空间用户距离误差信号、星载芯片级原子钟及轨道确定方法，证明了低轨商业星座用于增强 GNSS 的可行性[8]。2018 年，李博峰等人提出了适用于大型低轨星座与 GNSS 星座联合定轨的最佳方案，可以在保证计算效率的前提下，获得理想的定轨和估钟精度，空间信号测距误差达到厘米级，可满足实时精密定位服务的要求[9]。同年，李星星等人设计了 6 个不同卫星数和轨道面的低轨星座，分别模拟不同低轨星座的星载 GNSS 观测数据和地面观测数据，分别用 60 颗、96 颗、192 颗和 288 颗卫星的低轨星座增强 GNSS，多 GNSS 精密单点定位的收敛时间分别缩短到 9.6 min、7.0 min、3.2 min、2.1 min 和 1.3 min，低轨增强单 GPS 或 BDS 的收敛时间也从 25 min 缩短到 3 min。单低轨系统精密单点定位的收敛时间缩短至 6.5 min[9]。

此外，低轨星座还可应用于空间大气监测和室内定位等领域。高、中、低轨导航星座联合，可为大气监测提供新的技术手段，其优势在于短时间内能够提供更多的有效观测数据。单位时间内低轨卫星划过的轨迹长，高度角和方位角变化大，可扩大有效监测范围，有利于实现快速大气建模。同时，低轨卫星距离地球表面近，地面接收信号强度高，有利于改善信号在遮蔽环境中的定位性能，铱星的试验验证了低轨信号增强有望实现室内定位。

综上所述，低轨导航增强系统能够解决当前增强系统存在的难以覆盖全球、低落地功率和收敛时间过长的问题，可服务于未来以自动驾驶为代表的实时精密定位用户。随着 5G/6G 技术的发展，空、天、地、海泛在移动通信网络的建立，智能手机等移动终端处理能力的提升，低轨导航增强最终有望实现大众应用。

8.1.3 精密单点实时动态测量（PPP-RTK）

实时动态测量（RTK）与精密单点定位（PPP）是高精度卫星导航定位中应用最广泛、最具有代表性的两种技术路线。二者各有利弊，RTK 或网络 RTK 技术收敛时间短，但受基准站距离限制，作用范围为几十千米。PPP 技术不受基准站距离限制，但收敛时间过长，往往需要 20~30 min 才能获得较高的精度。PPP-RTK 融合了 RTK 和 PPP 的优势，可实现 PPP 瞬时动态定位，是目前精度增强领域备受关注的前沿技术，成为精准定位服务新趋势，开启了高精度定位的新时代。

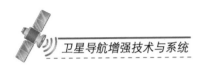

1. 基本原理

PPP 是一种全球范围的非差定位技术，通过全球分布的监测站（约 100 个）计算高精度卫星星历产品，以便用户进行高精度定位，获得静态毫米至厘米级、动态厘米至分米级的定位服务[10-13]。PPP 概念的提出至今已有 20 余年，经历了从静态到动态、从后处理到实时、从双频到单频再到多频、从 PPP 到 PPP-RTK 的发展过程[14]。Gabor 和 Nerem[15]首次提出了单站 PPP 模糊度固定的思想，然而受限于当时 GPS 的 SA 政策、卫星星历精度等，并没有达到理想的效果。随后，国内外学者相继提出相位小数偏差（Uncalibrated Phase Delay，UPD）、整数钟、去偶钟等模型方法，以恢复非差模糊度整数特性，从而实现 PPP 模糊度固定，即 PPP-AR。虽然 PPP-AR 实现了模糊度固定，但未能彻底解决 PPP 收敛慢的问题；PPP-RTK 与传统的 PPP 和 PPP-AR 相比，除需要固定模糊度外，还要能进行实时动态定位（RTK），即快速收敛。德国 GEO++公司的 Wübbena 等人[21]首次提出 PPP-RTK 的概念，其实现方法可分为以下两大类。

（1）第一类：在浮点 PPP 的基础上将影响 PPP 模糊度固定的非差相位的非整数部分作为改正数，提供给用户实现 PPP 模糊度固定[16-20]。此类方法需要利用全球（广域）监测网络计算全局性参数（包括轨道、钟差等），或者从其他渠道准确获取这些参数。其中，卫星钟差与卫星相位偏差是非常重要的改正数。

（2）第二类：改进双差网络 RTK 方式。在基准一致的条件下，将双差改正数映射为非差改正数，用户进行非差定位，也称非差网络 RTK 方法[21-22]。此类方法在局域范围内无须精密轨道与钟差，其误差改正数是通过双差模糊度整数特性生成的综合改正数或分类综合改正数，可实现单站用户模糊度固定。非差网络 RTK 可以理解为一种观测值域的差分定位技术，可以使网络 RTK 的作业方式更加灵活，并且兼容性好，理论上在用户端可以很方便地与 PPP 相统一。

上述两类方法在理论上是等价的，可以相互转换[20, 23-24]，区别在于基准和改正数的选择不同，以及是否消电离层。表 8-4 给出了 PPP、PPP-AR、PPP-RTK 及网络 RTK 技术的对比。根据相似变换估计理论，在监测站网络服务端和用户端，前述两类方法可以相互转换或者混合使用。

表 8-4　PPP、PPP-AR、PPP-RTK、网络 RTK 技术的对比

技　术	全 局 参 数	局 域 参 数	位 置 基 准
PPP-RTK	轨道偏差、钟差、相位偏差	高精度大气延迟	卫星轨道
PPP-AR	轨道偏差、钟差、相位偏差	—	卫星轨道
PPP	轨道偏差、钟差	—	卫星轨道
网络 RTK	—	高精度大气延迟	监测站坐标

2. 关键技术

PPP-RTK 技术的核心是采用 PPP 模型并快速（或实时）固定模糊度，实现实时高精度单点定位。PPP-RTK 核心算法包括服务端和用户端算法，在服务端，通过监测站网络的数据处理生成精密定位产品，包括精密轨道、精密钟差、相位小数偏差和大气延迟改正数[23]。另外，对于多频多系统，系统间偏差（Inter-System Biased，ISB）对模糊度固定有直接影响，PPP-RTK 服务端和终端模型需要具备自适应处理多系统卫星硬件偏差、接收机硬件偏差的能力，尤其对于混合接收机类型的跟踪网络，需要精确标定与改正不同系统间及不同频率间的偏差。

对于全球范围的服务，由于全球高精度大气模型的建立十分复杂，模糊度固定效率低。因此，全球 PPP-RTK 的重点在于充分利用多频多系统观测值的组合特性，加快模糊度固定，即实现多频多系统的 PPP-AR。最近，Hexagon 公司发布了全球星基 RTK 技术，实现了全球 1min 收敛的 PPP 服务能力，但需要基准站与用户都采用其研制的硬件接收机及其播发的改正数。

采用大气改正增强的 PPP-RTK 可以有效加快 PPP 收敛速度，并缩短首次定位时间。国内学者对广域高精度大气延迟改正模型进行了深入研究，中国区域实时高精度大气延迟改正模型可参见参考文献[20]、[25]、[26]。广域高精度大气改正模型仍有提升空间，大气延迟初始方差严重影响 PPP-RTK 的快速收敛。PPP-RTK 终端定位模型采用 PPP 模型，常用非差非组合定位模型，涉及的关键因素包括服务端产品与终端待估参数之间的关系、多模多频 PPP-RTK 终端定位模型、终端快速初始化与模糊度固定、用户自适应动态模型等。

PPP-RTK 综合了 PPP 与 RTK 的优势，采用 PPP 模型实现 RTK 的服务能力。因此，可以认为 RTK 与 PPP 是 PPP-RTK 服务模式的特例。PPP-RTK 服务模式具有伸缩性，可以将全球监测站处理得到的全局参数，包括卫星轨道偏

差、钟差、相位偏差等，作为基础服务产品，采用状态域进行表达，不仅适用于地基播发，同样适用于星基增强服务；对于电离层延迟、对流层延迟等局域参数，则可通过对采样频率的调整来满足不同监测站密度、不同播发带宽、不同用户性能的需求。图 8-5 从收敛速度、定位精度、覆盖范围三个维度对比了 RTK、PPP 及 PPP-RTK 三种模式的导航与位置服务。

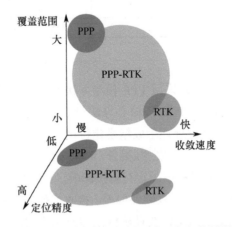

图 8-5　RTK、PPP 与 PPP-RTK 模式的导航与位置服务对比

3. 现状与发展

当前，国内外对 PPP-RTK 进行系统化研究的团队并不多。全球仅有部分 PPP-RTK 系统投入测试或试运行，主要有美国 Trimble 公司的 RTX Fast、日本的 QZSS CLAS 等。另外，德国 Geo++公司研发了支持 PPP-RTK 的 GN Smart 软件，目前仅支持 GPS 和 GLONASS。

当前国内外绝大部分宣称具备高精度定位能力的商业系统均基于全球 PPP 或 PPP-AR 技术，尚不能提供 PPP-RTK 服务。表 8-5 列出了国内外已有或在建主要高精度增强系统的情况，主要包括 PPP-PTK、PPP-AR 和 PPP 三类。目前，日本 QZSS 已率先基于 L6D 信号实现了星基 PPP-RTK 增强服务（CLAS），数据播发速率为 2000 bps，服务范围覆盖日本本土。此外，一些商业公司开始提供 PPP-RTK 服务，如 Trimble 公司的 CenterPoint RTX 服务、NovAtel 公司的 TerraStar-X 服务、Fugro 公司的 Marinestar G4+服务及 GEO++ 公司的 SSRPOST 服务等。虽然上述商业服务或多或少用到（至少借鉴）了 PPP-RTK 技术，但其电离层延迟模型的表达、编码格式、播发方案等鲜有公开资料可供参考。

表 8-5　国内外已有或在建主要高精度增强系统的情况

序号	技　术	系 统 名 称	技 术 方 案	备　注
1	PPP-RTK	美国 Trimble 公司的 RTX Fast	消电离层组合方案，支持 GPS、GLONASS 和 GALILEO	初步商用
2		德国 Geo++公司的 GN Smart 软件	消电离层组合方案，支持 GPS 和 GLONASS	以销售软件为主
3		日本 QZSS 的 CLAS	消电离层组合方案、分区处理，支持多模多频	试运行
4	PPP-AR	美国公司的 CenterPoint RTX	消电离层组合方案，支持多模多频	已商用
5		法国 CNES 公司的实时精密定位		科研用
6		中海达的 Hi-RTP 服务		已商用
7		北斗星通的高精度服务 BDStar	非差非组合方案，支持多模多频	试运行
8	PPP	北斗三号系统的 PPP 服务	消电离层组合方案	已服务
9		荷兰 Fugro 公司的 OmniSTAR		已商用
10		加拿大 NovAtel 公司的 Terra Star-X 服务		已商用
11		千寻 "天音计划"		已商用

目前，中国还没有 PPP-RTK 服务系统，下面分别介绍典型的 PPP-RTK 服务系统。

1）美国 Trimble 公司的 RTX Fast

由于 PPP 技术收敛速度慢，不利于应用与推广，美国 Trimble 公司开始研究使用 CORS 网络提供区域电离层、对流层模型的 RTX Fast 技术，建立了 Trimble RTX Fast 服务，实现了 PPP-RTK 定位，缩短了收敛时间，使用户能够在 1 min 内实现水平定位精度优于 2 cm。Trimble RTX Fast 研发计划包括云端算法、通信系统、终端算法和接收机。目前，Trimble RTX Fast 主要覆盖北美洲、欧洲及我国部分地区。目前，相关的技术方案尚未全部公开，只能从其部分学术论文和专利中对部分关键技术解决方法进行推测。

2）日本 QZSS 的 CLAS 服务

如前所述，日本 QZSS 已经开始在 L6D 上播发厘米级的 CLAS 实验信号。CLAS 利用日本境内 CORS 的 1300 多个站点建立的星基增强系统，可实现覆盖日本全境范围的超快速固定（1min 内）的 PPP-RTK 定位，支持 GPS、QZSS、GLONASS 等系统。QZSS 官方给出的 CLAS 的定位精度为水平优于 6 cm、垂直优于 10 cm（RMS）。日本 QZSS 提供的 CLAS 利用局域密集的监测站同步估计高精度的卫星钟差、码偏差和相位偏差改正数。目前 CLAS 的服务模式是分区域的，将日本国土划分为 13 个区域分别进行服务，跨区服务的平稳过渡问题仍未得到有效解决。

3）德国 Geo++公司的 GN Smart 软件

2005 年，德国的 Geo++公司在 ION 会议上发表了题为 "PPP-RTK: Precise Point Positioning Using State-Space Representation in RTK Networks" 的文章，提出了 PPP-RTK 的概念和实现方法，并对 PPP-RTK 与 PPP、RTK 的技术优缺点进行了分析比较。此后，Geo++公司投入大量技术人员开展 PPP-RTK 软件的研发。2018 年，Geo++公司发布 GN Smart v2.0 软件，支持 PPP-RTK 高精度定位，并后向兼容传统定位方式。该软件目前仅支持 GPS 和 GLONASS。

8.1.4　多手段融合增强技术

多导航源或多传感器融合可以有效克服单一导航系统或导航手段的不足，取长补短，达到融合优化的目的，也是增强的手段之一，受到国内外学者研究关注和重视。典型代表有 GNSS、惯性导航（INS）、航位推算、移动通信、视觉导航、地图匹配、天文导航等的融合应用[27]。考虑到导航手段的多样性，本小节以两种常用的 GNSS/INS、GNSS/5G 融合导航进行说明，读者可以查阅相关文献。当然，此处的 GNSS 也可进一步扩展到本书所述的各类增强系统，相关原理基本相同。

1. GNSS/INS 融合导航

GNSS/INS 组合模式包括松组合、紧组合和深组合模式，如图 8-6 所示，其中，松组合模式和紧组合模式的主要特点均是基于 GPS 信息对 INS 进行辅助导航，而深组合模式主要利用 INS 信息对 GPS 接收机进行辅助。在融合应用中，GNSS 可以标校、修正 INS 积累误差，而 INS 又可以为 GNSS 接收机信号捕获跟踪、抗干扰、连续导航等提供辅助信息支撑。

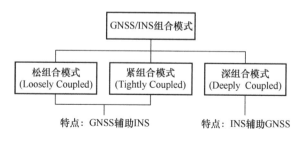

图 8-6 GNSS/INS 组合模式

2. GNSS/5G 融合导航

5G 相比于 4G 有巨大提升，两者的对比详见表 8-6，能更好地对卫星导航实现增强。首先，5G 在作为数据传输通道的同时，能够提供一个额外的测距信号；其次，5G 由于具有更密集的覆盖范围，因此能够增加无 NLOS 误差的场景，方便 NLOS 误差建模，并加强室内应用覆盖。此外，5G 基站使用大规模天线阵列（Massive MIMO）技术，能够动态生成高增益、可调节赋型波束，改善信号覆盖、减少对周边环境的干扰。可以预见，北斗/ GNSS+5G 融合技术将在不久的将来应用于互联网+及智慧城市等诸多领域，满足城市普适环境中的高精度定位、导航与授时（PNT）服务需求。

表 8-6 5G 与 4G 的对比

通 信 技 术	带宽/MHz	复用方式	单站覆盖范围/m	同步精度/μs
4G	20	单天线	300～400	<1.5
5G	6G 以下：100 毫米波：400	Massive MIMO	200	<0.13

目前，北斗民用信号已在"第三代合作伙伴计划（3rd Generation Partnership Project，3GPP）"框架下完成移动通信定位相关国际化标准的制定，成为未来 5G NR（New Radio）定位的可选卫星导航信号。未来将重点推进北斗新信号的 3GPP 国际标准化工作，进一步使北斗新信号成为 5G 定位可选信号。

8.2 完好性增强

如前所述，当前 SBAS 处在单频双系统建设运行状态，随着 GNSS 应用的

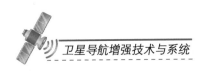

扩展,高精度、高动态的应用场景使得当前技术体制无法满足用户越来越严格的完好性需求。未来,随着 GNSS 多系统兼容互操作发展的深入,SBAS 将向双频多系统融合体制发展,GNSS 将从 NPA 服务向 CAT-I 能力发展,以满足民用航空、智能驾驶等高完好性应用的需求。

8.2.1 存在问题与发展方向

1. 问题与不足

随着高生命安全性用户对完好性保障能力需求的不断提高,国内外学者及研究人员针对卫星导航完好性保障能力开展了长期的研究,焦点主要集中在 GNSS 自身完好性技术和完好性增强技术等上,内容涵盖兼容互操作、Ⅰ类精密进近完好性保障和全球完好性监测等。

1)兼容互操作

目前,多个国家或地区已建立了各自的 SBAS 完好性监测系统,但各个系统均仅在有限的范围内提供服务,未能形成"有效衔接",需要研究多 SBAS 的兼容互操作技术,使多个国家或地区的 SBAS 实现无缝衔接,为用户提供更便捷高效的完好性服务。

2)Ⅰ类精密进近完好性保障

除了 GBAS 能够在局域范围内实现Ⅰ类精密进近完好性保障,GNSS 受制于地面监测站,告警时间未能满足 CAT-I 中 6 s 的指标要求。SBAS 受制于电离层影响,其完好性风险和告警时间难以满足 CAT-I 的指标要求。RAIM 基于多星观测数据实现故障检测与隔离,也仅能满足 NPA 的指标要求。CAT-I 完好性保障能力是完好性领域关注的焦点。

3)全球完好性监测

目前,BDS、GPS、GALILEO 等卫星导航系统在其播发的导航电文中也同时播发相应的完好性信息,技术体制的制约导致其告警时间较长,无法满足全球完好性监测需求。而 SBAS、GBAS 等完好性监测技术的监测范围受制于地面监测站的布设范围,无法实现全球覆盖。RAIM 仅能实现全球水平完好性监测,不具备高程的完好性保障能力。

2. 发展趋势

为了实现完好性监测范围从区域扩展至全球，服务能力从 NPA 提升至 CAT-Ⅰ，完好性技术呈现下列发展趋势。

1）从单频单星座/双星座向双频多星座发展

随着 BDS 和 GALILEO 的运行，全球已呈现四大核心星座（BDS、GPS、GLONASS、GALILEO）共同发展的局面，并均已具备提供双频服务（BDS B1C/B2a、GPS L1/L5、GLONASS L1/L3、GALILEO E1/E5a）的能力，导航服务已从原有的单 GPS L1、单 GLONASS L1（或单频双星座）向双频多星座（DFMC）发展，星基增强服务也从单频增强向双频多星座增强发展。双频多星座可有效解决单一星座完好性监测性能差和易受电离层异常影响的问题，成为发展 CAT-Ⅰ 完好性服务的必要条件。

2）卫星自主完好性监测成为核心星座标准配置

卫星自主完好性监测是指通过卫星载荷对发射信号功率异常、伪码畸变、卫星钟超差、导航数据错误等进行完好性监测，能够从"源头"立即判断卫星的完好性状态，降低地面段和用户段的完好性风险，已成为 GNSS 完好性监测的重要组成部分。

3）星间链路成为核心星座标准配置

为了发展 GNSS 全球完好性，各国都在进行全球监测站布局，但依然存在无法通过监测站对出境卫星进行监测的"盲区"，故各国 GNSS 均采用星间链路来弥补这一短板，星间链路也成为 GNSS 完好性监测的重要组成部分。

4）大力发展基于低轨星座的完好性监测

低轨星座将以其卫星和信号的独特优势，成为新一代卫星导航系统发展的重要方向，中国、美国、欧盟等国家和地区均已提出将低轨星座作为天基监测站，以实现对 GNSS 的完好性增强，减少对地面系统的依赖。低轨星座已成为发展热点，将为 GNSS 全球完好性服务赋能。

5）高级接收机自主完好性监测成为实现全球 CAT-Ⅰ 服务的重要手段

随着 GNSS 从单频单星座向双频多星座发展，国际民航组织正在大力发

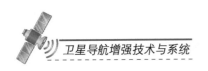

展基于 DFMC GNSS 的高级接收机自主完好性（ARAIM）监测技术，并制定相关国际标准，推动 ARAIM 技术的发展与实现。ARAIM 技术通过拓展外部资源，提升 GNSS 完好性服务能力。有望通过 ARAIM 技术实现全球 CAT - I 服务。

8.2.2　双频多星座星基增强技术

GNSS 是实现基于性能导航（PBN）的重要手段，星基增强系统（SBAS）对 GNSS 进行增强，使其能够满足民航的高完好性标准要求。如前面章节所述，目前 SBAS 均为单频增强服务（性能指标满足 LPV-200），通过 GEO 卫星 L1 频段播发差分信息和完好性信息。由于电离层异常对服务性能的影响，SBAS 单频增强服务尚未达到 CAT - I 的指标要求。为了消除电离层异常对服务性能影响，并利用多 GNSS 更优的几何结构提高服务性能，SBAS 将从现有的单频（SF）双系统向双频多星座（DFMC）过渡，以期达到 CAT - I 的指标要求。

1. 基本原理

DFMC SBAS 的架构与传统 SBAS 一致，其双频服务与传统 SBAS 单频增强服务相互独立，通过 GEO 卫星的 L5 频段播发。

DFMC SBAS 最多可以同时增强 92 颗卫星，增强对象为 BDS（B1C 和 B2a）、GPS（L1C/A 和 L5）、GALILEO（E1C 和 E5a）和 GLONASS（L1OC 和 L3OC），播发的增强信息主要为卫星轨道和钟差改正数等，以及双频测距误差（DFRE）等完好性参数。在双频定位模式下，用户可自行消除电离层延迟影响，不再播发与电离层有关的改正数和完好性参数。其中，DFRE 是 DFMC SBAS 的重要完好性参数，反映卫星轨道和钟差改正数的修正效果，以均方差形式供用户使用。用户利用 DFRE 进行保护级计算，并与当期航路阶段的告警门限进行比较，以判定系统服务是否可用。DFRE 需要以一定的概率对修正残差的最大值形成包络，以避免"漏警"造成的完好性风险[28]。

DFMC SBAS 播发的电文类型及其内容见表 8-7。各电文类型通过数据龄期（IOD）进行匹配，导航数据龄期（IODN）用于将电文类型 32 与 GNSS 导航电文进行匹配；GNSS 数据龄期（IODG）用于电文类型 39 与电文类型 40 的匹配，以及电文类型 32 与电文类型 39、40 的匹配；掩码数据龄期（IODM）用于电文类型 31 与电文类型 34、35、36 的匹配。

表 8-7　DFMC SBAS 播发的电文类型及其内容

电　文　类　型	电　文　内　容
0	DFMC SBAS 服务测试
31	卫星掩码
32	轨道/钟差改正数与协方差矩阵
34～36	完好性信息（DFREI 和 DFRECI）
37	降效参数和 DFREI 映射表
39、40	SBAS 星历和协方差矩阵
42	SBAS 系统时间与 UTC 的偏差
47	SBAS 卫星历书
62	DFMC SBAS 内部测试信息
63	DFMC SBAS 空信息

2. 现状与发展

DFMC SBAS 国际标准刚刚完成草案的制定，国内外正在开展 DFMC SBAS 协方差矩阵解算、DFRE 解算和降效参数解算等关键技术研究工作。

为了推动 DFMC SBAS 的发展，2016 年 11 月，第 31 届星基增强系统兼容互操作工作组（SBAS IWG）会议期间，所有 SBAS 供应商共同签署了 DFMC SBAS 的接口控制文件（1.3 版）和定义文件（2.0 版）。在同年 12 月召开的 ICAO 导航系统专家组（NSP）会议上，成立了 DS2 工作组。DS2 工作组基于 DFMC SBAS 接口控制文件（1.3 版）和定义文件（2.0 版），启动了 ICAO DFMC SBAS SARPs 的制定工作。

自 2016 年起，北斗星基增强系统（BDSBAS）的代表已持续参加了 26 次 DS2 会议，提交了 BDSBAS 相关提案，BDS 作为核心星座成为被增强对象、北斗时、北斗增强模式等 48 项内容被纳入 ICAO DFMC SBAS SARPs 标准。同时，完成了 DFMC SBAS SARPs 中空间信号射频特性、电文内容、电文使用方法、多径误差模型、空间信号畸变模型等 88 项内容的验证工作。在 2020 年 11 月召开的第 26 次 DS2 会议上，中国与 DS2 工作组成员国共同完成了 DFMC SBAS SARPs 报批稿的制定，通过 NSP/6 会议审议，并提交 ICAO 航空导航委员会进行审批。

目前，美国 WAAS 已经进入第四个发展阶段，在保留单频增强服务的基础上，拓展了 DFMC 增强服务能力[29]。欧洲 EGNOS 也将在其 V3 版本的系统功能中拓展 DFMC SBAS 服务能力[30]。中国的 BDSBAS 将按照 ICAO 标准要

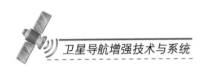

求，向中国及周边区域用户提供分别满足 APV-I 和 CAT-I 指标要求的单频增强服务和双频多星座增强服务[31]。

8.2.3　高级接收机自主完好性监测技术

目前，各类航空精密进近对卫星导航系统的完好性要求非常高。随着多星座卫星导航系统和多频技术的发展，近年来，美国联邦航空管理局（FAA）专门建立了一个 GPS 专家顾问委员会[32]，旨在利用 GPS 在全球范围内提供 LPV-200 级别的航空导航服务，其中的高级接收机自主完好性监测（ARAIM）就是一个可行方案。ARAIM 技术是新一代卫星导航完好性监测技术，它在常规 RAIM 基于单星座、单卫星故障假设基础上，扩展为基于 GNSS 多星座、多卫星同时故障假设的 ARAIM 技术，可满足 I 类精密进近阶段的性能要求。

1. 基本原理

RAIM 能够应用于航路和终端区飞行阶段的辅助导航，并支持进近阶段的水平导航，目前无法支持垂直导航。SBAS 可以支持民航从航路至 I 类精密进近飞行阶段的导航，与 SBAS 相比，高级接收机自主完好性监测（ARAIM）的运行成本更低，覆盖范围更广，未来有望在全球范围内实现 I 类精密进近性能。ARAIM 基于多频多星座的导航源，结合地面监测站提供的完好性支持电文（ISM），能够为用户实现传统 RAIM 的升级，进一步提升完好性性能。ARAIM 的基本架构如图 8-7 所示。

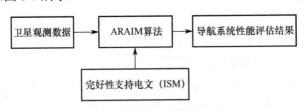

图 8-7　ARAIM 的基本架构

ARAIM 是基于 RAIM 提出的，内嵌在机载接收机中的一种卫星导航系统完好性监测方法。ARAIM 利用接收机接收到的多颗导航卫星的信息，进行卫星故障检测和识别，无须借助外界其他信息，支持多星座多种故障的假设。具有对卫星故障反应迅速、完全自主等特点，可以有效满足导航完好性需求。相较于 RAIM，ARAIM 的更多先进性在于以下方面。

（1）覆盖范围：ARAIM 可以实现全球 LPV-200 覆盖，而 SBAS 只能实现区域覆盖。

（2）告警时间（TTA）：SBAS 要求的告警时间为 6 s。ARAIM 告警时间分为两种，快速 TTA 为数分钟到 1 小时；而长 TTA 为 1 天，甚至更长。

（3）通信链路：监测站信息传递到用户的方式更为灵活，并且通信链路所需带宽更小。SBAS 将监测站信息传送至用户的方式为通过 GEO 卫星，而 ARAIM 可以通过终端机场 VDB、航空数据链、GEO 卫星数据链等更多通信方式，而较长的告警时间也减小了通信链路所需要的带宽。

（4）参考站网络：线下 ARAIM 结构不需要专门的参考站网络；而与之相对的 ARAIM 线上结构，仅需 20 个左右全球稀疏分布的监测站。因此，与 SBAS 相比，ARAIM 能大大减少基础设施成本。

2. 现状与发展

在 GPS-GALILEO 合作协议框架下，美国和欧盟于 2010 年成立了 ARAIM 技术工作组，其主要目标是设计 ARAIM 结构，使其在全球范围内支持 LPV-200。目前，SBAS 能满足 LPV-200 的性能需求，全球 LPV-200 的覆盖范围仅为 7.54%，主要为欧美地区。

美国联邦航空局（FAA）全球卫星导航系统项目办公室组织并建立的 GNSS 进化结构研究小组，以及欧盟–美国合作协议框架下的工作组，致力于 ARAIM 的研究，先后发布了 4 个阶段性研究报告，确定了 ARAIM 的基本概念、用户算法、性能评估算法、体系结构等。2015 年 2 月，WG-C ARAIM 技术小组发布了《欧盟–美国合作卫星导航第二阶段报告》，提出了 ARAIM 的 3 种结构：水平 ARAIM、线下 ARAIM、线上 ARAIM。其中，水平 ARAIM 能提供类似于 RAIM 的水平导航功能，但其在精度、完好性、可用性方面均有显著提高；线下和线上 ARAIM 结构能够在全球范围内提供垂直导航功能。

目前，我国也在跟踪研究 ARAIM 技术，可根据实际我国国情，将北斗星基增强系统监测站作为 ARAIM 系统的地面监测站网络，开发基于 BDS/GPS 的 ARAIM 系统。

8.2.4　GNSS 完好性技术

如前所述，国内外 GNSS 基本满足民航 NPA 阶段完好性需求，均无法满足民用航空全部飞行阶段的完好性需求，需要建设 SBAS 和 GBAS，对 GNSS 的性

能进行增强。SBAS 和 GBAS 增强民航飞机进场如图 8-8 所示。当前民航对 SBAS 的需求为 CAT-I，更严格的进近过程由 GBAS 保障。

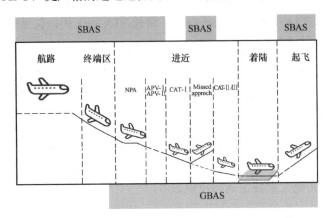

图 8-8　SBAS 和 GBAS 增强民航飞机进场

各 GNSS 供应商也在积极发展系统本身的全球完好性服务。例如，GPS 计划在 GPS IIIC 阶段实现真正意义上的不依赖增强系统的全球 CAT-I 完好性服务，GALILEO 提出了几乎满足 CAT-I 要求的完好性服务，下一代 BDS 也正在开展全球完好性服务论证。

1. GPS 全球完好性

GPS 全球完好性依靠星地联合管理和卫星自主完好性监测技术实现。GPS Ⅲ将不依赖任何增强系统，而通过对 URA 及完好性故障的管理实现全球无缝的 CAT-I 级别完好性服务。

1）星地联合管理 URA

遍布全球的监测站每 6 s 进行一次观测量收集，通过地面通信网络送往主控站进行综合处理，生成确保完好性的 URA 信息，上行注入卫星，卫星再将 URA 信息通过下行链路播发给用户，如图 8-9 所示。

2）星地联合管理潜在的完好性故障

主控站每 60 s 生成在轨所有卫星完好性监测告警所需要的故障监测门限信息，上行注入可见卫星，并通过星间链路进行不可见卫星的数据更新。每颗卫星都自主进行完好性监测，一旦发现异常情况，立即向用户告警，告警时间为 5.2 s。完好性故障监测如图 8-10 所示。

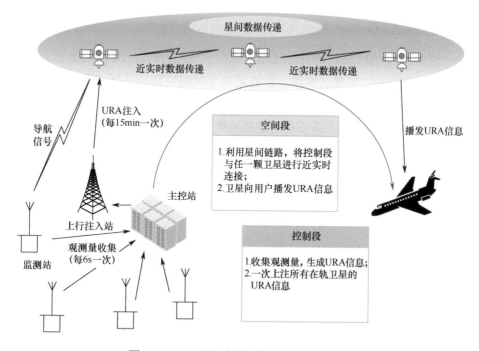

图 8-9　GPS Ⅲ全球完好性对 URA 的管理

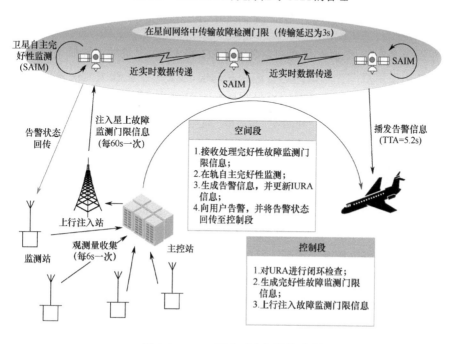

图 8-10　GPS Ⅲ全球完好性故障监测

2. GALILEO

近年来，GALILEO 的完好性概念发生了变化，早期完好性监测基于 GPS 完好性通道（GIC）概念实现，依靠遍布全球的监测站进行，而复杂的地面建设导致工程建设实施复杂，并且减轻对地面的依赖是航天系统的发展趋势。因此，GALILEO 引入了基于星间链路的轨道与钟差监测完好性概念，示意图如图 8-11 所示。

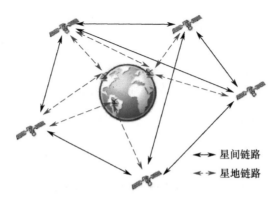

图 8-11　GALILEO 基于星间链路的轨道与钟差监测完好性概念示意图

在近年公布的 Kepler 星座中，GALILEO 将 LEO 卫星纳入导航星座，在卫星系统中采用双向光学链路进行测距和通信，LEO 卫星在大气层外观测 L 频段导航信号，在高精度的星间光学测量和 L 频段测距的帮助下，提升轨道、卫星钟精度及完好性性能。利用星–星、星–地测距与数据传递实现轨道和卫星钟的在轨自主完好性监测，实现全球 CAT-I 完好性服务。

3. 下一代北斗系统

北斗三号系统基于卫星自主完好性监测技术及星间链路、区域地面监测站，已经实现了基本的 NPA 完好性服务。图 8-12 所示是 BDS 基于低轨卫星和星间链路的完好性概念示意图。目前，正在基于低轨星座开展全球 CAT-Ⅰ服务的论证，即选择低轨卫星作为天基监测卫星配置监测载荷与高速星间数传载荷，在保证导航卫星全球三重覆盖的情况下，实现完好性监测和实时数据传输。

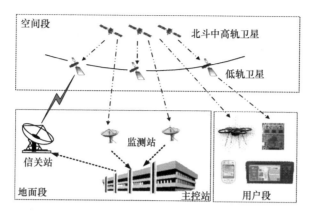

图 8-12　BDS 基于低轨卫星和星间链路的完好性概念示意图

本章参考文献

[1] 高为广, 张弓, 刘成, 等. 低轨星座导航增强能力研究与仿真[J]. 中国科学:物理学 力学 天文学, 2021, 51(1): 52-62.

[2] KE M, LV J, CHANG J, et al. Integrating GPS and LEO to accelerate convergence time of precise point positioning[C]// International Conference on Wireless Communications & Signal Processing (WCSP), 2015: 1-5.

[3] 田野, 张立新, 边朗. 低轨导航增强卫星星座设计[J]. 中国空间科学技术, 2019, 39(6): 55-61.

[4] 张小红, 马福建. 低轨导航增强 GNSS 发展综述[J]. 测绘学报, 2019, 48(9): 1073-1087.

[5] 王磊, 陈锐志, 李德仁, 等. 珞珈一号低轨卫星导航增强系统信号质量评估[J]. 武汉大学学报, 信息科学版, 2018, 43(12): 2191-2196.

[6] JOERGER M, GRATTON L, PERVAN B, et al. Analysis of Iridium‐augmented GPS for floating carrier phase positioning [J]. Navigation, 2010, 57(2): 137-160.

[7] ZHU S, REIGBER C, KöNIG R. Integrated adjustment of CHAMP, GRACE, and GPS data [J]. Journal of Geodesy, 2004, 78(1): 103-108.

[8] REID T G, NEISH A M, WALTER T F, et al. Leveraging commercial broadband leo constellations for navigating [C]//the 29th Internationat Techincal Meeting of the Satellite Division of the Institute of Navigation, 2016: 2300-2314.

[9] LI X, MA F, LI X, et al. LEO constellation-augmented multi-GNSS for rapid PPP convergence [J]. Journal of Geodesy, 2019, 93(5): 749-764.

[10] ZUMBERGE J, HEFLIN M, JEFFERSON D, et al. Precise point positioning for the efficient and robust analysis of GPS data from large networks [J]. Journal of Geophysical Research:

Solid Earth, 1997, 102(B3): 5005-5017.

[11] KOUBA J, HéROUX P. Precise point positioning using IGS orbit and clock products [J]. GPS Solutions, 2001, 5(2): 12-28.

[12] CAI C, GAO Y. Modeling and assessment of combined GPS/GLONASS precise point positioning [J]. GPS Solutions, 2013, 17(2): 223-236.

[13] 李博峰, 项冬. 4 种全球卫星导航系统实时动态定位效果评估[J]. 同济大学学报, 自然科学版, 2015, 43(12): 1895-1900.

[14] 张小红, 胡家欢, 任晓东. PPP/PPP-RTK 新进展与北斗/GNSS PPP 定位性能比较[J]. 测绘学报, 2020, 49(9): 1084-1100.

[15] GABOR M J, NEREM R S. GPS carrier phase ambiguity resolution using satellite-satellite single differences[C]// the 12th International Technical Meeting of the Satellite Division of The Institute of Navigation, 1999: 1569, 1578.

[16] COLLINS P. Isolating and estimating undifferenced GPS integer ambiguities[C]// the 2008 National Technical Meeting of The Institute of Navigation, 2008: 720-732.

[17] GE M, GENDT G, ROTHACHER M A, et al. Resolution of GPS carrier-phase ambiguities in Precise Point Positioning (PPP) with daily observations [J]. Journal of Geodesy, 2008, 82(7): 389-399.

[18] LAURICHESSE D, MERCIER F, BERTHIAS J P, et al. Integer ambiguity resolution on undifferenced GPS phase measurements and its application to PPP and satellite precise orbit determination [J]. Navigation, 2009, 56(2): 135-149.

[19] GENG J, SHI C, GE M, et al. Improving the estimation of fractional-cycle biases for ambiguity resolution in precise point positioning[J]. Journal of Geodesy, 2012, 86(8): 579-589.

[20] SHI J, GAO Y. A comparison of three PPP integer ambiguity resolution methods [J]. GPS Solutions, 2014, 18(4): 519-528.

[21] WABBENA G, SCHMITZ M, BAGGE A. PPP-RTK: precise point positioning using state-space representation in RTK networks[C]// the 18th International Technical Meeting of the Satellite Division of the Institute of Navigation, 2005: 2584-2594.

[22] ZOU X, TANG W, SHI C, et al. Instantaneous ambiguity resolution for URTK and its seamless transition with PPP-AR [J]. GPS Solutions, 2015, 19(4): 559-567.

[23] TEUNISSEN P, KHODABANDEH A. Review and principles of PPP-RTK methods[J]. Journal of Geodesy, 2015, 89(3): 217-240.

[24] ODIJK D, ZHANG B, KHODABANDEH A, et al. On the estimability of parameters in undifferenced, uncombined GNSS network and PPP-RTK user models by means of $\mathcal{S}$ S-system theory [J]. Journal of Geodesy, 2016, 90(1): 15-44.

[25] ZHENG F, LOU Y, GU S, et al. Modeling tropospheric wet delays with national GNSS reference network in China for BeiDou precise point positioning[J]. Journal of Geodesy, 2018, 92(5): 545-560.

[26] OLIVARES-PULIDO G, TERKILDSEN M, ARSOV K, et al. A 4D tomographic ionospheric model to support PPP-RTK [J]. Journal of Geodesy, 2019, 93(9): 1673-1683.

[27] 高为广. GPS/INS 自适应组合导航算法研究[D]. 郑州: 解放军战略支援部队信息工程大学, 2008.

[28] 郑金华, 第五兴民. 星基增强系统技术发展及应用研究[J]. 现代导航, 2020, 11(3): 157-62.

[29] ALEXANDER K. WAAS, resiliency and outreach [EB/OL]. (2018-10-16) [2022-07-03].来源于 GPS 官网.

[30] RICARD N. Dual frequency multiconstellation SBAS key concepts [EB/OL]. (2019-12-24) [2022-07-03]. 来源于 EGNOS 官网.

[31] SHEN J, GENG C. Update on the BeiDou navigation satellite system (BDS)[C]// the 32nd International Technical Meeting of the Satellite Division of The Institute of Navigation, 2019.

[32] WALTER T, SHALLBERG K, ALTSHULER E, et al. WAAS at 15 [J]. Navigation, 2018, 65(4): 581-600.

附录 A 缩略语表

缩 略 语	英 文 全 称	中 文
AAI	Airports Authority of India	印度机场管理局
AGPS	Assisted GPS	辅助 GPS
AI	Alarm Indications	告警标识
AL	Alert Limit	告警门限
AL	Authentication Latency	认证延迟
APS	Airport Pseudo-Satellite	机场伪卫星
APV	Approaches with Vertical Guidance	有垂直引导的类精密进近
AR	Ambiguity Resolution	模糊度固定
ARAIM	Advanced Receiver Autonomous Integrity Monitoring	高级接收机自主完好性监测
BDCS	Beidou Coordinate System	北斗坐标系
BDS	BeiDou Navigation Satellite System	北斗卫星导航系统
BDSBAS	BeiDou Satellite-Based Augmentation System	北斗星基增强系统
BDT	BDS Time	北斗时
BOC	Binary Offset Carrier	二进制偏移载波
BPSK	Binary Phase-Shift Keying	二进制相移键控
CACS	Canadian Active Control System	加拿大主动控制网系统
CAO	Cabinet Office of Japan	日本内阁办公室
CARST	Carrier Acceleration-Ramp-Stemp Test	载波加速–斜坡–步长检测
CAT- I	Category- I	I 类 / I 类精密进近
CDMA	Code Division Multiple Access	码分多址
CGS	Canadian Geodetic Survey	加拿大大地测量局
CEP	Circular Error Probable	圆概率误差
CLAS	Centimeter Level Augmentation Service	厘米级增强服务
CMONOC	Crustal Movement Observation Network of China	中国大陆构造环境监测网络
CORS	Continuously Operating Reference Stations	连续运行参考站

（续表）

缩 略 语	英 文 全 称	中　文
COSMOS	Continuous Strain Monitoring System	连续应变监测系统
CRC	Cyclic Redundancy Check	循环冗余校验
CS	Commercial Service	商业服务
CSCIT	Carrier-Smoothed Code Innovation Test	载波相位平滑伪距测量更新检测
CSK	Code Shift Keying	码移键控
CSNO	China Satellite Navigation Office	中国卫星导航系统管理办公室
CSP	Commercial Service Provider	商业服务提供商
CSSR	Compact SSR	压缩 SSR
DCB	Differential Code Bias	差分码偏差
DEF	Definition document	定义文件
DF	Data Field	数据字段
DFMC	Dual-Frequency Multi-Constellation	双频多星座
DFRE	Dual Frequency Range Error	双频测距误差
DGPS	Differential GPS	差分 GPS
DIF	Data Integrity Flag	数据完整性标志
DOP	Dilution Of Precision	精度因子
DPC	Data Processing Center	数据处理中心
DQM	Data Quality Monitoring	数据质量监测
ECC	Elliptic Curve Cryptography	椭圆曲线密码
ECDSA	Elliptic Curve Digital Signature Algorithm	椭圆曲线数字签名算法
EGNOS	European Geostationary Navigation Overlay Service	欧洲地球静止导航重叠服务/欧洲星基增强系统
EIRP	Equivalent Isotropic Radiated Power	等效全向辐射功率
EOF	Empirical Orthogonal Function	经验正交函数
ESA	European Space Agency	欧洲航天局
EXM	Executive Monitoring	执行监测
FAA	Federal Aviation Administration	联邦航空管理局
FDMA	Frequency Division Multiple Access	频分多址
FKP	Flächen Korrektur Parameter	区域改正数
GAGAN	GPS Aided GEO Augmented Navigation system	GPS 辅助 GEO 卫星导航增强系统 / 印度星基增强系统
GALILEO	Galileo navigation satellite system	伽利略卫星导航系统
GBAS	Ground-Based Augmentation System	地基增强系统
GEO	Geostationary Orbit	地球静止轨道
GEONET	GNSS Earth Observation Network system	GNSS 地球监测网络系统 / 日本全国 CORS 系统

（续表）

缩 略 语	英 文 全 称	中 文
GFZ	German Research Centre for Geosciences	德国地学研究中心
GIC	GPS Integrity Channel	GPS 完好性通道
GIVE	Grid Ionosphere Vertical Error	格网电离层垂直误差
GLONASS	Global Navigation Satellite System	格洛纳斯卫星导航系统
GLONASST	GLONASS Time	GLONASS 时
GMS	Ground Monitor Station	地面监测站
GNSS	Global Navigation Satellite System	全球卫星导航系统
GPS	Global Positioning System	全球定位系统
GPST	GPS Time	GPS 时
GSI	Geospatial Information Authority of Japan	日本国土地理院
GSMC	Global Short Message Communication	全球短报文通信
HAL	Horizontal Alarm Limit	水平告警门限
HAS	High Accuracy Service	高精度服务
HDOP	Horizontal Dilution Of Precision	水平精度因子
HMI	Hazardous Misleading Information	危险误导信息
HNE	Horizontal Navigation Error	水平导航误差
HPE	Horizontal Position Error	水平定位误差
HPL	Horizontal Protection Level	水平保护等级
HS	Health Status	健康状态
HSAT	Horizontal Service Availability Thresholds	水平服务可用性门限
IALA	International Association Of Lighthouse Authorities	国际航标协会
ICAO	International Civil Aviation Organization	国际民航组织
ICD	Interface Control Document	接口控制文件
IERS	International Earth Rotation and Reference Systems Service	国际地球自转和参考系统服务
iGMAS	international GNSS Monitoring and Assessment System	国际 GNSS 监测评估系统/全球连续监测评估系统
IGP	Ionospheric Grid Point	电离层格网点
IGSO	Inclined Geosynchronous Orbit	倾斜地球同步轨道
ILS	Instrument Landing System	仪表着陆系统
IMT	Integrity Monitor Testbed	完好性监测平台
IMU	Inertial Measurement Unit	惯性测量单元
INS	Inertial Navigation System	惯性导航系统
IOD	Issue of Data	数据龄期

缩 略 语	英 文 全 称	中 文
IODC	Issue of Data, Clock	钟差参数龄期
IODE	Issue of Data, Ephemeris	星历龄期
IODG	Issue of Data, GNSS	GNSS 数据龄期
IODI	Issue Of Data, Ionosphere	电离层龄期
IODM	Issue of Data, Mask	掩码数据龄期
IODN	Issue of Data, Navigation	导航数据龄期
IODP	Issue Of Data, PRN mask	PRN 掩码龄期
IPP	Ionosphere Pierce Point	电离层穿刺点
IR	Integrity Risk	完好性风险
IRM	IERS Reference Meridian	IERS 参考子午面
IRNSS	Indian Regional Navigation Satellite System	印度区域卫星导航系统
IRP	IERS Reference Pole	IERS 参考极
ISL	Inter-Satellite Link	星间链路
ISM	Integrity Support Message	完好性支持电文
ISRO	Indian Space Research Organization	印度空间研究组织
ITRF	International Terrestrial Reference Frame	国际地球参考框架
ITU	International Telecommunication Union	国际电信联盟
IWG	Interoperability Working Group	兼容互操作工作组
JAXA	Japan Aerospace Exploration Agency	日本宇宙航空研究开发机构
JCAB	Japan Civil Aviation Bureau	日本民航局
JPL	Jet Propulsion Laboratory	喷气推进实验室
KPS	Korean Positioning System	韩国定位系统
LAAS	Local Area Augmentation System	局域增强系统
LEO	Low Earth Orbit	低地球轨道
MAC	Master Auxiliary Concept	主辅站
MAC	Message Authentication Codes	消息认证码
MADOCA	Multi-GNSS Advanced Demonstration tool for Orbit and Clock Analysis	多 GNSS 轨道和钟差分析工具
MCS	Master Control Station	主控站
MEO	Medium Earth Orbit	中圆地球轨道
MFRT	Message Field Range Test	报文检测
MQM	Measurement Quality Monitor	测量质量监测
MRCC	Multiple Reference Consistency Check	多参考站一致性检测
MRS	Monitor and Ranging Station	监测与测距站
MS	Monitoring Station	监测站

（续表）

缩 略 语	英 文 全 称	中 文
MSAS	Multi-functional Satellite Augmentation System	多功能卫星增强系统/日本星基增强系统
MSI	Misleading Signal-in-space Information	误导空间信息
MSM	Multiple Signal Message	多信号信息组
MTBF	Mean Time Between Failures	平均故障间隔时间
MTTN	Mean Time To Notify	平均通知时间
MTTR	Mean Time To Repair	平均修复时间
NASA	National Aeronautics and Space Administration	美国国家航空航天局
NavIC	Navigation with Indian Constellation	印度导航卫星系统
NGS	National Geodetic Survey	美国国家大地测量局
NMA	Navigation Message Authentication	导航电文认证
NOAA	National Oceanic and Atmospheric Administration	美国国家海洋和大气管理局
NPA	Non-Precision Approach	非精密进近
NTE	Not To Exceed	不得超过
NTSC	National Time Service Center	国家授时中心
OCC	Operation Control Center	运行控制中心
OCX	Next-Generation Operational Control System	下一代运行控制系统
OS	Open Service	公开服务
PCO	Phase Center Offset	相位中心偏差
PCV	Phase Center Variation	相位中心变化
PDOP	Position Dilution Of Precision	位置精度因子
PL	Protection Level	保护级
PNT	Positioning，Navigation and Timing	定位、导航与授时
PPP	Precise Point Positioning	精密单点定位
PPS	Precise Positioning Service	精密定位服务
PRN	Pseudo-Random Noise	伪随机噪声
PTV	Positioning Technology Verification Service	定位技术验证服务
Q-ANPI	QZSS Safety Confirmation Service	QZSS 安全确认服务
QZSS	Quasi Zenith Satellite System	准天顶卫星系统
RAIM	Receiver Autonomous Integrity Monitoring	接收机自主完好性监测
RMSE	Root Mean Square Error	均方根误差
RNP	Route Navigation Performance	航路导航性能
RNSS	Radio Navigation Satellite Service	卫星无线电导航业务
RSMC	Regional Short Message Communication	区域短报文通信
RTCA	Radio Technical Commission for Aeronautics	航空无线电技术委员会
RTCM	Radio Technical Commission Maritime	海事无线电技术委员会
RTK	Real-Time Kinematic survey	实时动态测量

缩略语	英文全称	中文
SA	Selective Availability	选择可用性
SAIM	Satellite Autonomous Integrity Monitoring	卫星自主完好性监测
SAPOS	Satellite Positioning Service of the German National Survey	德国卫星定位与导航增强服务系统
SAR	Search and Rescue	搜救
SARPs	Standards and Recommended Practices	标准与建议措施文件
SAT	Service Availability Thresholds	服务可用性门限
SBAS	Satellite-Based Augmentation System	星基增强系统
SDCM	System of Differential Correction and Monitoring	差分改正和监测系统/俄罗斯差分校正和监测系统
SF	Single Frequency	单频
SIF	Signal Integrity Flag	信号完整性标志
SIS	Signal In Space	空间信号
SISRAE	Signal-In-Space Range Acceleration Error	空间信号测距加速度误差
SISRE	Signal-In-Space Range Error	空间信号测距误差
SISRRE	Signal-In-Space Range Rate Error	空间信号测距率误差
SISURA	Signal-In-Space User Range Accuracy	空间信号用户测距精度
SL	Security Level	服务安全等级
SLAS	Sub-meter Level Augmentation Service	亚米级增强服务
SOL	Safety Of Life	生命安全
SEP	Spherical Error Probable	球概率误差
SPP	Standard Point Positioning	标准单点定位
SPS	Standard Positioning Service	标准定位服务
SQM	Signal Quality Monitoring	信号质量监测
SSR	State Space Representation	状态空间表示
SSV	Space Service Volume	空间服务区域
STEC	Slant Total Electron Content	斜路径总电子含量
STL	Satellite Time and Location	卫星时间和位置
SWF	Smoothing Weighted Factor	平滑加权因子
TBA	Time Between Authentication	认证时间间隔
TDRSS	Tracking and Data Relay Satellite System	跟踪和数据中继卫星系统
TEC	Total Electron Content	总电子含量
TESLA	Timed Efficient Streaming Loss-tolerant Authentication Protocol	时间效应流丢失容错认证机制
TIN	Triangulated Irregular Network	不规则三角网
TM	Threat Model	风险模型

（续表）

缩 略 语	英 文 全 称	中 文
TS	Threat Space	风险空间
TTA	Time-To-Alert	告警时间
TTFF	Time To First Fix	首次定位时间
UDRA	User Differential Range Accuracy	用户差分距离精度
UDRE	User Differential Range Error	用户差分距离误差
UEE	User Equipment Error	用户设备误差
UERE	User Equivalent Range Error	用户等效测距误差
UIE	User Ionospheric Error	用户电离层误差
UNE	User Navigation Error	用户导航误差
URAI	User Range Accuracy Index	用户测距精度标识
URE	User Range Error	用户距离误差
US	Uplink Station	注入站
UT	Universal Time	世界时
UTC	Coordinated Universal Time	协调世界时
UTCOE	UTC Offset Error	系统时间转换误差
VAL	Vertical Alarm Limit	垂直告警门限
VDB	VHF Digital Broadcasting	甚高频数字广播
VDOP	Vertical Dilution Of Precision	垂直精度因子
VHF	Very High Frequency	甚高频
VNE	Vertical Navigation Error	垂直导航误差
VPE	Vertical Position Error	垂直定位误差
VPL	Vertical Protection Level	垂直保护等级
VRS	Virtual Reference Station	虚拟参考站
VSAT	Vertical Service Availability Thresholds	垂直服务可用性门限
VTEC	Vertical Total Electron Content	天顶方向总电子含量
WAAS	Wide Area Augmentation System	广域增强系统
WADGPS	Wide Area DGPS	广域差分 GPS
WUL	Worst User Location	最差用户位置